丘陵山区流域农业面源污染综合防控技术

——以三峡库区香溪河流域为例

范先鹏　夏　颖　刘宏斌　甘小泽　等　著

中国农业出版社

北京

编　委　会

前　言

　　近些年来，农业面源污染问题一直是人们关注的热点。在工业点源、城市生活源污染治理日益普及的情况下，农业生产方式不合理导致的氮、磷污染物排放是诸多水域水体富营养化的主要原因之一。根据 2020 年 6 月 8 日发布的第二次全国污染源普查公告，2017 年全国水污染物中化学需氧量、氨氮、总氮、总磷排放量依次为 2 143.98 万吨、96.34 万吨、304.14 万吨、31.14 万吨。仅从污染负荷总量上看，农业源水污染排放贡献较大，其中化学需氧量 1 067.13 万吨、氨氮 61.62 万吨、总氮 141.49 万吨、总磷 21.20 万吨，排放比例分别为 49.77%、65.30%、46.52% 和 68.08%。目前，农业面源污染防控已经上升为国家战略，2020 年 12 月底召开的中央农村工作会议，提出要以钉钉子的精神推进农业面源污染防治。

　　防控农业面源氮、磷污染首先必须准确了解污染现状。由于农业源氮、磷污染物排放来源于种植业农田流失、畜禽养殖业粪污、农村生活垃圾及生活污水等，每个源污染发生特性区域差异大，受当地经济水平、生产方式以及降水、地形等自然因素的影响，具有隐蔽、分散、不确定的特点，而且单个区域或流域内农业源氮、磷污染物从发生到进入受纳水体，还要经过农田生态系统的农田沟渠系统、河道等，受农田生态系统的构成、地形坡度、沟道下垫面等诸多因素的影响，因此难以精准地判断农业源氮、磷污染对水环境的影响，需要科学的监测及科学的评价方法。

　　防控农业面源氮、磷污染，还必须有一个科学合理的防控思路和策略。目前制约农业面源污染防控效果的主要问题，一是缺乏流域尺度农业面源污染防控的方法和理论，污染贡献及来源不清，防控重点不明；二是防控思路不清晰，导致过度治理，防控应明确农业源氮、磷污染物的资源属性，以资源利用为主；三是尚未形成系统规范、适用性强的综合防控技术及模式。当前针对农田、畜禽养殖粪污、农村生活污水等单一源的防控技术较为成熟，但是以一个流域为单元，充分利用流域农田生态系统的自净消纳能力，将种植业、畜禽养殖、农村生活三源综合考虑、协调防控的技术及模式不足。

　　我国的山地面积占总土地面积的 43.5%，全国约有 56% 的县市位于山地丘陵区。该区域人口占全国人口的 1/3，耕地面积占全国耕地面积的 40%。丘陵山区区域特点明显，表现为降雨量大而集中，地形破碎且坡度陡，沟道短且落差大，导致水土流失较快，加之人地矛盾突出，区域自净能力差，面源污染物入湖（库）风险较高。此外，丘陵山区村民居所和畜禽养殖分散，畜禽粪便还田利用不足，露天堆放过程易受雨水冲刷而发生淋失。同时，农村缺乏生活污水处理设施，也加大了农业面源污染的治理难度。

针对丘陵山区农业面源氮、磷污染防控中存在的问题，湖北省农业科学院植保土肥研究所等科研推广单位，在中国农业科学院农业资源与农业区划研究所的带领下，依托承担的公益性行业（农业）专项"典型流域主要农业源污染物入湖负荷及防控技术研究与示范"中"丘陵库区农业面源污染综合防控技术集成与示范（201303089-02，2013—2017）"课题、国家科技支撑计划课题"沿丹江口南水北调水源库区农业生态恢复技术研究与示范"（2007BAD87B09，2008—2010），湖北省农业科技创新项目"湖北省主要种植制度农田面源污染发生特征及减控技术研究"（2008—2017），在湖北省三峡库区的兴山县、丹江口库区的丹江口市建立试验示范区，阐明丘陵山区典型流域及三大农业污染源的面源污染发生特征和规律，进而制定区域农业面源污染综合防控方案，研发坡耕地"控源、截流、净化、利用"防控关键技术、分散式养殖和生活污水一体化农用关键技术，以及适宜于丘陵山区的单户、联户和连片式污水处理循环利用设施，构建了坡耕地地表径流氮磷截流减排技术模式、分散式农村污水高效处理与灌溉减排技术模式、分散式养殖粪污干湿分离池截流控源循环利用技术模式，并开展了相关技术的工程示范。本书针对相关的科研工作进行总结与归纳，希望能够为丘陵山区农业面源污染治理提供综合的防控方案为长江经济带农业面源污染治理攻坚战和乡村振兴大业提供技术措施。

全书分为四大部分共9章，第一部分以湖北省三峡库区香溪河流域为例，阐明了丘陵山区农业源氮、磷污染发生的特征，共有5章：第一章湖北省三峡库区概况，第二章丘陵山区种植业氮磷流失特征，第三章畜禽养殖粪污污染发生特征，第四章丘陵山区农村生活源氮磷污染发生特征，第五章流域农业源污染发生特征；第二部分介绍"以流域为单元分区防控，以水为主线全程调控，以土地为核心消纳利用"的防控策略，共1章，即第六章丘陵山区流域农业面源污染防控理念与策略；第三部分归纳集成了丘陵山区农业面源污染防控关键技术及综合防控技术模式，共有2章：第七章丘陵山区流域农业面源污染综合防控关键技术，第八章丘陵山区农业面源污染综合防控技术模式；第四部分列举了3个丘陵山区流域农业面源污染综合防控实施方案在湖北省丘陵山区的应用实例，共有1章，即第九章流域农业面源污染综合防控应用案例。

　　本书是著者近十年来科研工作的总结与提炼，其目的一是想为从事流域农业源氮、磷污染领域研究的科研人员提供借鉴与参考，尤其是丘陵山区种植业、分散式畜禽养殖以及农村生活源的发生特征的监测与调研结果；二是希望能够为各地农业或环保部门制定农业面源污染综合防控规划提供新的思路，即"以流域为单元分区防控，以水为主线全程调控，以土地为核心消纳利用"，充分利用农业源氮、磷污染物的资源属性，不要过渡治理；三是为各规划设计单位编制丘陵山区农业面源污染防控实施方案提供参考，可借鉴书中防控策略、关键技术、技术模式等应用的条件及参数。总之，希望本书能为丘陵山区农业面源综合防控尽绵薄之力。

　　由于水平有限，加之时间紧，书中错误在所难免，敬请读者批评指正！

著　者

2020 年 12 月

·

目　　录

第一章　湖北省三峡库区概况

第一节　地理位置、地形地貌及气象条件

三峡库区位于北纬 29°～31°50′，东经 106°20′～110°30′，总面积 58 000 km²，含重庆市 16 个县（区）及湖北省 4 个县（区）。三峡库区是典型山区，山地占总面积的 78.9%，丘陵占 15.8%，平原仅占 5.3%。湖北省三峡库区含宜昌市夷陵区、秭归县、兴山县和恩施土家族苗族自治州巴东县 4 个县（区），总面积 11 532.0 km²，占全省总面积 6.2%。

湖北省三峡库区地形复杂，大部分地区山高谷深，岭谷相间，区域内地势高低悬殊，呈现山地、丘陵、河谷等多种地貌类型。巴东县、兴山县为鄂西高山地带，平均海拔 1 000 m 左右，其中夹着长江及支流的河谷；秭归为四面高山，中间为盆地地形；而夷陵区则呈西北向东南梯级倾斜，至三峡大坝坝区已是山前丘陵。

湖北省三峡库区属中亚热带湿润地区，年平均气温 14.9～18.5℃，年均降雨量 1 000～1 300 mm，且 89% 集中在 4～10 月，气候特点为冬暖、夏热、春早、秋凉、多雨、霜少、湿度大、云雾多、风力小等，水热条件优越，有明显的垂直气候带。

根据 2011—2014 年流域径流和降雨量特征变化，每年的 4～10 月为流域的汛期，11 月至翌年 3 月为流域非汛期。汛期（4～10 月）年均降雨量为 920.1mm，占全年（1～12 月）年均降雨量的 88.5%；汛期年均总径流 441.2mm，占全年年均总径流量的 79.5%。地表径流年均为 331.5mm，占全年年均地表径流量的 84.1%，占全年年均总径流量的 60.0%。其中 7～9 月为降雨最集中时期，期间降雨量占全年的 62.2%，地表径流量占全年地表径流总量的 64.1%，占全年总径流量的 50.2%。非汛期（11 月至翌年 3 月）年均降雨量 120.0mm，不足年均降雨量的 15%，总径流占全年年均总径流量比例较小。非汛期总径流仍以地表径流为主，该时期内年均地表径流占汛期年均总径流的 55.0%。由此看出，无论是汛期还是非汛期，地表径流均是水量来源的主要贡献形式，且汛期为年总径流量的最主要贡献时期。

第二节　土地利用现状和种植结构

湖北省三峡库区土壤主要类型为暗黄棕壤和棕色石灰土，共占土地面积的 59.4%。两类土壤在三峡库区 4 个县（区）均有较大面积的分布。三峡库区土壤类型排在第三位的是黄壤，占土地面积的 12.6%，主要分布在夷陵区。黄棕壤性土、酸性棕壤、黄棕壤和

中性紫色土含量相近，在 4.2%～4.8% 之间（图 1-1）。

湖北省三峡流域农用地（耕地＋园地）总面积 213 270 hm²，占国土面积的 18.5%（表 1-1），超过了我国农用地占比的平均值（15.0%）。在农用地中，以陡坡地、缓坡地为主，二者的面积分别为 119 671 hm²、70 630 hm²，二者之和占农用地总面积的 89.2%；平地相对较少，面积仅 22 970 hm²，占农用地的比例为 10.8%（表 1-1、表 1-2）。

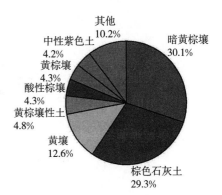

图 1-1　三峡库区土壤类型

表 1-1　湖北省三峡库区国土和农用地情况

区域	国土面积（km²）	农用地合计（hm²）	农用地占国土面积比例（%）
夷陵区	3 424	74 272	21.7
兴山县	2 327	26 768	11.5
秭归县	2 427	52 175	21.5
巴东县	3 354	60 056	17.9
湖北三峡库区	11 532	213 270	18.5

表 1-2　湖北省三峡库区不同地形面积

地形	夷陵区（hm²）	兴山县（hm²）	秭归县（hm²）	巴东县（hm²）	三峡库区（hm²）
平地面积（坡度≤5°）	15 260	1 121	4 091	2 498	22 970
缓坡地面积（坡度5°～15°）	38 172	8 589	11 125	12 744	70 630
陡坡地面积（坡度>15°）	20 840	17 058	36 959	44 814	119 671
总计	74 272	26 768	52 175	60 056	213 270

从种植模式看，以陡坡地—非梯田—园地、陡坡地—梯田—大田作物和缓坡地—非梯田—园地的种植面积最广，其种植面积均超过库区农用地面积的 10%，分别为 13.1%、11.2% 和 11.1%（表 1-3）。从种植特色来看，基本以分散式为主，主要表现为农田分散零碎，不同高度种植作物不同，从高到低植物布局基本为林地—旱坡地（园地）—水田。

表 1-3　湖北省三峡库区不同种植模式面积及占农用地比例

种植模式	种植面积（hm²）				合计（hm²）	占农用地比例（%）
	夷陵区	兴山县	秭归县	巴东县		
陡坡地—非梯田—园地	7 691	2 984	11 433	3 747	25 855	13.1
陡坡地—梯田—大田作物	1 306	1 910	200	18 580	21 996	11.1
缓坡地—非梯田—园地	13 248	1 305	4 667	2 760	21 980	11.1

（续）

种植模式	种植面积（hm²）				合计 （hm²）	占农用地 比例（%）
	夷陵区	兴山县	秭归县	巴东县		
平地—露地蔬菜	10 149	2 654	1 477	2 467	16 747	8.5
陡坡地—非梯田—顺坡—大田作物	1 955		10 059	3 333	15 347	7.8
平地—园地	12 985	663	1 692		15 339	7.8
陡坡地—梯田—园地	1 832	2 846	7 100	2 753	14 531	7.4
缓坡地—非梯田—横坡—大田作物	1 527	5 360	2 567	4 307	13 760	7.0
缓坡地—非梯田—顺坡—大田作物	3 053		5 733	3 000	11 787	6.0
缓坡地—梯田—水旱轮作	7 286	559	333	1 333	9 511	4.8
缓坡地—梯田—园地	2 430	2 079	1 333	1 807	7 649	3.9
缓坡地—梯田—大田作物	3 615	1 676	465	1 260	7 015	3.6
陡坡地—非梯田—横坡—大田作物	585	2 581	1 400	920	5 486	2.8
缓坡地—梯田—其他水田	1 191	930	533		2 654	1.3
陡坡地—梯田—其他水田	135	315	2 033		2 484	1.3
平地—稻油轮作	2 422				2 422	1.2
陡坡地—梯田—水旱轮作	154	494	200	667	1 515	0.8
平地—保护地	324	82		800	1 206	0.6

从种植类型看，三峡库区主要以旱地、园地、露地蔬菜、水田为主，分别占农用地面积的40.7%、36.2%、15.7%和7.2%（表1-4），种植作物主要有玉米、油菜、水稻、马铃薯等，园地作物主要是柑橘。

表1-4 湖北省三峡库区不同种植类型的种植面积及占农用地比例

类型	种植面积（hm²）	占农用地比例（%）
园地	91 799	36.2
露地蔬菜	39 679	15.7
水田	18 228	7.2
旱地	103 243	40.7
保护地	483	0.2

第三节　农业生产状况

（一）三峡库区农作物种植概况

湖北省三峡库区播种面积最大的农作物为粮食作物，播种面积为14.36万hm²，占总播种面积的55%。其次为经济作物和蔬菜，播种面积分别为6.28和5.49万hm²，占总播种面积的24%和21%（图1-2）。

三峡库区粮食作物以玉米和薯类为主，其播种面积分别为6.09万hm²和5.19万hm²，共占粮食作物播种面积的76%。豆类、水稻和小麦播种面积介于0.75万~1.41万hm²，占粮食作物播种面积的5%~10%。

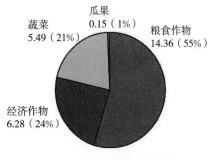

图 1-2 三峡库区农作物种植情况
（万 hm²）

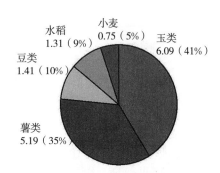

图 1-3 三峡库区粮食作物播种
面积（万 hm²）

三峡库区经济作物以油料作物播种面积最广，占经济作物播种面积的 68%。其次为中药材和烟叶，各占经济作物播种面积的 20% 和 10%（图 1-4）。

三峡库区农作物产量以薯类最高，占农作物总产量的 65%。农作物产量排第二位的是玉米，产量达 28.6 万 t，占农作物产量的 21%。水稻、油菜等农作物产量占比低于 10%（图 1-5）。

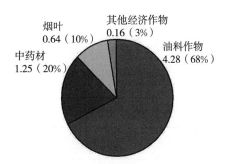

图 1-4 三峡库区经济作物播种面积（万 hm²）

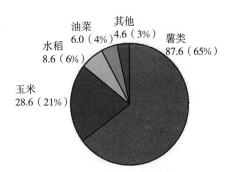

图 1-5 三峡库区农作物产量（万 t）

（二）三峡库区各县（区）作物种植情况

湖北三峡库区各县（区）农作物播种面积由高到低依次为巴东县、夷陵区、秭归县和兴山县。巴东县粮食作物、经济作物和蔬菜播种面积依次为 90.7 亩、45.1 万亩和 23.7 万亩①，分别占全县总播种面积的 57%、28% 和 15%。夷陵区各农作物播种面积由高到低依次为粮食作物、蔬菜、经济作物，播种面积分别为 61.8 万亩、36.1 万亩和 22.8 万亩。兴山县和秭归县农作物播种面积远低于夷陵区和巴东县，粮食作物播种面积 26.7 万~36.2 万亩，经济作物和蔬菜介于 9.4 万~14.1 万亩（图 1-6）。

三峡库区粮食作物播种面积由高到低依次为巴东县、夷陵区、秭归县和兴山县。三峡库区各县（区）不同粮食作物占比相近，均以薯类和玉米播种面积最广，共占粮食作物播种面的 70% 以上。三峡库区豆类作物主要分布在巴东县，播种面积为 11.8 万亩，水稻主要分布在夷陵区，播种面积为 12.4 万亩（图 1-7）。

三峡库区经济作物播种面积由高到低依次为巴东县、夷陵区、秭归县和兴山县。巴东

---

① 亩为非法定计量单位，1 亩＝1/15hm²≈667m²。——编者注

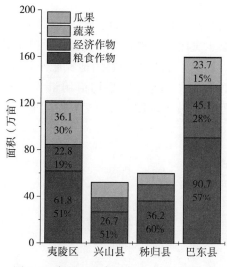

图 1-6　湖北三峡库区各县（区）农作物
播种面积

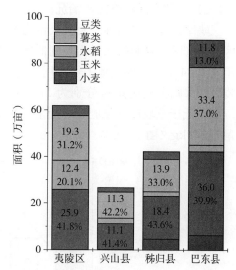

图 1-7　湖北三峡库区各县（区）粮食作物
种植面积

县经济作物主要是油料作物、中药材和烟叶，播种面积依次为 25.7 万亩、14.1 万亩和
5.4 万亩，占比依次为 56.9%、31.2% 和 11.9%。夷陵区和秭归县均以油料作物播种面
积最广，占经济作物播种面积的 79.2% 和 86.9%。兴山县油料作物播种面积占 56.5%，
其余为烟叶、中药材等经济作物（图 1-8）。

　　三峡库区农作物产量由高到低依次为巴东县、夷陵区、秭归县和兴山县。巴东县、秭
归县薯类和玉米产量占比合计 87% 以上。夷陵区农作物产量主要由薯类、玉米和水稻构
成，依次为 57.8%、19.6% 和 14.3%。兴山县以薯类作物产量最高，占兴山县农作物产
量的 76.1%（图 1-9）。

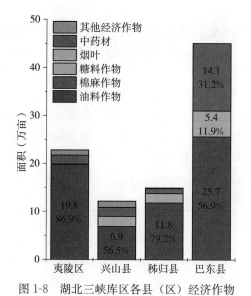

图 1-8　湖北三峡库区各县（区）经济作物
种植面积

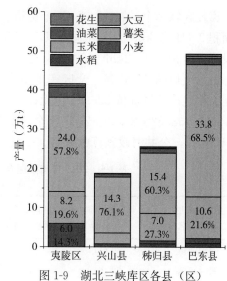

图 1-9　湖北三峡库区各县（区）
作物产量

（三）三峡库区氮肥投入情况

三峡库区氮肥（折纯）总投入量为 81 246t，农用地氮肥平均亩用量为 25.4kg。三峡库区各县（区）氮肥投入量由高到低依次为巴东县、夷陵区、秭归县和兴山县。巴东县氮肥用量为 34 154t，农用地平均亩用量为 37.9kg，远高于三峡库区农用地氮肥平均用量。夷陵区和秭归县氮肥用量分别为 27 556t 和 17 149t，农用地氮肥平均亩用量为 21.9～24.7kg，低于三峡库区氮肥平均用量。兴山县氮肥投入较少，仅 2 387t，其农用地平均亩用量为 5.9kg（图 1-10）。

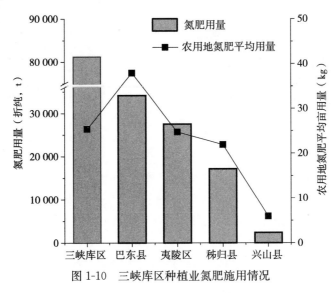

图 1-10　三峡库区种植业氮肥施用情况

第四节　社会经济发展状况

夷陵区辖 2 个乡、9 个镇、1 个街道、1 个试验区、189 村民（居）委会。全区行政区域面积 3 419.57km²，农用地面积 3 157.42km²，耕地面积（耕地保有量）594.02km²，建设用地面积 182.92km²。2017 年全区户籍总人口 52.15 万人，其中城镇人口 16.91 万人，占总人口的 32.43%。全区实现生产总值 557.86 元，其中：第一产业增加值 67.45 亿元；第二产业增加值 326.43 亿元；第三业增加值 163.98 亿元。3 次产业增加值结构比为 12.09∶58.52∶29.39。2017 年全区实现全地域财政收入 70.57 亿元，地方财政总收入 42.42 亿元，公共财政预算收入 26.02 亿元，一般公共预算支出 45.76 亿元（表 1-5）。

表 1-5　2017 年夷陵区各乡镇（街道、试验区）基本情况

（宜昌年鉴，2018）

乡镇（街道、试验区）名称	户籍人口（人）	村民（居）委会（个）	村民小组（个）	财政收入（万元）	农村常住居民人均可支配收入（元）
雾渡河镇	30 621	9	108	3 662	15 255
樟村坪镇	22 161	15	63	20 358	21 764
下堡坪乡	21 865	8	87	897	16 218

（续）

乡镇（街道、试验区）名称	户籍人口（人）	村民（居）委会（个）	村民小组（个）	财政收入（万元）	农村常住居民人均可支配收入（元）
邓村乡	27 654	16	65	1 297	17 115
太平溪镇	26 376	13	81	2 424	16 983
三斗坪镇	32 643	20	99	1 506	15 258
乐天溪镇	26 562	15	84	3 282	14 836
分乡镇	37 989	16	118	1 980	15 909
黄花镇	35 613	14	82	2 910	15 311
鸦鹊岭镇	61 101	20	96	8 796	22 885
龙泉镇	53 499	20	1 428	20 105	23 509
小溪塔街道	145 394	16	68	16 933	21 459
东城试验区		7	28	7 749	19 754
合计	521 478	189	2 407	91 899	

兴山县辖 2 个乡、6 个镇、89 个行政村、7 个居委会、569 个村民小组。2017 年全县总人口 16.7 万人。其中男性人口 8.72 万人，女性人口 7.08 万人。全年完成实现地区生产总值（初步核算数）111.27 亿元。第一产业增加值 13.43 亿元，第二产业增加值 60.98 亿元，第三产业增加值 36.86 亿元。产业结构比为 12.06∶54.81∶33.13。全年完成财政总收入 10.65 亿元，地方公共财政预算收入 7.43 亿元。其中，税收收入 4.88 亿元，税收收入占地方公共财政预算收入的比重为 59.96％。全年地方公共财政预算支出 25.68 亿元（表 1-6）。

表 1-6　2017 年兴山县各乡镇基本情况

（宜昌年鉴，2018）

乡镇名称	户籍人口（人）	村民（居）委会（个）	村民小组（个）	财政收入（万元）	农村常住居民人均可支配收入（元）
古夫镇	41 419	10	97	6 435	11 936
昭君镇	21 544	11	53	2 188	10 655
峡口镇	24 404	16	86	2 985	10 615
高桥乡	14 138	9	31	942	8 282
高阳镇	10 732	10	53	1 143	9 923
榛子乡	11 051	8	53	3 040	11 339
黄粮镇	21 534	14	91	623	11 318
水月寺镇	22 144	18	105	10 651	12 140
合计	166 966	96	569	28 007	

秭归县辖 4 个乡、8 个镇、186 个行政村、8 个居委会、1 111 个村民小组，土地面积 2 427km²。耕地总资源 2.72 万 hm²，其中常用耕地面积 2.5 万 hm²。年末全县总户数

145 万户，户籍总人口 372 841 人，其中城镇人口 8.92 万人，农村人口 28.36 万人，全县年末常住人口 36.26 万人。全年出生人口 3 366 人，其中，男性 1719 人，女性 1 647 人，出生人口性别比为 104.37。全年实现全社会地区生产总值 121.92 亿元，其中：第一产业增加值 25.88 亿元；第二产业增加值 43.64 亿元；第三产业增加值 52.4 亿元。3 次产业增加值构成比为 21.2：35.8：43。全县完成财政总收入 9.86 亿元，比上年增长 53%。公共财政预算支出 34.12 亿元（表 1-7）。

表 1-7　2017 年秭归县各乡镇基本情况

（宜昌年鉴，2018）

乡镇名称	户籍人口 （人）	村民（居） 委会（个）	村民小组 （个）	财政收入 （万元）	农村常住居民人均 可支配收入（元）
茅坪镇	89 464	22	110	563.46	9 239
屈原镇	18 412	13	65	116.65	7 377
归州镇	26 883	12	70	192.39	8 027
水田坝乡	33 889	25	154	132.98	7 343
泄滩乡	14 437	13	78	56.81	7 197
沙镇溪镇	34 428	16	118	190.83	7 494
两河口镇	28 222	19	111	540.31	7 488
梅家河乡	17 848	13	78	148.62	7 464
磨坪乡	11 475	12	44	377.39	7 269
郭家坝镇	49 586	21	128	354.45	8 252
九畹溪镇	23 551	14	68	244.23	7 667
杨林桥镇	24 646	14	87	220.85	7 547
合计	372 841	194	1 111	3 138.97	—

巴东县辖 2 个乡、10 个镇、322 个村（居）民委员会，国土面积 331.6km²，常用耕地面积 36 万 hm²。年末全县总人口 49.26 万人。其中，男性人口 25.72 万人，占总人口的 52.2%；女性人口 23.54 万人，占总人口的 47.8%，年末全县常住人口 42.50 万人，其中城镇人口 14.64 万人，城镇化率 34.45%。全县人口密度（常住人口计算）为 126.81 人/km²。全县完成生产总值 888 451 万元，其中：第一产业增加值 172 973 万元；第二产业增加值 366 977 万元，其中工业增加值 317 757 万元，增长 67%，建筑业增加值 49 220 万元，增长 17.5%；第三产业增加值 348 501 万元。按常住人口计算，2015 年全县人均 GDP 达到 20 905 元；人均公共财政预算收入 1 379 元，人均储蓄存款 14 709 元（表 1-8）。

表 1-8　2015 年巴东县各乡镇基本情况

（恩施土家族苗族自治州年鉴，2016）

乡镇（街道、 试验区）名称	户籍人口 （人）	村民（居） 委会（个）	村民小组 （个）	财政收入 （万元）	农村常住居民人均 可支配收入（元）
东瀼口镇	26 668	16	175	787	6 729
溪丘湾乡	44 719	33	301	2 211	6 971

（续）

乡镇（街道、试验区）名称	户籍人口（人）	村民（居）委会（个）	村民小组（个）	财政收入（万元）	农村常住居民人均可支配收入（元）
沿渡河镇	51 248	39	451	1 807	6 647
官渡口镇	58 565	40	404	2 072	7 528
茶店子镇	34 596	32	318	1 879	7 525
绿葱坡镇	24 111	22	264	1 701	6 955
大支坪镇	21 742	15	225	816	7 206
野三关镇	70 200	33	617	8 634	7 953
清太坪镇	40 266	32	328	682	7 428
水布垭镇	46 203	30	410	1 466	6 950
金果坪乡	24 450	14	180	909	7 927
信陵镇	49 821	16	83	8 129	7 965
合计	492 589	322	3 756	31 093	

第五节　水文特征

夷陵区范围主要的水系包括黄柏河、柏临河、玛瑙河等。黄柏河是长江中上游北岸的一级支流，发源于荆山山脉南麓，在葛洲坝水利枢纽三江航道近坝处汇入长江，河流长160.9km，流域面积 1 923.1km²，河道平均坡度 3.76%。多年平均径流量 8.75 亿 m³，产流模数 47.1m³/km²，多年平均降雨量 1 174mm；在黄花镇两河口以上分为东、西两支。黄柏河东支主流河流长 129.4km，流域面积 1 161.4km²。黄柏河西支为雾渡河，长78.6km，流域面积 590.8km²，黄柏河二级支流罗家小河长 10.97km，流域面积19.6km²，穿越城区中心。玛瑙河是长江一级支流，发源于当阳市黑湾瑙，全长 64km，经夷陵区鸦鹊岭镇入枝江，平均坡降 0.221%。玛瑙河为季节性河流，承雨面积 986km²，上游坡陡流急，河床摆动性大，中下游河漫滩达 2km 左右，年径流量为 3.3 亿 m³。

兴山县境内拥有香溪河、凉台河两大水系，大小溪河 156 条，年均径流总量 20.96 亿m³。香溪河水系总流域面积 3 099km²，境内流域面积 1 349km²；凉台河全流域面积426km²，其中兴山境内全长 55km，流域面积 220km²。

秭归县境内河流水系发达，溪河网布，水资源较为丰富，长江横贯县境 64km，有常流溪河 135 条，分别汇入长江南北的 8 条水系注入长江，江南有清港河、童庄河、九畹溪、茅坪河，江北有龙马溪、香溪河、良斗河、泄滩河，形成以长江为骨干的"蜈蚣"状水系。秭归县境内地表水资源量为 11.19 亿 m³，地下水资源量为 5.15 亿 m³。县内供水量均为地表水，总供水量为 0.63 亿 m³，其中工业用水 0.16 亿 m³，农业用水 0.22 亿m³，生活用水 0.25 亿 m³。县内共有水库 20 座，总库容 8 460 万 m³，堰塘 1 763 个，蓄水总量 828 万 m³，全县有效灌溉面积 22.25 万亩。

　　巴东地域辽阔，山川纵横，水能资源极为丰富，境内除长江、清江横贯外，还有河流10条，小支流68条，径流量33亿 m^3，蕴藏量为173万 kW，可开发量为164.3万 kW，建设中的水布垭电站装机149万 kW，占全县开发量的90%。尤其是发源于神农架南麓的神农溪水系，落差集中，流量稳定，水源充沛，是全县水电开发的重点区。截至2011年，已建电站41座，容量4.38万 kW，且已集中并网。

第二章　丘陵山区种植业氮磷流失特征

第一节　丘陵山区坡耕地氮磷流失特征

一、背景

坡耕地氮磷流失是造成农业面源污染的重要原因，明确坡耕地氮磷流失特征对防控农业面源污染具有重要意义，在三峡库区兴山县长坪小流域试验示范基地，设置田间实验，按照当地施肥习惯设置（平坡种植＋习惯施肥）1 个处理，处理 3 次重复，田间试验地块坡度 10°～12°，3 次重复分上中下坡排列，小区面积 30m² （长 5m×宽 6m）。用雨量器计量每天的降水量，采用"径流池法"收集地表径流，计量单位面积地表径流发生量，同时采集径流水样品，分析测试样品中氮、磷的浓度及流失量。

1. 径流水计量及水样采集与测试指标

（1）径流量记载　每次降水并产生径流后，尽快计量径流水量并取样。南方梅雨季节，可在多天下雨径流池水量达到 80％后，计量径流量并采样，但最大间隔不能长于 7d。

（2）径流水样采集　在记录径流量后，先用清洁工具（如竹竿、木板）充分搅匀径流池中的径流水，然后利用清洁容器（如在竹竿上绑缚敞口玻璃瓶）在径流池不同部位、不同深度多点采样（至少 8 点），将采集的水样置于清洁的塑料桶或塑料盆中，混匀后分装到 2 个样品瓶（可选用矿泉水瓶，应预先做好编号）中，每瓶水样不少于 500ml，其中一个供分析测试用，另一个作为备用。如果不是当天进行水样分析，应立即将水样冷冻保存。

（3）径流池清洗　取完水样后，拧开每个径流池底排水凹槽处的盖子，抽排径流水，抽排过程中，应搅拌径流水，将径流池清洗干净，以备下一次径流计量和采样；

（4）径流水样测试指标　总氮（TN）、可溶性总氮（TDN）、硝态氮（NO_3^--N，NN）、铵态氮（NH_4^+-N，AN）、总磷（TP）、可溶性总磷（TDP）、正磷酸盐、水溶态钾和 pH。

2. 降水计量及水样采集与测试指标

（1）降水计量　用雨量器来计量每天的降水量。每天上午 9 时计量的降水量，作为前一天的降水量。

（2）降水样采集　单次（天）降雨量超过 5mm 时，必须取降雨水样。取样方法为：将雨量器中的水计量后，摇匀，分装到样品瓶中（可选矿泉水瓶，应预先做好编号），每瓶水样不少于 500mL；如果不是当天进行水样分析，应立即将水样冷冻保存；单次（天）降雨量小于 5mm，则连续保存降雨，直到够 500mL 的取水量时，取一个混合样。

（3）降水样测试指标 总氮、可溶态总氮、硝态氮、铵态氮、总磷、可溶态总磷、正磷酸盐、水溶态钾和 pH。

二、坡耕地地表径流和降雨量

监测结果表明，该试验地年产流量为 159.5mm，4～10 月是该地区容易产生大降雨量时期，该期总降雨量为 1 530.2mm，占全年产流时段降雨量的 90.2%。4～10 月也是该地区容易产生暴雨径流量时期，总径流量为 427.6mm，占全年总径流量的 89.3%。5月底到 7 月中上旬作物封垄前，全年 26.5% 的暴雨量贡献了全年 49.2% 的径流量。油菜季处于枯水期，玉米季处于丰水期，表现为油菜季径流次数较多，但单次产流量小，玉米季径流次数少，但单次产流量大。2016 年玉米季产流量比油菜季高 89.9%，2017 年玉米季产流量比油菜季高 566.6%，玉米季径流量占全年总径流量的 64.7%（图 2-1），因此，需要采取措施防控 4～10 月期间，特别是玉米季的径流。

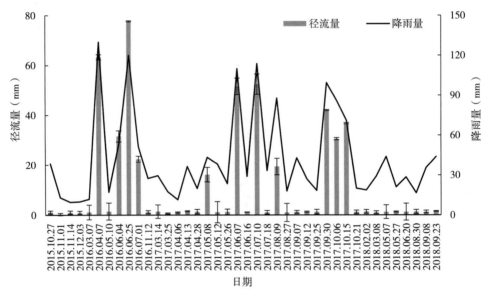

图 2-1 径流量变化

三、坡耕地地表径流水中氮、磷浓度变化

玉米季地表径流水中 TN、NO_3^--N、NH_4^+-N、TP、TDP 的浓度分别为 9.99、6.41、0.34、0.21、0.12mg/L，油菜季地表径流水中 TN、NO_3^--N、NH_4^+-N、TP、TDP 的浓度分别为 3.72、2.70、0.46、0.40、0.18mg/L。玉米季 TN、NO_3^--N 浓度比油菜季高，分别高出 168.2%、137.5%，玉米季 NH_4^+-N、TP、TDP 浓度比油菜季低 27.5%、46.8%、33.5%。5 月底到 7 月中上旬作物封垄前，地表径流水中 TN、NO_3^--N、NH_4^+-N、TP、TDP 的浓度分别为 11.98、7.45、0.38、0.19、0.09mg/L，该时期 TN 浓度比玉米季高出 19.9%。因此，在该时期采取肥料深施、避雨施肥是防止氮浓度增加的有效途径（图 2-2）。

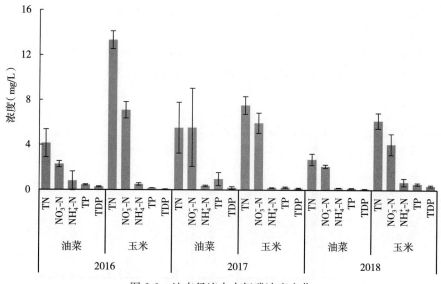

图 2-2　地表径流水中氮磷浓度变化

四、坡耕地地表径流水中氮、磷流失量

（一）坡耕地地表径流水中氮流失量

总氮的年流失量为 12.49kg/hm², 玉米季和油菜季的总氮流失量分别为 10.39、2.10kg/hm²。玉米季是总氮流失的主要时期，占全年总氮流失量的 83.2%，主要是玉米季处于 4～10 月是该地区容易产生大降雨量时期，其中暴雨量（＞50mm）贡献了全年 92.3% 的总氮流失量，特别是在 5 月底到 7 月中上旬，此时期是从翻耕、播种到封垄前的时期，由于施肥量大，地表裸露度高，降雨是氮磷流失的主要途径，26.5% 的暴雨量贡献了全年 76.1% 的总氮流失量，因此，该时期为氮磷流失风险期，应避免在该时期施肥，要增加地表覆盖度，采取挡水挡土的水保措施是防控氮流失的有效途径（图 2-3）。

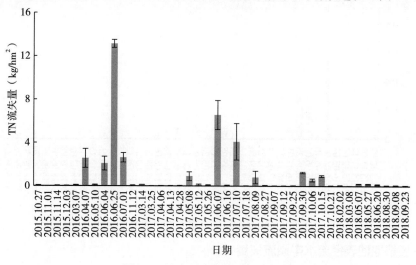

图 2-3　地表径流水中总氮流失量

硝态氮的年流失量为 8.19kg/hm²，玉米季和油菜季的硝态氮流失量分别为 6.67、1.52kg/hm²。玉米季是硝态氮流失的主要时期，占全年硝态氮流失量的 81.4%，其中暴雨量（>50mm）贡献了全年 89.7% 的硝态氮流失量。5 月底到 7 月中上旬作物封垄前，全年 26.5% 的暴雨量贡献了全年 72.1% 的硝态氮流失量（图 2-4）。

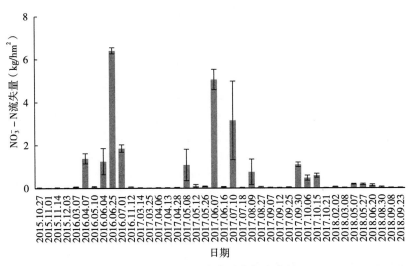

图 2-4　地表径流水中硝态氮流失量

铵态氮的年流失量为 0.61kg/hm²，玉米季和油菜季的铵态氮流失量分别为 0.35、0.26kg/hm²。玉米季是铵态氮流失的主要时期，占全年铵态氮流失量的 57.1%，其中暴雨量（>50mm）贡献了全年 89.8% 的铵态氮流失量。5 月底到 7 月中上旬作物封垄前，全年 26.5% 的暴雨量贡献了全年 49.3% 的铵态氮流失量（图 2-5）。

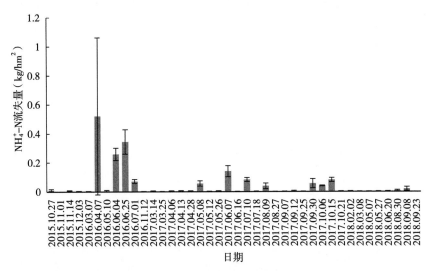

图 2-5　地表径流水中铵态氮流失量

（二）坡耕地地表径流水中磷流失量

总磷的年流失量为 0.44kg/hm²，玉米季和油菜季的总磷流失量均为 0.22kg/hm²。

4～10月是该地区容易产生大降雨量时期，其中暴雨量（＞50mm）贡献了全年73.0％的总磷流失量。5月底到7月中上旬作物封垄前，全年26.5％的暴雨量贡献了全年33.6％的总磷流失量（图2-6）。

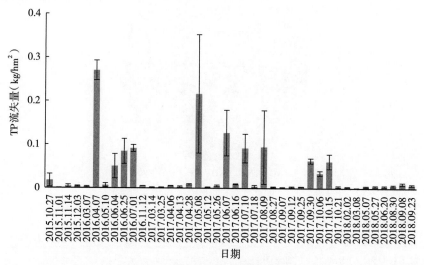

图2-6　地表径流水中总磷流失量

可溶性磷的年流失量为0.22kg/hm²，玉米季和油菜季的可溶性磷流失量分别为0.12、0.10kg/hm²。玉米季是可溶性磷流失的主要时期，占全年可溶性磷流失量的54.7％，其中暴雨量（大于50mm）贡献了全年84.8％的可溶性磷流失。5月底到7月中上旬作物封垄前，全年26.5％的暴雨量贡献了全年33.1％的可溶性磷流失量（图2-7）。

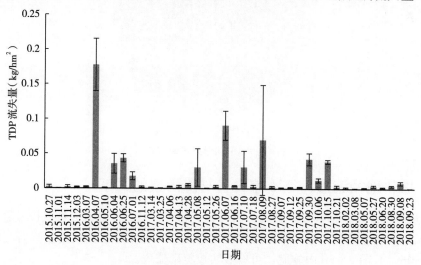

图2-7　地表径流水中可溶性磷流失量

五、坡耕地地表径流水中氮磷流失形态分析

（一）坡耕地氮流失形态分析

硝态氮是氮素流失的主要形式。硝态氮的年流失量占总氮年流失量的比例为70.0％，

而铵态氮年流失量占总氮年流失量的比例较小，仅为 5.4%（图 2-8）。

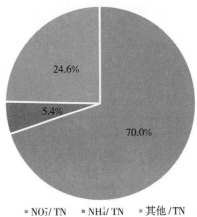

图 2-8　不同形态氮占比

（二）坡耕地磷流失形态分析

可溶性磷是磷素流失的主要形式。可溶性磷和颗粒性磷的年流失量占总磷年流失量的比例分别为 51.0%、49.0%（图 2-9）。

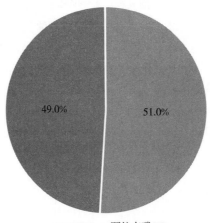

图 2-9　不同形态氮磷占比

六、坡耕地径流量、氮磷流失量与降雨量的关系

降雨量和产流量、总氮、硝态氮、铵态氮、总磷、可溶性磷流失量成极显著相关关系（表 2-1）。综合上述结果，避雨施肥是防控氮磷流失的有效措施。根据多年研究结果，避免大雨（50mm）前 3～7d 内施肥，可有效防控氮磷流失。

表 2-1　降雨量与径流量和氮磷流失量的相关性关系（r 值）

处理	径流量	TN	$NO_3^- -N$	$NH_4^+ -N$	TP	TDP
	mm			kg/hm²		
CK	0.930**	0.699**	0.752**	0.726**	0.724**	0.785**

七、小结

①年产流量为 159.5mm，4～10 月是该地区容易产生大降雨量时期，该时期总降雨量为 1 530.2mm，占全年产流时段降雨量的 90.2%。4～10 月也是该地区容易产生暴雨径流量时期，该时期总径流量为 427.6mm，占全年总径流量的 89.3%。5 月底到 7 月中上旬作物封垄前，这一时段全年 26.5% 的暴雨量贡献了全年 49.2% 的径流量。

②玉米季 TN、NO_3^--N 浓度比油菜季高，分别高出 168.2%、137.5%，玉米季 NH_4^+-N、TP、TDP 浓度比油菜季低 27.5%、46.8%、33.5%。5 月底到 7 月中上旬作物封垄前，地表径流水中 TN、NO_3^--N、NH_4^+-N、TP、TDP 的浓度分别为 11.98、7.45、0.38、0.19、0.09mg/L，且 TN 浓度比玉米季高出 19.9%。因此，在该时期采取肥料深施，避雨施肥是防止氮浓度增加的有效途径。

③总氮的年流失量为 12.49kg/hm²，硝态氮的年流失量为 8.19kg/hm²，铵态氮的年流失量为 0.61kg/hm²，玉米季是总氮、硝态氮、铵态氮流失的主要时期，占全年总氮、硝态氮、铵态氮流失量的 83.2%、81.4%、57.1%，5 月底到 7 月中上旬作物封垄前，全年 26.5% 的暴雨量贡献了全年 76.1%、72.1%、49.3% 的总氮、硝态氮、铵态氮流失量。

总磷的年流失量为 0.44kg/hm²，可溶性磷的年流失量为 0.22kg/hm²，玉米季是可溶性磷流失的主要时期，占全年可溶性磷流失量的 54.7%，5 月底到 7 月中上旬作物封垄前，全年 26.5% 的暴雨量贡献了全年 33.6%、33.1% 的总磷、可溶性磷流失量。

④硝态氮是氮素流失的主要形式。硝态氮的年流失量占总氮年流失量的比例为 70.0%；可溶性磷是磷素流失的主要形式。可溶性磷和颗粒性磷的年流失量占总磷年流失量的比例分别为 51.0%、49.0%。

⑤降雨量和产流量、总氮、硝态氮、铵态氮、总磷、可溶性磷流失量成极显著相关关系。

第二节 丘陵山地柑橘园地氮磷流失特征

在湖北省宜昌市宜都市长岭岗村，选择 1 个缓坡地（坡度为 14°）柑橘园，土壤类型为紫色土，品种为鄂柑 2 号，树龄 8 年。柑橘全年施肥量为 890kg N/hm²、338kg P_2O_5/hm²、450kg K_2O/hm²，其中，还阳肥在采果后 15d 内施用（11 月下旬至 12 月初），占施肥量的 60%，壮果肥在 6 月下旬施用，占施肥量的 40%，施肥方法为沿树冠滴水线下开环状沟，深 20～30cm，施后覆盖。耕作与农户的常规操作一致，不翻耕，自然生草，每年除草 2 次。在常规施肥条件下，采用原位径流池法连续监测地表径流，小区面积 33m²，每小区 3 株柑橘。径流收集池设施建成时间为 2013 年 11 月，然后进行匀地试验和试运行，消除土壤扰动对监测结果可能产生的影响。正式监测时间为 2015—2018 年。

一、柑橘园地表径流产生量

宜都市长岭岗村缓坡地柑橘园 2015—2018 年共产生 49 次径流，各年度产流次数分别为 13 次、10 次、17 次和 9 次（表 2-2）。分析结果表明，柑橘园历次产流量与同期降雨量呈极显著正相关（r＝0.528**，n＝49）。从图 2-10 可见，不同年际间、不同月份间产流量相差较大，2015 年径流量主要发生在 5～8 月，2016 年径流量主要发生在 5 月和 7～8 月，2017 年径流量主要发生在 4～5 月、8 月和 10 月，2018 年径流量主要发生在 4 月，因此 4～5 月和 7～8 月是主要的产流时期。从 2015 年到 2018 年，年度总径流量分别为 48.2mm、71.7mm、243.7mm 和 50.7mm，产流系数分别为 7.46％、7.88％、20.33％ 和 6.30％（表 2-2）。监测柑橘园年度径流量和产流系数均比湖北省丹江口库区柑橘园产流量和产流系数高（毕磊等，2011；李太魁，2018），可能与监测区域降雨量，以及柑橘园坡度较高有关。

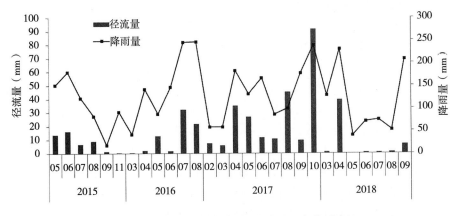

图 2-10　坡耕地柑橘园地表径流量月变化动态

表 2-2　坡耕地柑橘园年度产流情况

年份	产流次数	径流量（mm）	同期降雨量（mm）	年产流系数（％）
2015	13	48.2	646.4	7.46
2016	10	71.7	910.5	7.88
2017	17	243.7	1 198.5	20.33
2018	9	50.7	805.8	6.30

二、柑橘园地表径流水中总氮和总磷的浓度

从图 2-11 可见，宜都市长岭岗村缓坡地柑橘园地表径流水中总氮月均浓度为 1.17～8.51mg/L，总磷月均浓度为 0.06～1.60mg/L，多数情况下，总氮浓度较高的月份，其总磷浓度也较高，两者呈显著正相关（r＝0.462*，n＝28），同时总氮浓度与同期径流量呈显著负相关（r＝-0.412*，n＝28），总磷浓度与同期径流量的相关关系不明显（r＝-0.093，n＝28）。另外还发现，2016—2018 年 7 月地表径流水中总氮和总磷浓度均较高，可能与 6 月下旬施壮果肥有关。监测时期内年均总氮浓度为 2.92～4.12mg/L，总磷浓度为 0.39～0.72mg/L，其中 2017 年度总氮和总磷的浓度相对较低（图 2-12），可能与 2017 年度径流量相对较高引起的稀释效应有关。

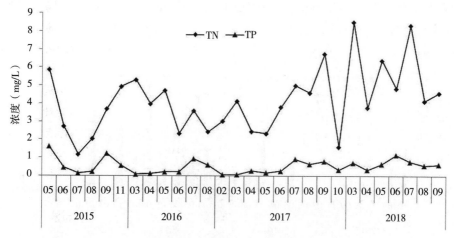

图2-11　坡耕地柑橘园地表径流水中总氮和总磷浓度动态

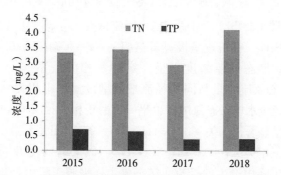

图2-12　坡耕地柑橘园地表径流水中年均总氮和总磷浓度

三、柑橘园地表径流氮、磷流失量

（一）柑橘园地表径流氮流失量

从图2-13可见，宜都市长岭岗村缓坡地柑橘园不同年际间地表径流总氮流失量及其在不同月际间的分配均相差较大。2015年总氮流失量为1.61kg/hm²，其中5～6月流失量占全年总流失量的78.1%；2016年总氮流失量为2.47kg/hm²，其中5月、7～8月流失量占全年总流失量的93.3%；2017年总氮流失量为7.12kg/hm²，2～10月每月都有一定量的发生，其中8月和10月流失量约占全年总流失量的一半（49.5%）；2018年总氮流失量为2.09kg/hm²，其中4月流失量占全年总流失量的71.2%。总体上看，4～5月和7～8月是地表径流氮流失的主要时期，2015—2018年这4个月的总氮流失量分别占全年总氮流失量的66.9%、96.9%、57.3%和77.6%，平均74.7%。

年度总氮流失量占施氮量的比例，2015—2018年分别为0.18%、0.28%、0.80%和0.24%，年均0.37%。由此可见，在本监测条件下，地表径流并非氮损失的主要途径。

地表径流其他形态氮的流失量变化趋势与总氮基本一致，其值相应较低（图2-13）。2015—2018年度地表径流可溶性总氮流失量分别为1.17kg/hm²、2.05kg/hm²、6.81kg/hm²和1.92kg/hm²，硝态氮流失量分别为0.59kg/hm²、0.84kg/hm²、4.19kg/hm²和0.82kg/hm²，铵态氮流失量分别为 0.47kg/hm²、0.80kg/hm²、1.79kg/hm² 和 0.30kg/hm²，颗粒态氮（PN）流失量分别为 0.44kg/hm²、0.41kg/hm²、0.31kg/hm² 和 0.17kg/hm²。

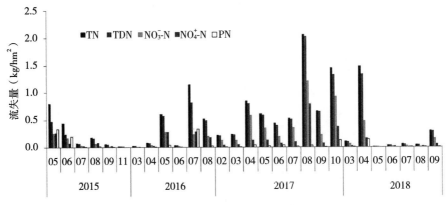

图 2-13　坡耕地柑橘园地表径流水中不同形态氮流失量

相关分析结果表明（表 2-3），柑橘园地表径流总氮、可溶性总氮和硝态氮流失量均与同期（以月为单位进行统计）径流量呈极显著正相关（r＝0.841**、0.831** 和 0.856**，n＝28），与径流水中相应形态的氮浓度则呈一定的负相关关系（r＝－0.181、－0.167 和－0.184，n＝28）；铵态氮流失量与同期径流量也呈极显著正相关（r＝0.698**，n＝28），但相关系数较小，与径流水中铵态氮浓度也呈一定的正相关（r＝0.143，n＝28）；颗粒态氮流失量与同期径流量呈显著正相关（r＝0.411*，n＝28），相关系数更小，而与径流水中颗粒态氮浓度呈极显著正相关（r＝0.748**，n＝28）。以上结果表明，地表径流氮流失量中，硝态氮绝大部分来源于降雨产生的径流，铵态氮主要来源于降雨径流，少量来源于土壤流失，而颗粒态氮则主要来源于土壤流失，也有一部分来源于降雨径流。

表 2-3　地表径流氮流失量与径流量和氮浓度之间的相关系数

比较项	氮流失量（n＝28）				
	TN	TDN	NO$_3^-$-N	NH$_4^+$-N	PN
径流量	0.841**	0.831**	0.856**	0.698**	0.411*
氮浓度	－0.181	－0.167	－0.184	0.143	0.748**

（二）柑橘园地表径流磷流失量

从图 2-14 可见，宜都市长岭岗村缓坡地柑橘园不同年际间地表径流总磷流失量及其在不同月际间的分配也相差较大。2015 年总磷流失量为 0.346kg/hm²，其中 5～6 月流失量占全年总流失量的 84.9%；2016 年总氮流失量为 0.463kg/hm²，其中 7～8 月流失量占全年总流失量的 92.7%；2017 年总氮流失量为 0.954kg/hm²，2～10 月每月都有一定量的发生，其中 8 月和 10 月流失量占全年总流失量的 62.3%，4 月和 7 月流失量占 20.4%；2018 年总氮流失量为 0.208kg/hm²，其中 4 月和 9 月流失量占全年总流失量的 83.3%。上述结果表明，柑橘园地表径流磷流失的时段更加集中，且每年主要流失的月份均有所不同。

年度总磷流失量占施磷量的比例，2015—2018 年分别为 0.23%、0.32%、0.65% 和 0.14%，年均 0.33%。由此可见，在本监测条件下，地表径流磷流失量较低。

地表径流总磷流失量中，2015—2018 年度可溶性总磷流失量分别为 0.053kg/hm²、0.085kg/hm²、0.385kg/hm² 和 0.120kg/hm²，颗粒态磷（PP）流失量分别为 0.293kg/hm²、0.378kg/hm²、0.570kg/hm² 和 0.088kg/hm²（图 2-14）。

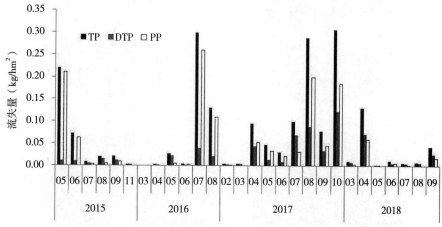

图 2-14　坡耕地柑橘园地表径流水中不同形态磷流失量

相关分析结果表明（表 2-4），柑橘园地表径流总磷、可溶性总磷和颗粒态磷流失量均与同期径流量呈极显著正相关（r＝0.813**、0.878** 和 0.688**，n＝28），但总磷流失量与径流水中总磷浓度仅呈一定的正相关关系（r＝0.329，n＝28），可溶性总磷流失量与径流水中可溶性总磷浓度无明显相关关系（r＝－0.0213，n＝28），颗粒态磷流失量与径流水中颗粒态磷浓度呈极显著正相关（r＝0.687**，n＝28）。以上结果表明，地表径流磷流失量中，可溶性总磷绝大部分来源于降雨产生的径流，而颗粒态磷则同时来源于土壤流失和降雨径流。

表 2-4　地表径流磷流失量与径流量和磷浓度之间的相关系数

比较项	磷流失量（n＝28）		
	TP	TDP	PP
径流量	0.813**	0.878**	0.688**
磷浓度	0.329	－0.0213	0.687**

四、柑橘园地表径流氮磷流失量的形态组成

由图 2-15 可见，地表径流总氮流失量以可溶性为主，可溶性总氮占比为 72.9%～95.7%，呈逐年增加的趋势；颗粒态氮占比为 4.3%～27.2%，呈逐年递减的趋势，可能主要与 2013 年底监测小区建设对土壤的扰动有关。在可溶性总氮中，硝态氮的比例在 2015 年、2016 年和 2019 年稳定在 34.1%～39.2% 之间，2017 年明显较高（58.8%），可能与 2017 年度径流量明显较高有关；铵态氮的比例在 14.5%～32.6% 之间；DON 的比例在 2015—2017 年度较低，为 6.4%～16.6%，2018 年度较高，为 38.1%。

图 2-16 结果表明，在 2015—2017 年，地表径流总磷流失量以颗粒态磷为主，2018 年以可溶性磷为主。地表径流总磷流失量中，颗粒态磷占比为 42.1%～84.5%，从 2015 年到 2018 年逐年递减；可溶性总磷占比为 15.5%～57.9%，从 2015 年到 2018 年逐年增加。同样，这一变化规律主要与 2013 年底监测小区建设对土壤的扰动有关。

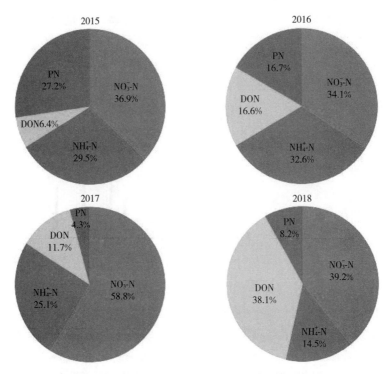

图 2-15 柑橘园地表径流氮流失量各形态所占比例

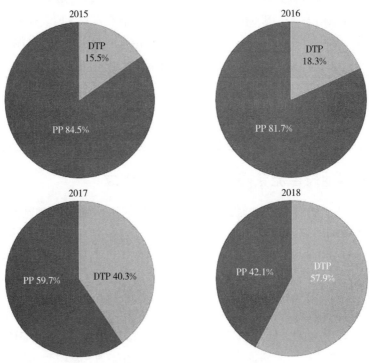

图 2-16 柑橘园地表径流磷流失量各形态所占比例

五、小结

1. 径流量和产流系数 宜都市长岭岗村缓坡地柑橘园 2015—2018 年度径流量分别为 48.2mm、71.7mm、243.7mm 和 50.7mm，产流系数分别为 7.46％、7.88％、20.33％ 和 6.30％，4～5 月和 7～8 月是主要的产流时期，柑橘园产流量与同期降雨量呈极显著正相关。

2. 地表径流水中总氮和总磷的浓度 柑橘园地表径流水月均总氮浓度为 1.17～8.51mg/L，年均总氮浓度为 2.92～4.12mg/L；月均总磷浓度为 0.06～1.60mg/L，年均总磷浓度为 0.39～0.72mg/L。多数情况下，总氮浓度较高的月份，其总磷浓度也较高，两者呈显著正相关，总氮浓度与同期径流量呈显著负相关，总磷浓度与同期径流量的相关关系不明显。

3. 柑橘园地表径流氮、磷流失量 柑橘园地表径流年度总氮流失量为 1.61～7.12kg/hm²，4～5 月和 7～8 月是地表径流氮流失的主要时期，这 4 个月的总氮流失量平均占全年总氮流失量的 74.7％，年度总氮流失量占施氮量的比例平均为 0.37％；地表径流年度总磷流失量为 0.21～0.95kg/hm²，地表径流磷流失的时段更加集中，且每年主要流失的月份均有所不同，年度总磷流失量占施磷量的比例平均为 0.33％。

分析认为，地表径流氮流失量中，硝态氮绝大部分来源于降雨产生的径流，铵态氮主要来源于降雨径流，少量来源于土壤流失，而颗粒态氮则主要来源于土壤流失，也有一部分来源于降雨径流；磷流失量中，可溶性总磷绝大部分来源于降雨径流，而颗粒态磷则同时来源于土壤流失和降雨径流。

4. 柑橘园地表径流氮、磷流失形态 地表径流总氮流失量以可溶性为主，占比为 72.9％～95.7％，且呈逐年增加的趋势；总磷流失量 2015—2017 年以颗粒态磷为主，2018 年以可溶性磷为主，颗粒态磷占比为 42.1％～84.5％，从 2015—2018 年逐年递减。

参 考 文 献

毕磊，谭启玲，胡承孝，等．2011. 养分管理措施对丹江口库区橘园氮磷流失的影响［J］. 华中农业大学学报，30（4）：474-478.

李太魁，张香凝，寇长林，等．2018. 丹江口库区坡耕地柑橘园套种绿肥对氮磷径流流失的影响［J］. 水土保持研究，25（2）：94-98.

第三章 畜禽养殖粪污污染发生特征

第一节 丘陵山区分散式畜禽养殖氮磷污染发生特征

中国畜禽规模化养殖比例不断提高，但分散养殖仍是农村畜禽养殖生产的主要形式（朱丽娜等，2013）。大部分的畜禽粪便在贮存过程中自然堆放，在 4 月和 10 月集中用于农田施肥（王子臣等，2013）。畜禽粪便产生与农田利用时间的错位、小型分散畜禽养殖户缺乏经济有效的避雨设施，使得大部分的畜禽粪便露天堆放，经过降雨冲刷后，畜禽粪便中的氮、磷会随着径流流入到水体中，是畜禽粪便造成污染的主要途径（尹琴等，2015；李远等，2002；莫海霞等，2011）。因此，研究降雨对露天堆放畜禽粪便氮素流失的影响很有必要。

目前，一些学者主要集中研究畜禽粪便施入农田后降雨对其氮、磷流失的影响（SMITH DR et al.，2007；饶雄飞等，2007；SMITH KA et al.，2001）。有研究表明，施肥后不久出现明显降雨时期，会使得施加的畜禽粪便中氮、磷大量流失，对环境造成严重的污染（EDWARDS DR et al.，1993）。人工模拟降雨不受自然的影响，又可以进行多次试验，节省人力和物力，常用于侵蚀过程中水土流失和养分流失的研究（高杨等，2011；郭新送等，2014；杨丽霞等，2014），而降雨对露天堆放的畜禽粪便氮素流失特征的研究报道较少。因此，本研究采用野外模拟降雨方法，选取不同堆放时间和堆放方式的猪粪为供试材料，分析它们在不同降雨强度下的氮素流失特征，以期用来分析和评估研究区域露天堆放猪粪中氮素流失现状，同时为减少畜禽堆放过程中氮素流失、控制农业面源污染提供研究思路。

一、背景

（一）材料

试验在三峡库区宜昌市兴山县长坪小流域农业面源污染试验示范基地内进行。湖北省三峡库区生猪产生的粪便量占该区域畜禽粪便总量的 85.2%（蔡庆华等，2006；邱光胜等，2011；蔡金洲等，2012），因此取猪粪作为试验材料。猪粪选取具有代表性的猪圈散养户露天堆放的样品，共取 4 种堆放时间的猪粪，从新鲜猪粪清扫出圈算起，露天堆放时间分别为 7d（M1），30d（M2），60d（M3），90d（即腐熟猪粪，M4）。不同堆放方式分别为裸露处理（CK），秸秆覆盖处理（CR），土壤覆盖处理（CS）。每个处理重复 3 次。覆盖的秸秆取当季的玉米秸秆，剪成 5cm 长一段，土壤为玉米田里的土壤。覆盖时保证土壤与秸秆覆盖厚度均为 5cm。堆放时间越长，堆放中的全氮、全磷和有机质的含量增加，不同堆放时间的猪粪、试验所需玉米秸秆和土壤的主要养分含量如表 3-1 所示。

表 3-1　猪粪堆放原料主要养分含量

项目	全氮（g/kg）	全磷（g/kg）	有机质（g/kg）
M1	21.1	13.0	342.2
M2	22.7	15.9	344.0
M3	26.5	20.0	371.7
M4	26.3	21.6	398.0
秸秆	7.4	0.7	40.9
土壤	5.4	0.9	21.6

注：养分含量为风干基。

（二）试验装置

试验槽是用水泥砌成的长方体，长 0.6m，宽 0.5m，高 0.3m，在试验槽下方有个集水槽，通过小管道与试验槽连接，用来承接径流。降雨前将试验槽清理干净，将猪粪堆置于试验槽中，上部呈馒头状，把底部压实，堆放高度为 20cm，模拟自然堆放的猪粪。野外人工模拟降雨器由储水罐、支架、压力表、喷头和雨量筒等部分组成，喷头采用 SPRACO 锥形喷头，距地面高度 4.75m。降雨区域为 2m ×2m，雨滴形态，降雨均匀度与自然降雨相似。模拟降雨器模拟降雨动能约为等雨强天然降雨的 90%，均匀度为 0.9，供水压力为 0.08mPa，降雨强度由喷头数和供水压力共同控制（LUD SH et al.，2013）。

二、不同堆放时间猪粪中全氮的流失情况

由图 3-1 看出，4 种堆放时间的猪粪全氮含量均随降雨量增加有明显下降趋势。经过 120mm 降雨量的冲刷后，M1 在 60mm/h 和 120mm/h 降雨强度下的全氮量分别降低了 5.3% 和 26.8%；M2 的全氮含量分别下降了 10.2% 和 22.9%；M3 的全氮含量分别下降了 12.8% 和 11.1%；M4 的全氮含量分别下降了 14.4% 和 22.7%。除 M3 在两种降雨强度条件下全氮含量无明显差别外，其他 3 种堆放时间猪粪中的全氮含量均随降雨强度的增强，流失量也明显增多。

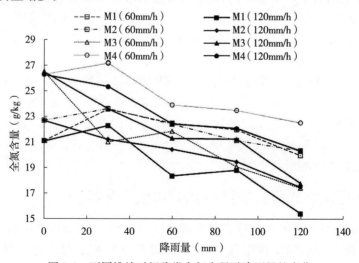

图 3-1　不同堆放时间猪粪全氮含量随降雨量的变化

三、不同堆放时间猪粪径流中氮素浓度变化特征

由图 3-2 可知，随着降雨量的增加，径流中 TN 的浓度总体上呈下降的趋势。在相同降雨强度下，径流 TN 浓度均随着猪粪堆放时间增加呈现先降低后上升的趋势，具体表现为径流浓度从 M1 到 M3 逐渐降低，猪粪腐熟后 M4（90d）的径流氮素浓度高于堆放 60d 的猪粪 M3，其中，60mm/h 降雨强度下，M1、M2、M3、M4 径流中 TN 浓度平均分别为 340.7、334.1、156.7、285.2mg/L；120mm/h 降雨强度下，M1、M2、M3、M4 径流中 TN 浓度平均分别为 334.4、231.9、127.5、242.5mg/L，表明猪粪堆放 60d 时降雨对 TN 流失浓度影响较小。降雨强度对猪粪径流中 TN 的影响差异不大，表现为 60mm/h 大于 120mm/h 降雨强度下的 TN 浓度，在 60mm/h 和 120mm/h 降雨强度下不同堆放时间猪粪径流中 TN 平均浓度分别 279.2mg/L 和 234.1mg/L。

4 种堆放时间的猪粪径流中 AN 的浓度随着降雨量的增加呈下降的趋势。在相同降雨强度下，猪粪 M1、M2 和 M3 径流中 AN 平均浓度表现为 M3＜M2＜M1，但猪粪 M4 径流中 AN 的平均浓度明显高于 M3，其中，60mm/h 降雨强度下，M1、M2、M3、M4 径流中 AN 平均浓度分别为 157.2、114.4、79.6、110.4mg/L；120mm/h 降雨强度下，M1、M2、M3、M4 径流中 AN 平均浓度分别为 151.0、90.3、29.2、109.1mg/L，表明猪粪堆放 60d 时降雨对 AN 流失浓度影响较小。降雨强度对猪粪径流中 AN 的影响差异不大，表现为 60mm/h 大于 120mm/h 降雨强度下的 AN 浓度，60mm/h 和 120mm/h 不同堆放时间猪粪径流中 AN 平均浓度分别 115.4mg/L 和 94.9mg/L。

4 种堆放时间的猪粪径流中 NN 的浓度均随着降雨量的增加而减少。在相同降雨强度下，猪粪 M1、M2 和 M3 径流中 NN 平均浓度表现为 M3＜M1＜M2，但猪粪 M4 径流中 NN 的浓度明显高于 M3，其中，60mm/h 降雨强度下，M1、M2、M3、M4 径流中 NN 平均浓度分别为 94.7、102.6、50.8、84.5mg/L；120mm/h 降雨强度下，M1、M2、M3、M4 径流中 NN 浓度平均分别为 89.1、90.6、51.9、60.4mg/L，表明猪粪堆放 60d 时降雨对 NN 流失浓度影响较小。降雨强度对猪粪径流中 NN 的影响差异不大，表现为 60mm/h 大于 120mm/h 降雨强度下的 NN 浓度，在 60mm/h 和 120mm/h 降雨强度下不同堆放时间猪粪径流中 NN 平均浓度分别为 83.2mg/L 和 73.0mg/L。

在 60mm/h 降雨强度下，猪粪 M1、M2、M3 和 M4 径流中 AN 和 NN 占 TN 的比例分别为 46.1%、34.2%、50.8%、38.7% 和 27.8%、30.7%、32.4%、29.6%；在 120mm/h 降雨强度下，M1、M2、M3 和 M4 径流中 AN 和 NN 占 TN 的比例分别为 45.2%、38.9%、22.9%、45.0% 和 26.6%、39.1%、40.7%、24.9%。由此可知，猪粪中氮主要是以铵态氮的形式流失。

四、不同覆盖方式猪粪径流中氮素浓度变化特征

在 60mm/h 降雨强度下，对猪粪 M1 和 M4 进行模拟降雨，对比分析了秸秆覆盖（CR）、土壤覆盖（CS）和裸露堆放（CK）下猪粪中氮素浓度变化情况。由图 3-3 可知，猪粪通过降雨冲刷后，径流中的 TN 浓度均在最初时较高，随着降雨量的增加而

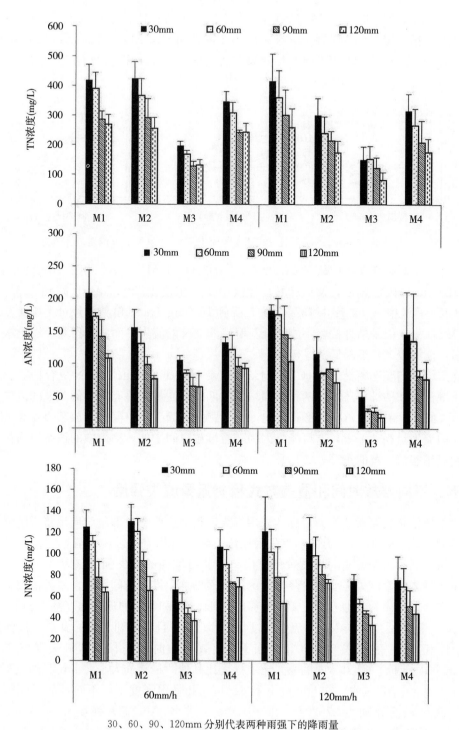

30、60、90、120mm 分别代表两种雨强下的降雨量

图 3-2　两种雨强下不同堆放时间猪粪径流中总氮（TN）、铵态氮（AN）和硝态氮
（NN）的浓度变化

下降。遇到 60mm 以下降雨量时，新鲜猪粪比腐熟猪粪的 TN 更容易流失，但是遇到 90 和 120mm 降雨量时，和 M1 秸秆覆盖相比，M4 秸秆覆盖不能降低径流中 TN 的流失，其中，秸秆覆盖的 M1 径流 TN 浓度为 139.3mg/L，M4 为 213.2mg/L；两种猪粪土壤覆盖效果最好，M1 和 M4 土壤覆盖后其径流 TN 浓度分别为 143.8mg/L 和 137.3mg/L。

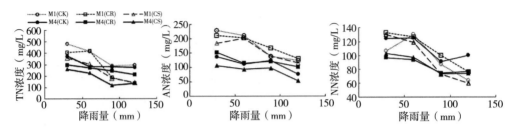

图 3-3　降雨对不同覆盖方式猪粪径流中 TN、AN 和 NN 浓度的影响

同样，新鲜猪粪裸露堆放时 M1（CK）与腐熟猪粪 M4（CK）相比 AN 更容易流失，经过 120mm 降雨冲刷后，M1（CK）径流中 AN 浓度由 228.7mg/L 降到 123.4mg/L，M4（CK）径流中 AN 浓度由 137.4mg/L 降到 76.7mg/L；新鲜猪粪经过土壤覆盖后能够降低 AN 流失，但是秸秆覆盖不能降低新鲜猪粪 AN 的流失；而腐熟猪粪经过土壤和秸秆覆盖后，能够较大程度降低 AN 流失。

裸露堆放的腐熟猪粪 M4（CK）与新鲜猪粪 M1（CK）相比，NN 更容易流失，但是通过土壤覆盖和秸秆覆盖后，两种不同堆放时期的猪粪都能够有效降低 NN 的流失。新鲜猪粪 M1 的 TN 主要以 AN 的形式流失，而在腐熟猪粪 M4 中裸露堆放和土壤覆盖的 NN 和 AN 的流失量相差不大，这可能是因为随着堆放时间增加，猪粪中的铵态氮通过硝化作用转化成硝态氮（黄向东等，2010）。

五、不同堆放时间和覆盖方式猪粪氮素流失强度

为了评估猪粪氮素的流失情况，采用堆粪流失强度概念，即单位质量猪粪随降雨所流失的氮的质量（彭莉等，2012）。首先根据流失浓度与相应的观测径流量，计算径流氮的流失质量，然后根据堆粪的总质量计算出单位质量堆粪的流失强度（表 3-2）。相同降雨强度下，猪粪氮素流失强度随着降雨量的增加而增加。堆放时间不同，氮素的流失强度也不同，在 60mm/h 降雨强度下，4 种猪粪的 TN、AN 和 NN 的流失强度基本表现为 M1＞M2＞M3，腐熟后的猪粪 M4 的流失强度大于 M3，并且 M1 和 M2 的氮素流失强度显著高于 M3 和 M4，表明在 60mm/h 雨强下，猪粪堆放时间越长氮素流失强度越小；在 120mm/h 雨强下，M1 和 M4 的氮素流失强度比其他两种猪粪大。60mm/h 的氮素流失强度大于 120mm/h，其中，在 60mm/h 和 120mm/h 降雨强度下，不同堆放时间猪粪的平均 TN 流失强度分别为 276.0g/t 和 164.0g/t，平均 AN 流失强度分别为 88.5g/t 和 67.7g/t，平均 NN 流失强度分别为 61.3g/t 和 48.5g/t。

表 3-2　两种降雨强度下不同堆放时间猪粪氮的流失强度

降雨强度 （mm/h）	降雨量 （mm）	猪粪	TN （g/t）	AN （g/t）	NN （g/t）
60	30	M1	117.2a	65.6a	37.8 a
		M2	108.9a	41.3a	33.3 a
		M3	36.9b	16.8b	13.5 b
		M4	37.4b	14.4b	12.5 b
	60	M1	245.5a	113.3a	80.6 a
		M2	262.3a	89.3ab	80.3 a
		M3	103.2b	46.8c	36.8 b
		M4	139.5b	60.8b	42.9 b
	90	M1	335.1a	160.0a	100.4 a
		M2	376.5a	112.6a	103.7 a
		M3	134.5b	56.1c	45.2 b
		M4	196.0b	83.7b	55.3 b
	120	M1	482.1a	162.2a	102.6 a
		M2	424.1a	122.1ab	109.4 a
		M3	186.6c	59.0c	41.0 c
		M4	264.6b	116.7b	72.4 b
120	30	M1	68.0a	27.8a	20.9 a
		M2	40.4b	14.0b	13.3 ab
		M3	25.6c	8.1b	9.9 b
		M4	79.9a	39.2a	18.9 a
	60	M1	213.7a	94.5a	57.3 a
		M2	98.3c	27.0b	38.0 a
		M3	71.5c	12.9b	21.1 b
		M4	145.3b	98.4a	40.0 a
	90	M1	309.0a	147.9a	83.4 a
		M2	166.1c	58.0b	57.9 ab
		M3	113.7c	25.0c	34.0 c
		M4	236.7b	74.2b	55.6 ab
	120	M1	371.7a	166.9a	95.4 a
		M2	213.1b	87.2b	74.5 ab
		M3	120.7c	18.0c	40.9 b
		M4	284.3b	121.2ab	67.3 ab

注：同列数据后不同小写字母表示相同降雨强度和降雨量下，不同堆放时间猪粪的氮素流失强度差异显著（P<0.05）。

　　在两个降雨强度下，AN 的流失强度大于 NN 的流失强度，AN 和 NN 平均流失强度分别为 78.1 和 54.9g/t，表明猪粪的氮素主要以 AN 形式流失。

　　为了更好地比较秸秆覆盖和土壤覆盖对猪粪中氮素流失的影响，在 60mm/h 降雨强度下，对比分析新鲜猪粪 M1 裸露堆放、秸秆覆盖和土壤覆盖处理的总氮流失强度。由表 3-3 可知，新鲜猪粪的 TN 流失强度表现为裸露堆放大于秸秆覆盖和土壤覆盖，且裸露处理中 TN 的流失强度约是土壤覆盖处理流失强度的 2 倍。120mm 的降雨量下，裸露处理猪粪 TN 的流失强度为 482.1g/t，秸秆覆盖和土壤覆盖 TN 的流失强度粪便分别为 365.1g/t 和 190.7g/t，因此，通过估算 1 次 120mm 的降雨量，裸露处理猪粪中 TN 的流失量占猪粪中 TN 的 2.3%，秸秆和土壤覆盖的猪粪中 TN 的流失量分别占猪粪 TN 的 1.7% 和 0.9%。因此可以通过秸秆覆盖或土壤覆盖来减少畜禽粪便中的氮素流失，其中土壤覆盖的效果比秸秆覆盖好。

表 3-3　60mm/h 降雨强度下不同覆盖方式猪粪的全氮流失强度

降雨量（mm）	覆盖方式	TN（g/t）
	CK	117.2 a
30	CR	73.8 b
	CS	53.5 b
	CK	245.5 a
60	CR	242.6 a
	CS	113.0 b
	CK	335.1 a
90	CR	291.1 a
	CS	150.5 b
	CK	482.1 a
120	CR	365.1 b
	CS	190.7 c

注：不同小写字母代表相同降雨量下不同覆盖处理差异显著水平（P<0.05）。

六、小结

　　①猪粪径流中的氮素浓度和流失强度受降雨量影响较大，受降雨强度的影响较小。

　　②相同降雨强度下，新鲜猪粪堆放 7d 和堆放 30d 的猪粪径流中氮素流失的较多，腐熟猪粪（堆放 90d）与堆放 60d 的猪粪相比其氮素更容易通过径流流失。

　　③氨态氮的径流浓度和流失强度基本高于硝态氮，表明猪粪氮素的流失形态以氨态氮为主。

　　④通过秸秆覆盖和土壤覆盖，猪粪中氮流失量减少，因此，在猪粪露天堆放过程中，可以采取秸秆覆盖和土壤覆盖来防控氮素流失，并且土壤覆盖的防控效果好于秸

秆覆盖。

第二节 三峡库区畜禽粪便氮磷流失的估算分析

畜禽粪便的氮磷元素在堆放过程中容易流失，其流失量也会对环境造成很大的威胁。有学者对畜禽粪便污染物流失率进行了研究，就全国来看，畜禽粪尿排入水体的流失率大约在 2%～8% 之间，而尿液排泄物则达 50%。在上海市，畜禽粪便污染物排入水体的流失率在 25%～30% 之间。安徽省畜禽粪便氮和磷进入水体的流失率大约是 30%。研究表明，城郊的畜禽粪便污染物的流失率是 30%～40%。流失的畜禽粪便直接排入水体中，并没有进行任何处理措施，因此该部分对环境的危害极大。

湖北省三峡库区是以丘陵地区为主，农户多是分散而居，构成零散的村落，一般村落有百余户农户，大部分是在沿盘山公路傍山建房居住。大部分农户会饲养生猪，一般饲养较少，多是分散式养殖，通过调查发现当地的饲养方式以圈养为主，在饲养的时候，大部分农户为了方便，直接将猪粪堆放在猪圈旁，到农耕季节才施用于农田。因此大量的猪粪露天堆置，当遇到降雨时，猪粪以及猪粪中的污染物随着降雨径流汇入附近的库区水体中。因此，采用模拟降雨实验的结果，估算库区中因降雨而使得堆放猪粪氮磷的流失量，分析整个湖北省三峡库区猪粪中的氮磷量随时间和降雨的变化情况，以期能有效地对露天堆放的畜禽粪便污染进行控制，减少对环境的污染。

一、背景

（一）估算指数

1. 生猪数量 2014 年，湖北省三峡库区生猪产生的粪便总量占畜禽粪便总量的 84.7%，因此研究库区分散式畜禽粪便氮磷流失情况采用的是生猪产生的畜禽粪便。2014 年分散式养殖生猪有 251.51 万头。

2. 生猪粪便的日产系数 生猪产生粪便是连续不间断的，而大多文献中提供的是一个饲养周期或是一年的平均日产系数。为了明确畜禽在不同时间的产生粪便总量的情况，我们在三峡库区的兴山县选取两户生猪养殖户，在 2 个农户养殖场外做收集池和堆粪池，每天对产生的猪粪样进行称量与监测。最后得到分散式畜禽养殖不同阶段的粪便日产系数。在湖北省三峡库区的农村生猪养殖户，大部分生猪饲养周期为一年，每年在 12 月，农户一般宰杀生猪用于过年，春节过后即 2 月底到 3 月初之间购买小猪开始饲养，所以在 12 月到次年 2 月，猪圈内几乎没有粪便的产生，即日产系数为 0。但伴随生猪的成长，产生的粪便总量也在增多；在 3～5 月的日均产粪量为 1.24kg/d，6～8 月为 3.44kg/d，在 9～11 月底为 4.13kg/d。

3. 畜禽粪便的氮磷流失系数 畜禽粪便的氮磷流失与降雨强度密切相关，根据当地降雨情况采取 60mm/h 降雨强度下的氮磷流失强度。而由于在新鲜猪粪和堆放了 1 个月的猪粪在全年猪粪中所占比例较多，故将猪粪 M1 和猪粪 M2 的氮磷流失强度的平均值作为库区畜禽粪便的流失强度，氮磷流失强度见图 3-4。

采用降雨流失强度比上降雨量得到该段降雨量的氮磷流失系数。由于在低于 10mm

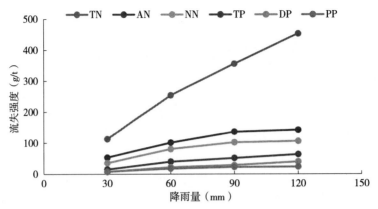

图 3-4　60mm/h 降雨强度下的氮磷流失强度

降雨量下，堆粪中一般无径流产生，所以取 30mm 的氮磷流失系数作为 10～45mm 的氮磷流失系数，依次类推，取 60mm 的氮磷流失系数作为 45～75mm 的氮磷流失系数，取 90mm 的氮磷流失系数为作 75～100mm 的氮磷流失系数，取 120mm 的氮磷流失系数的作为大于 100mm 的氮磷流失系数。其畜禽粪便的氮磷流失系数见表 3-4。

表 3-4　畜禽粪便氮磷流失系数

降雨量	TN	AN	NN	TP	DP	PP
（mm）	[g/（t·mm）]	[g/（t·mm）]	[g/（t·mm）]	[g/（t·mm）]	[g/（t·mm）]	[g/（t·mm）]
10～45	3.77	1.78	1.19	0.50	0.24	0.26
45～75	4.23	1.69	1.34	0.66	0.37	0.29
75～100	3.95	1.51	1.13	0.57	0.32	0.25
>100	3.78	1.18	0.88	0.53	0.33	0.20

4. 降雨情况　在湖北省三峡库区兴山县，从 2014 年 1 月至 2014 年 12 月对降雨量进行监测，具体降雨数据见表 3-5。从表中可知 4～10 月是雨季。11 月份到次年 3 月份为旱季。

图 3-5　2014 年湖北省三峡库区的降雨量情况

降雨次数	1 月	2 月	3 月	4 月	5 月	6 月	7 月	8 月	9 月	10 月	11 月	12 月
第 1 次	7.1	20	31	61	15.5	14.7	51	56.2	15.6	38.5	13	10
第 2 次	—	—	—	73	5.1	69	12.5	10	33.5	—	9.5	
第 3 次	—	—	—	5.2	18.1	15	12	—	47.3		15	-
第 4 次	—	—	—	25	26		53	—	—			
第 5 次	—	—	—	—	13.4		24	—				
第 6 次	—	—	—	—	47							

（二）估算方法

在计算氮磷的流失量时，采用如下公式。

$$氮磷流失量＝堆放猪粪量×降雨量×氮磷流失系数 \tag{3-1}$$

二、堆放的猪粪情况

根据分散式生猪养殖数量和粪便的日产系数，计算出每个月的猪粪产生量，12月至翌年2月没有猪粪产生。在3～5月每个月猪粪的产生量为9.36万t。6～8月每个月的猪粪产生量为25.96万t。9～11月每个月的猪粪产生量为31.16万t。根据湖北省三峡库区中农户使用猪粪的情况，绘制出2014年堆放的猪粪随着时间的变化图，见图3-5。从图3-5中可以看出有两个折点，一个是在6月份，这是因为每年的6月初是三峡库区中种植玉米的季节，这时农户会将之前堆放的猪粪施用于农田。因此6月份的猪粪较5月份堆放的猪粪要少，即6月份堆放的猪粪则是6月份产生的猪粪，为29.50万t。7～10月份堆放的猪粪越来越多，10月份达到最高为171.35万t。11月份后急剧下降，这是因为11月初是农户种植油菜的季节，也会将之前堆放的猪粪全部施用于农田。所以11月份堆放的猪粪仅为31.16万t。12月份后生猪将被宰杀，所以12月份到第二年的2月份堆放的猪粪均为31.16万t。2月末买小猪，3月份开始产生猪粪，则堆放的猪粪包括上一年未施用存留下来的以及3月份新产生的猪粪，为40.50万t。4～5月堆放的猪粪越来越多，5月为59.23万t。可见在全年中8～10月份堆放的猪粪量最多，其次就是在4～5月份，其中11月至次年的3月份堆放的猪粪最少。

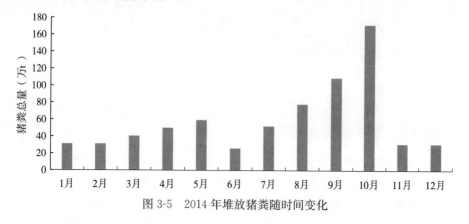

图 3-5　2014年堆放猪粪随时间变化

三、堆放猪粪中氮素的流失

三峡库区中露天堆放猪粪中的氮素流失量不仅与堆放的猪粪总量有关，与降雨量也密切相关。图3-6表示猪粪中TN（总氮）、AN（氨态氮）以及NN（硝态氮）的流失量随着时间的变化情况。从图3-6中可以看出TN、AN以及NN的流失量随之时间的变化趋势一致，其中AN的流失量比NN的流失量大。首先在1月份氮素均没有流失，这是因为1月份的降雨量小于10mm，一般无径流量产生。2月份和3月份氮素的流失量逐渐增加，一方面是因为堆放的猪粪增加了，另一方面降雨量也在逐渐增加。到了4月份，氮素的流失量急剧增加，其中TN的流失量达329.72t，AN和NN分别是135.11t和104.43t。尽管 4 月份堆放的猪粪较少，但因该月的降雨较多，所以流失量较大。5 月份的氮素流失量有所下降，至 6 月份总氮的流失量下降至 104.72t，AN 和 NN 则分别为 43.00t 和 33.00t。7 月份氮素流失有所增加，8 月份又有所下降，直至 9 月份氮素的流失量达到最高，TN、AN 和 NN 的流失量为 436.82t、182.43t 和 132.84t。尽管 7～9 月份堆放的猪粪在增加，但降雨量在这 3 个月中略有波动，所以氮素的流失量也是上下波动，可见猪粪中氮素的流失量与降雨量密切相关。10～12 月份氮素流失量逐渐下降。从整体来看氮素的流失主要集中在 4～10 月份之间，期间氮素的流失量占流失总量的 94.3%。首先因为在 4～10 月份是生猪的生长时间段，所以产生的猪粪总量比较多。可以看出在 4～10 月份的氮素流失量主要与降雨量相关，降雨量越大流失量越大。2014 年湖北省三峡库区露天堆放的猪粪中 TN 的流失量为 2 054.02t。而当年分散式养殖猪粪中所含的总氮量约为 1.83 万 t。所以猪粪中总氮的流失量占总氮量的 11.2%。这些随着降雨流失的氮素直接排入库区的水体中，从而污染环境。

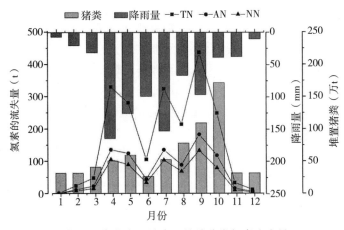

图 3-6　湖北省三峡库区堆放猪粪氮素流失量

四、堆放猪粪中磷素的流失

图 3-7 表示猪粪中 TP（总磷）、DP（可溶性磷）以及 PP（颗粒态磷）的流失量随着时间的变化情况。从图 3-7 中可以看出 DP、PP 和 TP 的流失变化趋势一致，DP 的流失量略大于 PP 的流失量。首先在 1 月份均没有流失量产生，2～3 月份磷素的流失量逐渐增加，到了 4 月份，氮素的流失量急剧增加。5～6 月份又开始下降，7～9 月份又逐渐上升，至 9 月份磷素的流失量达到最大。10～12 月份开始逐渐下降。堆放猪粪中的磷素的流失主要集中在 4～10 月份之间，期间磷素的流失量占流失总量的 94.8%。TP、DP 和 PP 的流失量在 9 月份最多，分别为 60.80t、31.9 2t 和 28.93t，均约占流失总量的 20%。其次是 4 月份，TP、DP 和 PP 的流失量分别为 50.32t、27.73t 和 22.63t，约占流失总量的 17%。在 4～10 月份期间，堆置猪粪中的氮磷流失随着降雨量上下波动，具有明显的正相关。因此在这期间应加强对露天堆放的猪粪的防雨控制。2014 年湖北省三峡库区露天堆放猪粪中总磷的流失量为 296.12t，而当年分散式养殖猪粪中所含的总氮量约为 2422t，所以猪粪中 TP 的流失量占总磷量的 12.4%。

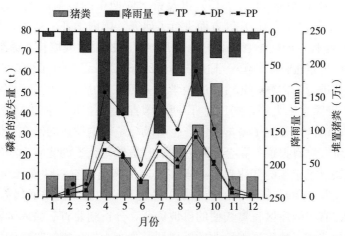

图 3-7　湖北省三峡库区堆放猪粪磷素流失量

五、小结

①2014 年湖北省三峡库区，全年中 8～10 月份堆放的猪粪量最多，其次是 4～5 月份。

②2014 年湖北省三峡库区露天堆放猪粪中总氮的流失量为 2 054.02t，当年总氮的流失率为 11.2%。在 4～10 月期间氮素的流失量占流失总量的 94.3%，其中 4 月份和 9 月份的流失量最大。

③2014 年湖北省三峡库区露天堆放猪粪中总磷的流失量为 296.12t。当年总磷的流失率为 12.4%。在 4～10 月期间磷素的流失量占流失总量的 94.8%。

④猪粪中氮素和磷素的流失量与降雨量密切相关，在 4～10 月期间堆放的猪粪总量大，且处于雨季时期。因此，在这期间应加强堆放猪粪防雨控制。

第三节　三峡库区畜禽粪便产生量与污染物耕地负荷测算

近年来畜牧业在湖北省三峡库区逐渐发展，库区的许多城镇、农村都建有规模化养殖场或是分散式的畜禽养殖，养殖业已经成为库区农业的重要组成部分和库区农民主要的经济来源之一。但是在畜牧业创造巨额经济效益的同时，也产生了巨大的畜禽粪便污染。湖北省三峡库区畜禽养殖业的环境管理和污染治理十分薄弱，对禽畜粪便的处理方法简单、传统，不能将粪便得到无害化、资源化处理，导致禽畜粪便养分大量流失，严重影响周边环境，危害人们的健康（刘安平等，2015）。王家等（2014）发现导致湖北省兴山县香溪河流域水质环境恶化的主要成因是种植业和畜禽养殖业，其中畜禽养殖业的等标污染负荷达 38%。蔡金洲等（2012）研究表明，湖北省三峡库区农业面源污染主要污染源为种植业和畜禽养殖业。

目前，国外学者主要对畜禽粪便总量的估算（Shin-Ichiro M et al.，2012）、粪便污染物的区域分布（Yang Q et al.，2015）以及畜禽粪便中的生物能源（Adeoti O et al.，2014；Noorollahi Y et al.，2015）等方面进行了研究。国内学者也对畜禽养殖污染进行了研究，20世纪90年代，国内学者沈根祥等（1994）首次提出粪尿排污系数，并据此对上海市的畜禽粪便产生量进行了估算。王方浩等（2006）、张绪美等（2007）对常见的11种畜禽粪便排污系数进行了估算。此后，国内学者先后在重庆（彭里等，2004）、广东（龚俊勇等，2011）、安徽（宋大平，2012）、广西（廖青等，2013）、河南（李冬梅等，2014）等省（直辖市、自治区）开展了畜禽粪便产生量及环境影响评价的研究，但是关于湖北省三峡库区的相关研究鲜有报道。蔡金洲等（2012）虽然研究了湖北省三峡库区农业面源污染的现状，但是缺乏近十年的变化趋势，本文通过估算湖北省三峡库区2001—2014年的畜禽粪便排放量以及COD、氮和磷的产生量，分析和阐明其纵向发展趋势，并以2014年为横向，估算湖北省三峡库区畜禽粪便的耕地负荷，分析湖北省三峡库区畜禽养殖对环境污染的现状，为湖北省三峡库区养殖业发展规划及畜禽粪便环境污染防治提供科学依据。

一、背景

（一）数据来源

1. 饲养量和饲养周期　畜禽饲养量根据各类畜禽的生长周期确定。一般生长周期小于1年的，按当年出栏量作为饲养量；生长周期大于1年的，按存栏量作为饲养量，饲养周期为365d（廖青等，2013）。本研究的饲养量数据来自于2002—2015年的《湖北农村统计年鉴》，主要数据是湖北省三峡库区4个县的猪、奶牛、肉牛、役用牛、羊、肉禽和蛋禽的年末出栏量以及存栏量。畜禽饲养周期参考国内文献（耿维等，2013），其中，生猪饲养周期199d，以出栏量为饲养量；役用牛和奶牛一般年末不出栏，其饲养量即为年末存栏量，饲养期为365d，而肉牛的饲养量是指当年出栏的黄牛和菜牛，饲养期为365d；羊饲养周期按全年365d计，以年底存栏量为饲养量；家禽要分为蛋禽和肉禽来计算：肉禽饲养周期一般为55d，以出栏量来计算，蛋禽饲养周期一般为365d，以年末蛋鸡的存栏量来计算。2014年湖北省三峡库区的各类畜禽饲养量见表3-6。

表3-6　2014年湖北省三峡库区的各类畜禽饲养量

地区	猪 （万只）	羊 （只）	役用牛（只）	奶牛 （只）	肉牛 （只）	肉禽 （万只）	蛋禽 （只）
巴东县	76.78	310 240	49 733	—	5 867	116	252 340
兴山县	33.21	232 508	9 619	—	2 825	45.86	38 890
夷陵区	98.19	93 444	10 296	5 194	4 137	512.21	312 000
秭归县	57.13	73 309	4 544	—	1 473	86.73	75 940
三峡库区	265.31	709 501	74 192	5 194	14 302	760.8	679 170

2. 产排污系数和猪粪当量系数　畜禽粪便的产排污系数与诸多因素相关，如畜禽品种、体重、生长阶段、饲料、地域、气候等，而不同文献提供的数据也不完全相同（董红敏等，2011）。本研究参考相关文献，借鉴近年国内学者研究成果，最终确定各种畜禽每

日粪便和各污染物的产排污系数（表 3-7）。其中，猪、奶牛、肉牛、役用牛、肉禽和蛋鸡的产排污相关参数来自于 2009 年第一次全国污染源普查—畜禽养殖业源产排污系数手册。羊产排污系数参照朱建春等（2014）和耿维等（2013）。对产排污系数进行适当的修正（朱建春等，2014），其中：猪产排污系数＝1/3 保育期产排污系数＋2/3 育肥期产排污系数；奶牛产排污系数以产奶阶段产排污系数计；肉牛产排污系数以育肥牛阶段产排污系数计；役用牛产排污系数以育成牛阶段产排污系数计；蛋鸡产排污系数以产蛋期阶段产排污系数计，肉禽产排污系数以肉鸡的产排污系数计算。

表 3-7　各类畜禽粪便以及各污染物日排泄系数

畜禽种类	粪便（kg/d）	COD（g/d）	TN（g/d）	TP（g/d）
猪	3.74	302.24	36.51	4.84
奶牛	50.99	6 793.31	353.41	62.46
肉牛	23.02	2 411.40	65.93	10.52
役用牛	27.63	3 324.53	139.76	25.99
蛋鸡	0.12	20.50	1.16	0.23
肉鸡	0.06	0.06	0.71	0.06
羊	2.38	0.46	24.10	5.14

各类畜禽粪便的肥效养分差异较大，多年来不少地区的农民将鸡粪按猪、牛粪常用量施入农田，引起作物疯长从而导致作物严重减少（杨自力等，2008）。因此，为了合理比较和分析，有必要将各种畜禽粪便量进行统一。本文根据其氮素养分日产生量统一换算成猪粪当量进行分析，折算系数猪粪为 1，对应结果如表 3-8 所示。

表 3-8　畜禽粪便猪粪当量换算系数

畜禽种类	粪便（kg/d）	TN（g/d）	转换系数
猪	3.74	36.51	1
奶牛	50.99	353.41	0.71
肉牛	23.02	65.93	0.29
役用牛	27.63	139.76	0.52
蛋鸡	0.12	1.16	0.99
肉鸡	0.06	0.71	1.21
羊	2.38	24.1	1.03

3. 耕地面积　耕地面积是畜禽粪便主要的消纳吸收场所，2014 年湖北省三峡库区各县的耕地面积。

（二）数据处理

1. 畜禽粪便总量、COD、氮和磷产生量的估算　粪便总量、COD、TN 和 TP 产生量的计算公式如下（耿维等，2013）：

$$Q = \sum_{i=1}^{n} N_i \times T_i \times P_i \tag{3-2}$$

式中，Q 为各类畜禽粪便的排放量（万 t）；N_i 为饲养量（万头·匹·只）；T_i 为饲养期（d）；P_i 为产排污系数（kg/d 或 g/d）；i 为第 i 种畜禽。

2. 畜禽粪便和各污染物的耕地负荷量的估算　目前，粪便直接还田是我国畜禽粪便处理的主要途径（莫海霞等，2011）。所以，计算农田畜禽粪便负荷量时以有效农田耕地面积为实际的负载面积（王方浩等，2006），公式如下：

$$q = \frac{Q}{S} = \frac{\sum XT}{S} \tag{3-3}$$

式中，q 为畜禽粪便以猪当量计的耕地负荷量 [t/（hm^2·a）]；Q 为各地畜禽粪尿相当猪粪总量（t^{a-1}）；S 为有效耕地面积（hm^2）；X 为各地畜禽粪尿量（t/a）；T 为各类畜禽粪便换算成猪粪当量的换算系数（表 3-9）。

粪便中氮、磷、COD 的耕地负荷量则使用公式（3-4）来计算：

畜禽粪便氮磷耕地负荷＝畜禽粪便氮磷的含量／耕地面积　　　　（3-4）

二、湖北省三峡库区 2001—2014 年的畜禽粪便产生量及耕地负荷

湖北省三峡库区 2001—2014 年的畜禽粪便的猪粪当量的变化如图 3-8 所示。由图 3-8 可知，2001—2005 年湖北省三峡库区的畜禽粪便的猪粪当量呈增长趋势。2001 年约为 146.8 万 t，2005 年增长至 196.5 万 t。2005—2007 年的猪粪当量略微下降，2007 年下降为 184.1 万 t。2008—2014 年的猪粪当量持续增加，2014 年增长为 316.2 万 t。4 个县的畜禽粪便的猪粪当量也呈上升趋势，其中巴东县的猪粪当量增长较为迅速，从 2001 年的 44.8 万 t 增加至 2014 年的 114 万 t。夷陵区的猪粪当量在 2001—2014 年间增长速度较为缓慢，但是其猪粪当量占湖北省三峡库区总的畜禽粪便量的比例较大。兴山县和秭归县的畜禽粪便量占比例较少，但 2001—2014 年间两个县的猪粪当量也是在逐年增加。

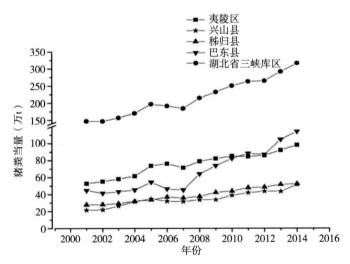

图 3-8　2001—2014 年湖北省三峡库区及四个县区的畜禽猪粪当量

湖北省三峡库区畜禽粪便的组成来源主要是猪、牛、羊和家禽。2001—2014 年各

类畜禽的粪便产生量所占的比例如图 3-9 所示。猪、牛、羊和家禽的各年的粪便产生量占当年湖北省三峡库区总畜禽粪便产生量的比例分别介于 60%～80%、10%～30%、6%～20% 和 1%～2% 之间。总体而言，猪的粪便量所占的比重较大，但是在年际间的变化不大。羊的粪便量所占的比重呈上升趋势，牛的粪便量占的比重呈下降趋势，家禽的粪便量贡献量最少。可见，猪产生的粪便是湖北省三峡库区的畜禽粪便污染的主要来源。

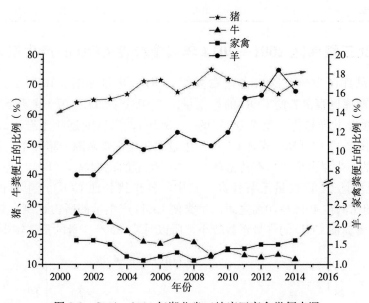

图 3-9　2001—2014 年湖北省三峡库区畜禽粪便来源

　　2014 年湖北省三峡库区畜禽猪粪当量、耕地负荷及其警报值如表 3-7 所示。表 3-7 显示湖北省三峡库区的平均耕地负荷为 28.8t/（hm²·a），警报值为 1，警报级别为Ⅲ。其中，畜禽猪粪当量最多的地区是巴东县，为 114.0 万 t，约占总畜禽猪粪当量的 36.1%。其耕地负荷为 31.4t/（hm²·a），已高于 30t·V 这一粪便还田的限量值。夷陵区的猪粪当量产生量位居第二，为 98.1 万 t，约占总畜禽猪粪当量的 31.0%。其耕地负荷为 29.2 t·V，非常接近 30t/（hm²·a）这一粪便还田的限量值。秭归县和兴山县的猪粪当量分别为 52.5 万 t 和 51.5 万 t，耕地负荷分别为 22.2t/（hm²·a）和 31.8t/（hm²·a）。这 4 个县区的警报分级级别处于Ⅱ～Ⅳ之间，这说明湖北三峡库区的受到不同程度的畜禽粪便污染。其中兴山县警报值级别为Ⅳ，表明兴山县受畜禽粪便污染较为严重。因为兴山县是地处山区，其耕地面积较少，无法消纳所产生的畜禽粪便量。巴东县和夷陵区的警报值级别为Ⅲ，表明该地区受畜禽粪便污染程度为"有"。秭归县的警报值级别为Ⅱ，表明该地区受畜禽粪便污染程度为"稍有"。

表 3-9　2014 年湖北省三峡库区四个县区的猪粪当量及耕地负荷

地区	耕地面积 （万 hm²）	猪粪当量 （万 t）	耕地负荷 [t/（hm²·a）]	警报值 r	分级级数
夷陵区	3.4	98.1	29.2	1.0	Ⅲ

（续）

地区	耕地面积 （万 hm²）	猪粪当量 （万 t）	耕地负荷 ［t/（hm²·a）］	警报值 r	分级级数
秭归县	2.4	52.5	22.2	0.7	Ⅱ
兴山县	1.6	51.6	31.8	1.1	Ⅳ
巴东县	3.6	114.0	31.4	1.0	Ⅲ
湖北省三峡库区	11.0	316.2	28.8	1.0	Ⅲ

三、湖北三峡库区 2001—2014 年畜禽粪便 COD 的产生量及耕地负荷

湖北省三峡库区 2001—2014 年畜禽粪便 COD 产生量如图 3-10 所示。由图 3-10 可见，湖北省三峡库区畜禽粪便 COD 的产生量由 2001 年的 17.1 万 t 上升到 2005 的 19.5 万 t，随后呈缓慢下降趋势，至 2007 年的 18.5 万 t，之后就逐年上升，2014 年上升为 28.0 万 t。由图 3-11 中可知，畜禽 COD 产生量的变化主要来源于猪和牛，各年的猪和牛的粪便 COD 的产生量占全年所有总畜禽 COD 产生量的比例高于 98%。这是因为猪和牛的养殖数量较多且 COD 含量系数较高。其中，各年猪粪便 COD 产生量占全年总畜禽 COD 产生量的比例在 40%～70%之间，牛粪便 COD 产生量的所占比例在 30%～60%之间。而羊和家禽粪便 COD 的含量系数较小，所以对 COD 产生量的贡献较少。

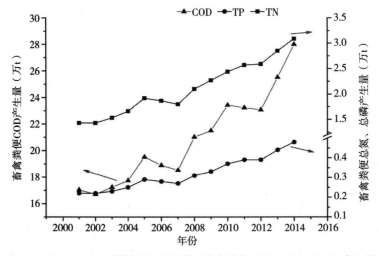

图 3-10　2001—2014 年湖北省三峡库区畜禽粪便 COD、TN 和 TP 产生量

图 3-12 显示了 2014 年湖北省三峡库区的畜禽 COD 产生量及其耕地负荷在 4 个县的分布情况。由图 3-12 可知，巴东县的畜禽粪便 COD 产生量是最多的，为 11.4 万 t，其中牛和猪的 COD 产生量分别占总畜禽 COD 产生量的 40.6%和 57.6%。其次是夷陵区，为 9 万 t。兴山县和秭归的畜禽 COD 产生量较少，分别为 3.4 万 t 和 4.2 万 t。4 个县的畜禽粪便 COD 的耕地负荷都小于 4t/（hm²·a），其中巴东县和夷陵区位居第一和第二，分别为 3.1t/（hm²·a）和 2.7t/（hm²·a）。其次是兴山县和秭归县，分别为 2.1t/（hm²·a）和 1.7t/（hm²·a）。

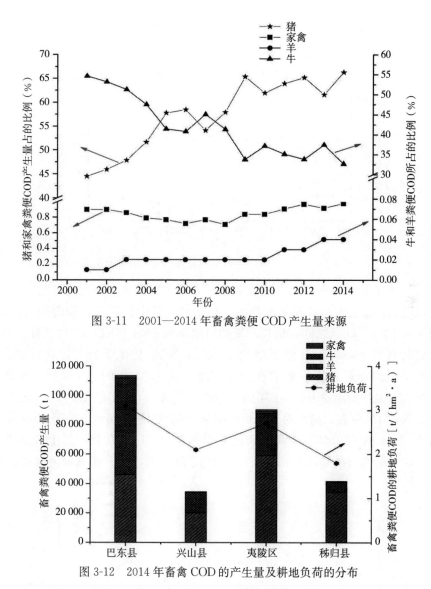

图 3-11　2001—2014 年畜禽粪便 COD 产生量来源

图 3-12　2014 年畜禽 COD 的产生量及耕地负荷的分布

四、湖北三峡库区 2001—2014 年畜禽粪便 TN、TP 的产生量及耕地负荷

湖北省三峡库区 2001—2014 年畜禽粪便氮、磷产生量变化见图 3-13。图 3-13 显示，在 2001—2014 年畜禽粪便 TN 和 TP 产生量均呈缓慢上升趋势，且氮的总体上升幅度要大于磷的上升幅度。畜禽粪便 TN 产生量从 2001 年的 1.4 万 t 上升到 2005 年的 1.9 万 t，随后缓慢下降，2007 年下降为 1.8 万 t。此后，呈逐年增加的趋势。其中 2007—2012 年，年均增长率为 11%，2012 年上升为 2.6 万。2012—2014 年，年均增率为 29%，2014 年增加至 3.1 万 t。畜禽粪便 TP 产生量从 2001 年的 2 183.3t 上升至 2005 年的 2873.0t。随后开始下降，2007 年下降为 2 730.7t。此后缓慢上升，2012 年上升为 3 917.8t，之后较为迅速上升，2014 上升至 4 845.7t。

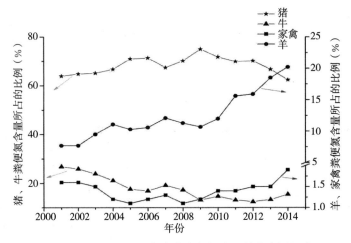

图 3-13　2001—2014 年畜禽粪便氮产生量的来源组成

　　湖北省三峡库区 2001—2014 年畜禽粪便氮、磷产生量的来源变化如图 3-13、图 3-14 所示。可以看出，猪是畜禽粪便氮和磷的主要来源。其中猪粪对氮和磷的贡献率分别在 60%～75% 和 50%～70% 之间。猪粪对氮的贡献率从 2001 年的 63.9% 上升到 2006 年的 71.4%，之后有所下降，2008 年下降到 70.2%，2009 上升至 75%，之后则在 60%～ 70% 之间波动。羊粪对氮的贡献率在逐年增加，从 2001 年的 7.7% 上升至 2014 年的 20.2%。牛粪对氮的贡献率从 2001 年的 26.8% 下降至 2014 年的 15.5%。家禽对氮的贡献率较少，仅占 1% 左右。猪粪对磷的贡献率从 2001 年的 55.6% 上升至 2009 年 67.3%，之后下降至 2014 的 52.7%。羊粪对磷的贡献率从 2001 年的 10.7% 上升到 2014 年的 27.5%。牛粪对磷的贡献率从 2001 年的 32.3% 下降到 18.1%。家禽粪便对磷的贡献率变

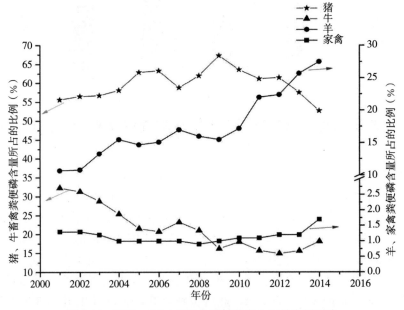

图 3-14　2001—2014 年畜禽粪便磷产生量的来源组成

化不大，2001 年为 1.3％，2014 年升至 1.7％。

图 3-15 显示了 2014 年湖北省三峡库区单位面积 TN、TP 的分布情况。湖北省三峡库区的 TN、TP 耕地负荷分别为 281.2kg/（hm² · a）、44.1kg/（hm² · a），远高于欧盟的限量标准［单位面积耕地 TN、TP 负荷为 170kg/（hm² · a）和 35kg/（hm² · a）］。这表明湖北省三峡库区受到畜禽粪便氮和磷的污染较为严重。从个别地区来看，夷陵区、兴山县、秭归县和巴东县的 TN 耕地负荷量均超出了欧盟的 TN 负荷的限量标准。其中兴山县超出的最多，达 311.6kg/（hm² · a），其次是巴东县，为 306.1kg/（hm² · a）。而超过欧盟 TP 负荷限量标准的有兴山县、巴东县和夷陵区，其 TP 的耕地负荷依次为 53.2kg/（hm² · a）、50.7kg/（hm² · a）和 41.5kg/（hm² · a）。尽管秭归县 TP 耕地负荷没有超过限量标准，但也是非常接近限量标准，为 31.5kg/（hm² · a）。可见，在湖北省三峡库区的大部分地区的粪便氮、磷耕地负荷均超出限量标准。如果这些地区不对畜禽粪便进行有效处理，势必会对库区水体、土壤造成污染。

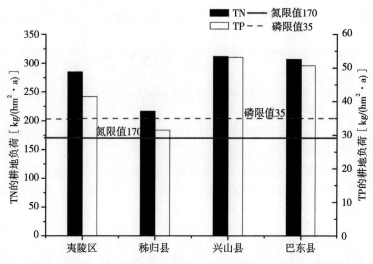

图 3-15　2014 年湖北省三峡库区 TN、TP 耕地负荷的分布情况

参 考 文 献

蔡金洲，范先鹏，黄敏，等．2012. 湖北省三峡库区农业面源污染解析［J］. 农业环境科学学报，31（7）：1421-1430.

蔡庆华，胡征宇，2006. 三峡水库富营养化问题与对策研究［J］. 水生生物学报，30（1）：7-11.

陈景春，潘建华，罗林，等．2008. 重庆三峡库区畜禽粪便污染研究［J］. 农业环境与发展，25（2）：100-104.

董红敏，朱志平，黄宏坤，等．2011. 畜禽养殖业产污系数和排污系数计算方法［J］. 农业工程学报，27（1）：303 -309.

高杨，宋付朋，马富亮，等，2001. 模拟降雨条件下 3 种类型土壤氮磷钾养分流失量的比较［J］. 水土保持学报，25（2）：15-18.

耿维，胡林，崔建宇，等．2013．中国区域畜禽粪便能源潜力及总量控制研究［J］．农业工程学报，29（1）：171-179．

龚俊勇，彭小珍，廖新俤．2011．广东省梅州市农地畜禽粪便环境风险评价［J］．生态与农村环境学报，27（3）：25-28．

郭新送，宋付朋，高杨，等，2014．模拟降雨下3种类型土壤坡面的泥沙流失特征及其养分富集效应［J］．水土保持学报，28（3）：23-28．

黄向东，韩志英，石德智，等，2010．畜禽粪便堆肥过程中氮素的损失与控制［J］．应用生态学报，21（1）：247-254．

李冬梅，姜翠玲，孙敏华．2014．河南省畜禽粪便污染及耕地负荷时空变化特征分析［J］．四川环境，33（5）：34-39．

李远，单正军，徐德徽，2002．我国畜禽养殖业的环境影响与管理政策初探［J］．中国生态农业学报，10（2）：136-138．

廖青，黄东亮，江泽普，等．2013．广西畜禽粪便产生量估算及对环境影响评价［J］．南方农业学报，44（4）：627-631．

林源，马骥，秦富，等．2012．中国畜禽粪便资源结构分布及发展展望［J］．中国农学通报，28（32）：1-5．

刘安平，孙晓楠，杨东侠，等．2015．三峡库区生态屏障区畜禽养殖场污染风险评估及其治理对策研究［J］．环境工程，33：682-702．

莫海霞，仇焕广，王金霞，等，2011．我国畜禽排泄物处理方式及其影响因素［J］．农业环境与发展，28（6）：59-64．

彭莉，王莉玮，杨志敏，等，2012．降雨对农家堆肥氮磷流失的影响及其面源污染风险分析［J］．环境科学，33（2）：407-411．

彭里，王定勇．2004．重庆市畜禽粪便年排放量的估算研究［J］．农业工程学报，20（1）：288-292．

邱光胜，胡圣，叶丹，等2011．三峡库区支流富营养化及水华现状研究［J］．长江流域资源与环境，20（3）：311-316．

饶雄飞，金怡平，胡红青，等，2007．动物粪便堆肥的养分淋溶特征模拟研究［J］．环境化学，26（6）：774-778．

任桂平，李平，高立洪，等．2014．三峡库区典型区域"土壤-作物"系统对畜禽粪便负荷能力的评价［J］．西南农业学报，27（5）：2055-2058．

沈根祥，汪雅谷，袁大伟．1994．上海市郊农田畜禽粪便负荷量及其警报与分级［J］．上海农业学报，10：6-11．

宋大平，庄大方，陈巍，等．2012．安徽省畜禽粪便污染耕地、水体现状及其风险评价［J］．环境科学，33（1）：110-116．

王方浩，马文奇，窦争霞，等．2006．中国畜禽粪便产生量估算及环境效应［J］．中国环境科学，26（5）：614-617．

王家，夏颖，陈琼星，等．2014．兴山县香溪河流域农业面源污染现状分析［J］．湖北农业科学，53（23）：5724-5730．

王晋虎，张德华，陈异晖，等．2011．星云湖流域畜禽粪便污染负荷及其环境影响［J］．上海环境科学，30（1）：12-17．

王丽婧，郑丙辉，李子成，等．2009．三峡库区及上游流域面源污染特征与防治策略［J］．长江流域与环境，18（8）：783-788

王奇，陈海丹，王会．2011．基于土地氮磷承载力的区域畜禽养殖总量控制研究［J］．中国农学通报，

27 (3)：279-284.

王子臣，沈建宁，管永祥，等．2013. 小型分散畜禽场粪污综合治理思路探讨—以武进区礼嘉—洛阳片区畜禽养殖业为例［J］. 农业环境与发展，30 (2)：11-14.

杨丽霞，杨桂山，苑韶峰，等，2007. 不同降雨强度条件下太湖流域典型蔬菜地土壤磷素的径流特征［J］. 环境科学，28 (8)：1763-1769.

易秀，叶凌枫，刘意竹，等．2015. 陕西省畜禽粪便负荷量估算及环境承受程度风险评价［J］. 干旱地区农业研究，33 (3)：205-210.

尹琴，瞿广飞，黄凯，等，2015. 降雨冲刷造成的畜禽粪便氮磷流失规律及蚯蚓强化降解堆沤池氮磷流失控制作用研究［J］. 安徽农业科学，43 (25)：265-268.

张东，徐甦，陈斌，等．2012. 畜禽粪便沼气工程处理技术［J］. 浙江农业科学，20 (2)：223-227.

张克强，高怀友．2004. 畜禽养殖业污染物处理与处置［M］. 北京．化学工业出版社．

张绪美，董元华，王辉，等．2007. 中国畜禽养殖结构及其粪便 N 污染负荷特征分析［J］. 环境科学，28 (6)：1311-1318.

朱建春，张增强，樊志民，等．2014. 中国畜禽粪便的能源潜力与氮磷耕地负荷及总量控制［J］. 农业环境科学学报，33 (3)：435-445.

朱丽娜，姜海，诸东海，等，2013. 分散养殖污染治理中政府定位及公共服务供给研究［J］. 农业环境与发展，30 (2) 7-10.

Adeoti O，Ayelegun TA，Osho SO. 2014. Nigeria biogas potential from livestock manure and its estimated climate value［J］. Renewable & Sustainable Energy Reviews，37：243-248.

Edwards D R，Daniel T C. 1993. Runoff quality impacts of swine manure applied to fescue plots［J］. American society of agricultural engineers，36 (1)：81-86.

Luk S H，Abrahams A D，Parson A J. 2013. A simple rainfall simulator and trickle system for hydrogeomorphic experiments［J］. Journal of physical geography，7 (4)：344-356.

Noorollahi Y，Kheirrouz M，Asl HF, et al. 2015. Biogas production potential from livestock manure in Iran［J］. Renewable & Sustainable Energy Reviews，50：748-754.

Shin-Ichiro M，Dorothea K S，Eguchi S，et al. 2012. Estimation of the amounts of livestock manure，rice straw，and rice straw compost applied to crops in Japan：a bottom-up analysis based on national survey data and comparison with the results from a top-down approach［J］. Soil Science & Plant Nutrition，58：83-90.

Smith D R，Owens P R，Leytem A B，et al. 2007. Nutrient losses from manure and fertilizer applications as impacted by time to first runoff event［J］. Environmental pollution，147 (1)：131-137.

Smith K A，Jackson D R，Pepper T J. 2001. Nutrient losses by surface run-off following the application of organic manures to arable land. 1. Nitrogen［J］. Environmental pollution，112 (1)：41-51.

Yang Q，Tian H，Li X，et al. 2015. Spatiotemporal patterns of livestock manure nutrient production in the conterminous United States from 1930 to 2012［J］. Science of the Total Environment，541：1592-1602.

第四章　丘陵山区农村生活源氮磷污染发生特征

第一节　丘陵山区农村生活基本情况

三峡库区村民多分散而居，形成自然村落，村落规模在百余户，分布零散，一般在沿盘山公路依山建房。选择三峡库区香溪河流域的长坪社区，对当地农村生活的基本情况进行了调查，结果表明，户均常住人口 3 人，每户日均用水量为 $0.05\sim0.50\text{m}^3$，家庭用水来源主要为自来水。一般农户的房屋有 $2\sim3$ 间，数农户房前屋后建有简易旱厕，灶房、旱厕、住房分开设置。每户都有 1 个旱厕，61% 的农户屋内有厕所，主要用于洗浴，极少数情况用于大小便。31.3% 的农户有厨房管网，33.0% 的农户有厕所排水管道。24.3% 的农户建有化粪池。少数情况在家里洗衣服，大部分使用泉水清洗衣物。仅有 13.1% 农户的污水进行土地利用和进入沼气池，87.8% 农户的生活污水直接排放（表 4-1）。

表 4-1　三峡流域农村生活基本情况

类型	户数	占总调查户数占比例（%）
有旱厕	115	100.0
旱厕、水冲厕所兼有	70	60.9
厨房有管网	36	31.3
厕所有管网	38	33.0
化粪池	28	24.3
污水土地利用	15	12.2
污水直接排放	100	87.8

注：总调查户数为 115 户。

第二节　丘陵山区农村生活垃圾发生特征

在湖北省三峡库区，按人均年收入高（>3 200 元）、中（2 200~3 200 元）、低（<2 200 元）水平，各选择两户作为监测点，总共 24 户监测农户，分布在巴东县茶店子乡、信陵镇，兴山县古夫镇，夷陵区太平溪镇和秭归县茅坪镇，对农户每个季节连续 3d 的生活垃圾产生量、理化性质、垃圾中 TN、TP 产生情况进行了监测研究。

一、农村生活垃圾产生量

湖北省三峡库区 4 个县区农村垃圾人均日产生量为 0.743kg/（d·人）（表 4-2），这个结果高于我国经济相对发达的太湖地区 ［0.15kg/（d·人）］和 0.255kg/（d·人）（刘永德等，2005；武攀峰等，2006），低于浙江省全省的平均水平 ［1kg/（d·人）］和沈阳市郊农村的调查结果相当 ［0.75kg/（d·人）］（吉崇喆，2006）。主要的原因在于三峡库区的经济不发达，商业化程度低，垃圾产生源全部为居民日常生活，同时与沈阳市郊区农村情况相似，监测的农户很多是以煤作为燃料，煤渣在垃圾中所占比重较高。

二、农村生活垃圾产生量的影响因素

农村生活垃圾产生量一定程度上反映了该地区的经济发展水平，同时也与该地区农村生活习惯、居民的燃料结构等因素相关。从监测结果来看，湖北省三峡库区农村生活垃圾产生量受到地域、季节以及农户经济收入的影响。

（1）地域　湖北省 4 个库区县区，巴东县垃圾产生量最高，人均日产生量为 1.432kg/（d·人），远高于全国城镇人均日产生量 0.77kg/（d·人），主要是由于监测地点位于县城所在地信陵镇，而且当地农户生活燃料为煤，煤渣在生活垃圾中占有相当大的比重；其次是兴山县和秭归县，人均日产生量分别为 0.738 和 0.576kg/（d·人）；夷陵区人均日产生量较低，为 0.255kg/（d·人）（表 4-2）。监测结果地域间变异大，主要是由于各地农户生活习惯、燃料结构差别造成。

表 4-2　湖北省三峡库区农村生活垃圾人均日产生量

县（区）	冬季 [kg/（d·人）]	春季 [kg/（d·人）]	夏季 [kg/（d·人）]	秋季 [kg/（d·人）]	年平均产生量 [kg/（d·人）]
巴东县	1.975±0.941	1.584±0.346	1.157±0.103	1.012±0.040	1.432±0.608
兴山县	0.939±0.638	0.858±0.565	0.589±0.153	0.568±0.176	0.738±0.444
夷陵区	0.177±0.142	0.225±0.139	0.188±0.077	0.309±0.227	0.225±0.154
秭归县	1.617±0.837	0.181±0.138	0.212±0.085	0.293±0.214	0.576±0.739
库区平均	1.176±0.964	0.712±0.665	0.537±0.412	0.545±0.341	0.743±0.685

（2）季节　4 个监测时段的监测结果表明，不同季节对库区农村生活垃圾产生量发生影响（图 4-1），4 个县（区）平均结果来看，冬季人均日产生量最高，春季其次，夏、秋相差不大。巴东县和兴山县表现出相同的趋势，夷陵区则是秋季最高，其他 3 季差别不大，而秭归县是冬季最高，其他季差别不大，主要还是与该地区冬季烤火用煤作燃料有关。

（3）经济收入　按照库区农村收入的实际情况，将农户按人均年收入按高（>3 200元）、中（2 200～3 200 元）、低（<2 200 元）水平进行分类，分析不同经济收入农户垃圾人均日产生量，发现高收入农户人均日产生量最高，其次是中收入农户，低收入农户垃圾产生量最少（表 4-3）。

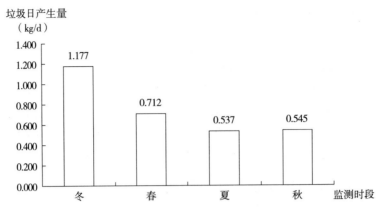

图 4-1　湖北省三峡库区不同季节农村生活垃圾人均日产生量

表 4-3　湖北省三峡库区农村农户不同经济收入对垃圾产生量的影响

人均年收入	人均垃圾日产生量［kg/（d·人）］				
（元）	冬	春	夏	秋	全年平均
＞3 200	1.355±1.091	0.852±0.849	0.583±0.367	0.647±0.296	0.859±0.602
2 200~3 200	1.397±1.189	0.793±0.630	0.509±0.415	0.528±0.362	0.807±0.546
＜2 200	0.778±0.425	0.490±0.501	0.518±0.499	0.462±0.379	0.562±0.355

三、农村生活垃圾成分

湖北省三峡库区农村生活垃圾组成相对单一，有机垃圾中主要是厨余垃圾，可回收垃圾中主要是废包装纸和塑料包装袋，其他垃圾则主要是灰土或煤渣。有机垃圾日均产生量0.212kg/（d·人），4个县区产生量相差不大，占全部垃圾总量39.9%；可回收垃圾日均产生量0.115kg/（d·人），占全部垃圾总量18.0%；有害垃圾日均产生量很少，只有0.009kg/（d·人），占全部垃圾总量1.0%；其他垃圾日均产生量0.395kg/（d·人），占全部垃圾总量的41.0%。4个县区生活垃圾组分差异较大，巴东、秭归由于农户的燃料大部分是煤，所以其他垃圾（煤渣）所占比例相对较高，夷陵区监测点太平溪镇处于三峡大坝附近，已经接近城镇生活习惯，基本上是以液化气作燃料，所以其他垃圾量很小（表4-4、图4-2）。

表 4-4　湖北省三峡库区农村生活垃圾组成监测结果

县区	有机垃圾		可回收垃圾		有害垃圾		其他垃圾	
	产生量［kg/(d·人)］	占比例（%）	产生量［kg/(d·人)］	占比例（%）	产生量［kg/(d·人)］	占比例（%）	产生量［kg/(d·人)］	占比例（%）
巴东县	0.181	15.45±4.982	0.184	15.38±2.481	0.000	0.006±0.012	0.925	69.16±4.131
兴山县	0.292	43.30±14.63	0.164	25.00±10.62	0.010	1.731±1.166	0.244	29.95±15.46
夷陵区	0.158	69.69±10.30	0.018	11.32±9.871	0.001	0.33±0.746	0.050	18.65±8.458
秭归县	0.217	31.33±6.200	0.094	20.15±10.89	0.027	2.148±1.878	0.361	46.35±5.685
库区平均	0.212	39.94±22.20	0.115	17.96±10.01	0.009	1.054±1.428	0.395	41.03±21.32

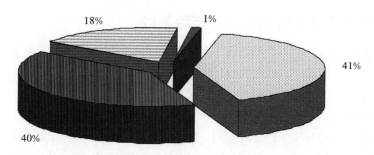

图 4-2　湖北省三峡库区农村生活垃圾组成成分

四、农村生活垃圾容重与含水率

垃圾容重和含水率是农村生活垃圾重要的物理性质，是垃圾收集、转运能力预算、垃圾合理处置的重要参数。监测结果表明，湖北省三峡库区全年垃圾容重平均为 0.368t/m³，含水率平均为 41.3％（表 4-5）。巴东县、秭归县垃圾容重明显高于兴山县和夷陵区，这与这两个县垃圾组成中灰土含量较高有关。

表 4-5　湖北省三峡库区农村生活垃圾容重和含水率

县（区）	垃圾容重（t/m³）	垃圾含水率（％）
巴东县	0.432±0.174	33.443±8.640
兴山县	0.321±0.106	41.172±11.990
夷陵区	0.265±0.068	55.456±14.668
秭归县	0.455±0.150	34.922±13.958
库区平均	0.368±0.151	41.301±15.147

五、农村生活垃圾中有机垃圾产生量及 TN、TP 的浓度

湖北省三峡库区农村生活垃圾中，有机垃圾日产生量平均为 0.212kg/（d·人），占全部垃圾 40％，其 TN 和 TP 的浓度分别平均为 1.47％和 0.24％（表 4-6）。有机垃圾中氮、磷含量高于一般作物秸秆，是可以充分利用的有机肥料资源，处置不当则是重要的污染源。

表 4-6　湖北省三峡库区农村生活垃圾氮磷含量

县（区）	有机垃圾 TN 含量（N,％）	有机垃圾 TP 含量（P,％）
巴东县	1.110±0.840	0.204±0.184
兴山县	1.718±0.703	0.285±0.195
夷陵区	1.778±0.608	0.287±0.130
秭归县	1.251±0.935	0.193±0.146
库区平均	1.466±0.823	0.242±0.170

六、农村生活垃圾中 TN、TP 产污系数

对每一个监测农户，每个监测时段 3d 的有机垃圾进行取样分析，通过计算有机垃圾产生量、有机垃圾含水率、TN、TP 的养分含量，得出湖北省三峡库区农村生活垃圾 TN、TP 的产生系数（表4-7、表4-8），三峡库区全年平均 TN 产污系数为 0.993g/（d·人），TP 产污系数为 0.153g/（d·人）。

不同地域生活垃圾 TN、TP 产污系数变化较大，巴东县 TN、TP 系数均最高，而秭归县的系数则远低于其他县区，主要原因是巴东县有机垃圾 TN、TP 含量虽然不高，但有机垃圾中含水率低；不同季节生活垃圾 TN、TP 产污系数有所不同，以 TN 而言，春季最高，冬季最低，而对 TP 而言，则是秋季最高，冬季最低，主要是受有机垃圾产生量的影响；不同收入水平 TN、TP 产生系数也不同，高收入（人均年收入＞3200元）明显高于中、低收入农户（图4-3）。

表4-7 湖北省三峡库区农村生活垃圾 TN 产污系数

县（区）	冬季 [g/（d·人）]	春季 [g/（d·人）]	夏季 [g/（d·人）]	秋季 [g/（d·人）]	全年平均 [g/（d·人）]
巴东县	0.297±0.430	2.601±1.335	2.548±1.360	2.149±0.462	1.544±1.396
兴山县	1.868±0.746	1.111±0.650	0.612±0.403	1.038±0.423	1.231±0.939
夷陵区	0.625±0.944	1.083±0.982	0.782±0.465	0.726±0.317	0.811±0.659
秭归县	0.277±0.156	0.218±0.205	0.214±0.102	0.882±0.238	0.385±0.303
库区平均	0.767±0.895	1.253±1.210	1.039±1.150	1.199±0.668	0.993±1.005

表4-8 湖北省三峡库区农村生活垃圾 TP 产污系数

县（区）	冬季 [g/（d·人）]	春季 [g/（d·人）]	夏季 [g/（d·人）]	秋季 [g/（d·人）]	全年平均 [g/（d·人）]
巴东县	0.125±0.069	0.210±0.058	0.431±0.154	0.315±0.160	0.226±0.181
兴山县	0.125±0.070	0.139±0.072	0.110±0.069	0.276±0.280	0.194±0.168
夷陵区	0.125±0.071	0.183±0.222	0.110±0.072	0.118±0.059	0.132±0.122
秭归县	0.125±0.072	0.030±0.024	0.035±0.020	0.121±0.026	0.062±0.043
库区平均	0.125±0.073	0.140±0.133	0.171±0.178	0.208±0.178	0.153±0.151

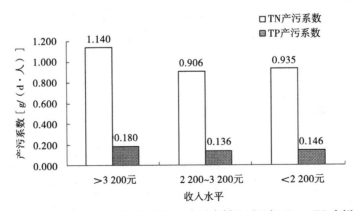

图4-3 湖北省三峡库区不同收入水平农村生活垃圾 TN、TP 产污系数

七、小结

①湖北省三峡库区农村生活垃圾人均日产生量 0.743kg/（d·人），农村生活垃圾产生量受地域、季节及农户经济收入水平的影响，离城镇近、经济收入较高的农户，垃圾产生量较大，冬季由于烤火烧煤，而导致垃圾产生量在四季中最多。

②湖北省三峡库区农村生活垃圾组成中，有机垃圾（主要是厨余垃圾）约占 40%，其他垃圾（灰土、煤渣等）占 41%，可回收垃圾（废纸、废塑料等）约占 18%，有害垃圾占约 1%。

③湖北省三峡库区农村生活垃圾含水率较低，约为 41%，垃圾容重 0.368t/m³。有机垃圾日产生量 0.212kg/（d·人），其中 TN 含量为 14.66g/kg、TP 含量为 2.42g/kg。

④湖北省三峡库区全年农村生活垃圾平均 TN 产污系数为 0.993g/（d·人），TP 产污系数为 0.153g/（d·人）。TN、TP 产污系数受地域、季节和农户经济收入影响。

第三节　丘陵山区农村生活污水发生特征

在湖北省三峡库区，按人均年收入高（>3 200 元）、中（2 200～3 200 元）、低（<2 200 元）水平，各选择 2 户作为监测点，其中 1 户生活污水有排水设施，另外 1 户无排水设施，共 24 户典型农户，分布在巴东县茶店子乡、信陵镇，兴山县古夫镇，夷陵区太平溪镇和秭归县茅坪镇，对农村生活污水的产生量、水质、主要污染物产污系数进行了监测研究。

一、生活污水产生量

湖北省三峡库区户平均污水日产生量为 46.13L，户平均常住人口 2.74 人，人均日产污水量为 17.53L/（cap·d）（表 4-9），略高于重庆市三峡库区的监测结果 [15.22L/（cap·d）]（彭绪亚等，2009），远低于太湖流域农村生活污水人均日产生量 [25.7～60.7L/（cap·d）]（徐洪斌等，2007；徐洪斌等，2008）和广东省 [71L/（cap·d）] 和珠江三角洲地区 [81L/（cap·d）]（凌霄等，2009）。按照该监测结果计算，湖北省三峡库区 39.76 万户农村居民，平均日产生生活污水 1.834 万 m³，平均年产生生活污水 669.4 万 m³。

表 4-9　湖北省三峡库区各县（区）农村生活污水产生量（2008 年）

区　域	户平均污水日产生量 （L）	户平均常住人口 （cap）	人均日产污水量 [L/（cap·d）]	变异系数（CV） （%）
巴东县	71.236	4.500	15.562±7.286	46.82
兴山县	43.310	2.208	19.966±8.306	41.60
夷陵区	41.085	2.292	18.819±6.011	31.94
秭归县	28.899	1.958	15.772±8.333	52.83
库区平均	46.132	2.740	17.530±7.667	43.74

二、农村生活污水发生规律

湖北省三峡库区农村人均日产生污水量以秋季最高〔20.672L/（cap·d）〕，其次是冬季〔18.229L/（cap·d）〕和夏季〔17.924L/（cap·d）〕，春季产生量最少〔13.294L/（cap·d）〕（表4-10、图4-4）。4个县（区）中巴东县、兴山县有相同的趋势，秭归县则是秋季污水发生量最少。一方面说明用水量与气温较高时，农户厨房、洗浴用水量增加有关，另一方面说明农村生活污水产生是除了受季节影响外，还受其他因素的影响。

表4-10 湖北省三峡库区各县（区）不同季节农村生活污水发生量（2008年）

季节	监测时间	人均日产污水量〔L/（cap·d）〕				
		巴东县	兴山县	夷陵区	秭归县	库区平均
冬季	2008.02	10.638	17.887	16.315	28.075	18.229
春季	2008.05	8.865	12.247	19.990	12.073	13.294
夏季	2008.08	17.120	21.275	19.803	13.498	17.924
秋季	2008.10	25.625	28.456	19.167	9.441	20.672
年平均		15.562	19.966	18.819	15.772	17.530

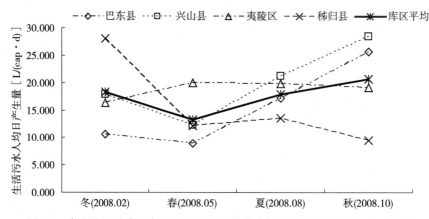

图4-4 湖北省三峡库区各县（区）不同季节农村生活污水发生量（2008年）

三、农村生活污水产生量的影响因素

农村生活污水的产生量一定程度上反映了该地区的经济发展水平，同时也与该地区农村自来水普及水平、生活习惯、用水设施、农户节水意识等因素有关。从监测结果来看，湖北省三峡库区农村生活污水产生量，除受季节（发生的时间）外，还受地域、排水设施及经济生活水平的影响。

（1）地域 由于受生活习惯、经济发展水平等影响，农村生活污水产生量不仅在不同流域差异很大，在同一流域内不同地域污水产生量也有差别。从监测结果看，湖北省4个库区县（区）中，兴山县〔19.966L/（cap·d）〕和夷陵区〔18.819L/（cap·d）〕人均日产污水量明显高于巴东县〔15.562L/（cap·d）〕和秭归县〔15.772L/（cap·d）〕，这主要是受自来水普及程度、用水量与农户生活习惯的影响。兴山县和夷陵区的监测农户均在乡镇周边，接近城镇居民的生活习惯，生活污水产生量也大于远离乡镇的区域。

（2）经济收入水平 湖北省三峡库区的人均日产污水量表现为：低收入水平农户 [18.161L/（cap·d）] ＞中收入水平农户 [17.827L/（cap·d）] ＞高收入水平农户 [16.601L/（cap·d）]（图4-5）。

（3）下水设施 湖北省三峡库区监测结果表明，有下水设施能在一定程度上减少污水产生量（图4-6），4个县区表现出相同的趋势。

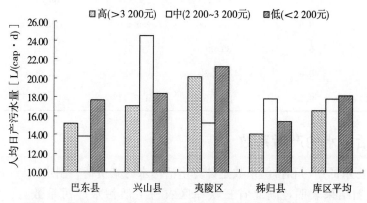

图4-5　湖北省三峡库区不同经济收入水平农户生活污水产生量

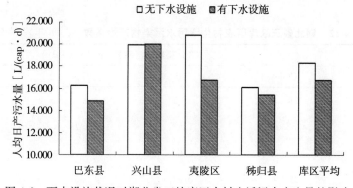

图4-6　下水设施状况对湖北省三峡库区农村生活污水产生量的影响

四、生活污水水质特征

三峡库区农村生活污水主要是洗衣和洗浴废水、厨房洗涤废水及冲厕废水。24户生活污水的监测结果中COD、TP、TN、NH_4^+-N变化幅度较大（表4-11），表明这些指标随监测季节、地域及农户用水方式不同有较大差异，而pH变化幅度较小，变异系数只有9.33%。24户农村生活污水水质中各项指标的平均水平值为：pH为7.19，COD为656.22mg/L，TP为4.13mg/L，TN为20.69mg/L，NH_4^+-N为11.88mg/L。其中COD浓度很高，超出城镇污水厂排放二级标准（GB 18918—2002，100mg/L）的11倍，是农田灌溉水质标准（GB 5084—2005）旱地用水（200mg/L）的5倍多。湖北省三峡库区农村生活污水表现为高碳中氮中磷的水质特性，在选用分散型生活污水处理设备与工艺时，考虑的进水水质指标为：COD 600～700mg/L、TP 3～5mg/L、TN 20～30mg/L。

表 4-11　湖北省三峡库区农村生活污水水质监测结果（2008 年，n＝96）

项目	水质指标				
	pH	COD (mg/L)	TP (mg/L)	TN (mg/L)	NH_4^+-N (mg/L)
算术平均值	7.19	1 103.65	6.74	30.87	17.64
几何平均值	7.15	656.22	4.13	20.69	11.88
最大值	9.60	10 000.00	66.90	170.00	116.00
最小值	5.30	39.00	0.31	1.32	0.83
标准差（SD）	0.67	1 403.25	9.92	30.78	18.49
变异系数（CV）（%）	9.33	127.15	147.11	99.72	104.79

五、生活污水的产污系数

农村生活污水的产污和排污系数是计算生活污水污染负荷、制定区域污水处置策略的重要参数。监测结果表明，湖北省三峡库区农村生活污水产污系数为：COD 21.04g/（cap·d）、TP 0.12g/（cap·d）、TN 0.53g/（cap·d）、NH_4^+-N 0.30g/（cap·d）（表4-12）。

表 4-12　湖北省三峡库区农村生活污水污染物产污系数（2008 年，n＝96）

项目	主要污染物产污系数［g/（cap·d）］			
	COD	TP	TN	NH_4^+-N
平均值	21.04	0.12	0.53	0.30
最大值	282.00	1.57	3.74	2.05
最小值	0.85	0.00	0.02	0.01
标准差（SD）	33.99	0.22	0.57	0.31
变异系数（CV）（%）	161.52	181.05	107.12	103.79

六、小结

①湖北省三峡库区农村户平均生活污水日产生量为 46.132L，人均日产生污水量为 17.530L，略高于重庆三峡库区，远低于太湖流域、广东及珠江三角洲，人均日产生污水量与地区经济发达程度相关。

②湖北省三峡库区农村人均日产生污水量以秋季最高，其次是冬季和夏季，春季产生量最少；人均日产生污水量受地域、农户有无下水设施的影响，与农户收入水平影响不明显。

③湖北省三峡库区农村生活污水水质不稳，其中 COD、TP、TN 及 NH_4^+-N 等指标

的浓度变幅较大，仅 pH 变幅较小。生活污水水质中各项指标的几何平均值 pH 为 7.15，COD 为 656.22mg/L，TP 为 4.13mg/L，TN 为 20.69mg/L，NH_4^+-N 为 11.88mg/L，表现为高碳中氮中磷的水质特性。

④湖北省三峡库区农村生活污水产污系数为 COD 21.04g/（d·人）、TP 0.12g/（d·人）、TN 0.53g/（d·人）、NH_4^+-N 0.30g/（d·人）。COD 与太湖流域相当，TP、TN 和 NH_4^+-N 则远低于太湖流域，主要是与农村生活污水产生量小有关。

第四节　丘陵山区农村生活污水排放特征

在三峡库区香溪河流域的长坪社区，选取了典型农户对农村污水排放特征进行了连续监测研究。

一、农村生活污水排水量

生活污水排放量从大至小依次为夏季、秋季、春季、冬季。夏季农户的人均日生活污水排放量为 195.2L/（d·人），冬季生活污水排放量为 69L/（d·人），全年人均生活污水排放量为 106.3L/（d·人）。从构成来看，洗涤污水占比最大，为 60.8%（图 4-7）。由于此次监测研究时，三峡库区农村都基本接通自来水，因而，人均日生活污水的排水量比较大。

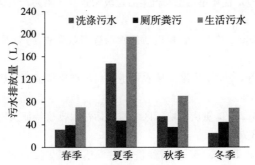

图 4-7　三峡库区香溪河流域的长坪社区不同季节农村
生活污水人均排放量

二、农村生活污水排水水质

在三峡库区，厕所污水和生活洗涤污水大多分开排放。洗涤污水中 COD 浓度为 218.8～509.8mg/L，TN 为 36.3～99.6mg/L，TP 为 1.8～2.9mg/L，NH_4^+-N 为 3.3～5.2mg/L，从季节来看，夏季排水的 COD、TN 和 NH_4^+-N 浓度较低，而 TP 浓度较高（表 4-13）。与洗涤污水相比，厕所污水有机物含量高，氮磷含量高，而且各污染物平均浓度：COD 浓度为 3 750.0～6509.8mg/L，TN 为 741～1266.5mg/L，TP 为 40.3～80.5mg/L，NH_4^+-N 为 32.8～91.4mg/L，也同样呈现夏季 COD、TN 和 NH_4^+-N 浓度较低，而 TP 浓度较高的特点（表 4-14）。

表4-13 三峡库区香溪河流域的长坪社区不同季节洗涤污水水质

季节	COD (mg/L)	TN (mg/L)	TP (mg/L)	NH_4^+-N (mg/L)
春	252.3	42.4	2.4	3.4
夏	218.8	36.3	2.9	3.3
秋	307.1	99.6	1.8	5.2
冬	509.8	41.2	2.8	3.4

表4-14 三峡库区香溪河流域的长坪社区不同季节粪便污水水质

季节	COD (mg/L)	TN (mg/L)	TP (mg/L)	NH_4^+-N (mg/L)
春	5 033.3	1 130.2	40.3	75.3
夏	3 750.0	741.0	80.5	32.8
秋	4 300.1	1 240.4	47.8	80.4
冬	6 509.8	1 266.5	50.9	91.4

参 考 文 献

吉崇喆, 张 云, 隋儒楠, 2006. 沈阳市典型农村生活垃圾调查及污染防治对策 [J]. 环境卫生工程, 14 (2): 51-54.

凌霄, 杨细平, 陈满, 等, 2009. 广东省农村生活污水治理现状调查 [J]. 中国给水排水, 25 (8): 8-10, 15.

刘永德, 何品晶, 邵立明, 等, 2005. 太湖流域农村生活垃圾产生特征及其影响因素 [J]. 农业环境科学学报, 24 (3): 533-537.

彭绪亚, 张鹏, 贾传兴, 等, 2009. 重庆三峡库区农村生活污水排放特征及影响因素分析 [J]. 农业环境科学学报, 29 (4): 758-763.

武攀峰, 崔春红, 周立祥, 李 超, 2006. 农村经济相对发达地区生活垃圾的产生特征与管理模式初探——以太湖地区农村为例 [J]. 农业环境科学学报, 25 (1): 237-243.

徐洪斌, 吕锡武, 李先宁, 等, 2007. 太湖流域农村生活污水污染现状调查研究 [J]. 农业环境科学学报, 26 (增刊): 375-378.

徐洪斌, 吕锡武, 李先宁, 等, 2008. 农村生活污水 (太湖流域) 水质水量调查研究 [J]. 河南科学, 26 (7): 854-857.

第五章　流域农业源污染发生特征

第一节　香溪河流域概况

一、基本情况

香溪河汇流形成的香溪河流域位于湖北省西部。香溪河发源于湖北省宜昌市神农架林区，干流全长 95 km，途径兴山县（约 78 km）至秭归县，由河口处汇入三峡大坝。其在兴山县内有高岚河、古夫河和南阳河三大支流，处于上游的南阳河和古夫河在响滩汇流始称香溪，南流 14 km 至峡口镇高岚河汇至游家河入秭归境内。流域总面积 3 150km²，兴山县境内 2 100 多 km²。香溪河流域属构造地貌，均系高山半高山区。兴山县境内岩溶地貌普遍，地势由南向北呈扇形逐级上升，构成东、西、北三面高的地貌，在河谷地段有部分冲积形成的堆积地貌。地形起伏较大，坡度小于 15° 和大于 25° 的面积分别 18.7% 和 51.2%。

气候属于亚热带季风性湿润气候。春季冷暖交替多变，雨水颇丰；夏季炎热多伏旱，雨量集中；秋季多阴雨；冬季多雨雪、早霜。气候垂直变化明显，多年平均气温 15.3℃。降雨量空间分布不均匀，年均降水量分布为 800~1 200mm，流域降水主要集中于 5~10 月，7~9 月暴雨显著，单次降雨强度高。

流域土壤类型多，有暗黄棕壤、酸性棕壤、棕色石灰土、黄棕壤性土、棕壤性土、暗棕壤、黄壤性土、中性紫色土、黄壤、水稻土 10 个土类。棕色石灰土、暗黄棕壤、黄棕壤性土面积较大，分别占流域总面积的 42.5%、26.0% 和 11.2%。海拔 600~1 500m 为黄棕壤，海拔 1 500~2 200m 为棕壤，2 200m 以上为暗棕壤，海拔 600m 以下主要为石灰土、紫色土和水稻土。

香溪河流域是典型的高山林地流域，森林覆盖面积 88.1%，农田 5.55%，草地 5.21%，其他土地利用类型占 1.14%。从各土地利用种植现状来看，中低山区主要为玉米—油菜轮作、水稻—油菜轮作，高山区主要为旱地玉米单作，果园主要为柑橘，分布于香溪河流域两岸的低山区，流域东北高山区旱地主要为高山蔬菜（辣椒、番茄）。

二、水文和情势

自三峡大坝修建完毕后，三峡水库蓄水超过 175m，其三峡水库支流便出现回水带，香溪河为三峡大坝库首的第一大支流，水库蓄水后，回水带一直延续到古夫河、南阳河水系末端。兴山水文观测站也因回水带的出现而无法继续正常监控来自上游（古夫水系和南阳水系）进入香溪河的水量，因此水文站在回水带上游分设两站，即古夫河流量监测站和南阳河流量监测站。

为更好地表示降雨与径流的转化关系，利用水文分割方法——滤波最小值法将 2011—2014 年径流分割为地表径流和基流，并将基流、地表径流和总径流转化为径流深，水文特征汇总信息如图 5-1 所示。

4 个水文年年均降雨量为 1 040.1mm，年均总径流为 555.4mm，年均径流系数 53.4%；地表径流为 394.24mm，地表径流系数为 37.9%。2014 水文年降雨量最高，转变为径流比例最大，总径流系数为 56.9%，地表径流系数为 44.5%；2013 水文年降雨量最低，转变为径流的系数最小，总径流占 46.8%，地表径流占 28.6%。由此可知，流域内降雨转变为流量的系数很高，4 个水文年总径流系数均超过 50%，并且从地表径流的占比情况来看，无论丰水年还是枯水年，流域中总径流流量均超过 60% 来自地表径流，这充分说明流域内降雨大部分转化为径流，并主要以地表径流的形式汇入河道，下渗、蒸发等水循环过程发生量小。

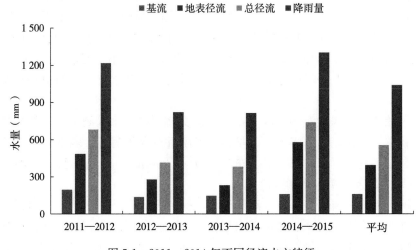

图 5-1　2011—2014 年不同径流水文特征

2001—2014 年 4 个水文年总径流、地表径流、基流季节性变化显著，且降雨与径流呈明显的正相关关系（图 5-2）。一般是在 3～4 月开始发生降雨事件，6、7、8、9 月为集中降雨期，其余月份随不同水文年气候差异，月份降雨差异性较强。由于降雨事件是影响地表径流峰值的重要原因，且地表径流是总径流贡献的主要方式，因此，总径流一般在 3～4 月降雨事件发生后出现明显增大，6～9 月集中降雨期出现总径流峰值，且峰值的大小受降雨量影响明显。在总径流峰值的出现上，各水文年之间并没有表现出与月降雨量峰值出现时间完全一致的匹配度，最为明显的是 2014—2015 水文年，8 月降雨量最高（接近 400mm），而径流峰值却出现在 9 月，其发生的原因可能受空间降雨量分布差异的影响，汇水时间有一定的延迟，且监测点上方大小水电站较多，径流的拦截与释放对水量造成一定的干扰。

根据总径流和地表径流与降雨的相关性关系（图 5-3）看出，二者与降雨量均表现极显著水平（$P < 0.001$）。径流量随着降雨量的增加而增加。总径流和地表径流与降雨量的

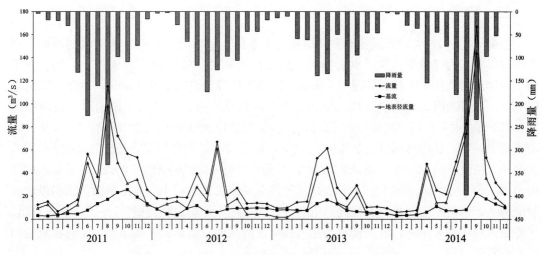

图 5-2　2011—2014 年月降雨及不同形式径流变化特征

决定系数分别为 0.56、0.60。地表径流与降雨量的相关程度更高。由此表明香溪河流域降雨转化为径流的效率高，且以地表径流为主。

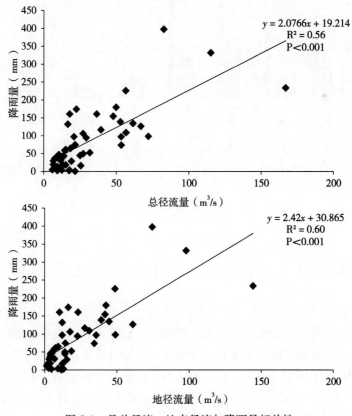

图 5-3　月总径流、地表径流与降雨量相关性

三、流量

根据 2011—2014 年流域径流和降雨量特征变化，每年的 4～10 月为流域的汛期，11 月至翌年 3 月为流域非汛期。并将基流、地表径流和总径流转化为径流深，汛期、非汛期、全年水文特征汇总信息如图 5-4 所示。汛期年均降雨量为 920.13mm，占年均降雨量的 88.5％；汛期年均总径流 441.22mm，占年均总径流量的 79.5％。汛期地表径流年均 331.47mm，占年均地表径流量的 84.1％，占年均总径流量的 60.0％。其中 7～9 月为降雨最集中时期，其间降雨量占全年的 62.2％，地表径流量占全年地表径流总量的 64.1％，占全年总径流量的 50.2％。非汛期（11 月至翌年 3 月）年均降雨量 120mm，不足年均降雨量的 15％，总径流占全年（1～12 月）年均总径流量比例较小。非汛期总径流仍以地表径流为主，该时期内年均地表径流占汛期（4～10 月）年均总径流的 55.0％。由此看出，无论是汛期还是非汛期，地表径流均是水量来源的主要贡献形式，且汛期为年总径流量的最主要贡献时期。

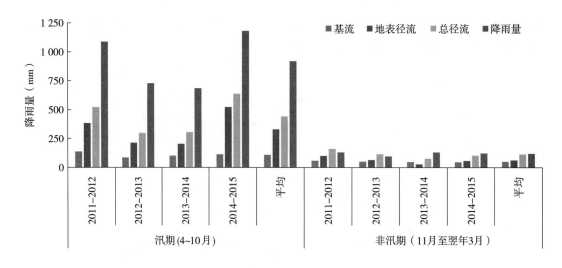

图 5-4 2011—2014 年汛期、非汛期水文特征

第二节 香溪河流域出水断面水质特征

一、背景

开展不同时空尺度的实际监测，可为运用模型准确测算流域面源污染物负荷测算提供基础数据支撑。古夫河小流域是香溪河流域内典型的农林复合小流域，其土地利用模式和小流域农业结构极具代表性，且该流域三面环山，集水区径流汇聚于唯一出口，具有较好的封闭性。于 2015 年 1 月至 2016 年 12 月，在小流域出口断面对水质进行了连续定位监测。采样频率为 5～9 月每天采集 1 次，其他月份每 6d 采集 1 次。每次采集时间为上午 10∶00，分别在河流断面的左、中、右取样。测定指标为总氮（TN）、硝态氮（$NO_3^- $-N）、

氨氮（NH_4^+-N）、颗粒态氮（PN）、总磷（TP）、可溶性总磷（TDP）、颗粒态磷（PP）和泥沙含量。TN 使用碱性过硫酸钾氧化—紫外分光光度法测定（GB 11894—89），NO_3^--N 使用酚二磺酸分光光度法测定（GB 7480—87），NH_4^+-N 使用纳氏试剂分光光度法测定（GB 7479—87），TN 与溶解态氮（NO_3^--N 和 NH_4^+-N）的差值为 PN；TP、TDP 使用钼酸铵分光光度法测定（GB 11893—89），TP 与 TDP 的差值为 PP，泥沙含量采用传统的烘干法测量。

二、降雨—径流的变化规律

2015—2016 年小流域总径流量 $20.0 \times 10^5 m^3$，其中 2015 年为 $8.9 \times 10^5 m^3$，年径流深为 434.0mm，径流系数为 0.51；2016 年径流量比 2015 年高出 24.9%，年径流深 541.9mm，径流系数 0.58。流域径流量主要集中在丰水期（4～9 月），2015 年丰水期径流量为 $7.0 \times 10^5 m^3$，占全年径流量 78.8%，径流深为 342.1mm，径流系数 0.49，枯水期径流深为 91.9mm，径流系数 0.64；2016 年丰水期径流量为 $8.5 \times 10^5 m^3$，占全年径流总量的 76.2%，径流深为 412.8mm，径流系数为 0.53，枯水期径流深 129.1mm，径流系数 0.86（表 5-1）。

表 5-1 古夫河小流域 2015—2016 降雨—径流概况

年份	季节	降雨量（mm）	径流量（$\times 10^5 m^3$）	径流深（mm）	径流系数	基流量（$\times 10^5 m^3$）	BFI
2015	枯水期	144.1	1.9	91.9	0.64	1.6	0.90
	丰水期	703.1	7.0	342.1	0.49	4.4	0.77
2016	枯水期	149.9	2.6	129.1	0.86	1.7	0.89
	丰水期	771.4	8.5	412.8	0.54	4.7	0.73
	合计	1 769.5	20.0	975.8	0.55	12.4	0.82

流域 2015—2016 月平均 BFI 为 0.82，全年基流量占流域总排水量的 61.8%；丰水期与枯水期的基流有明显的差异。2015 年丰水期的平均基流为 $2.6 \times 10^{-2} m^3/s$，平均 BFI 为 0.77，枯水期平均基流为 $7.7 \times 10^{-3} m^3/s$，平均 BFI 为 0.92；2016 丰水期的平均基流为 $3.0 \times 10^{-2} m^3/s$，平均 BFI 为 0.73，枯水期平均基流 $1.1 \times 10^{-2} m^3/s$，平均 BFI 为 0.89，说明流域基流所占比重大，径流过程的形成主要受降雨的影响（图 5-5）。2015—2016 年总共降雨 56 次，降雨量 1 768.5mm，其中 2015 年降雨 31 次，包括大雨 7 次，暴雨 6 次，总降水量为 847.2mm；2016 降雨 25 次，包括大雨 13 次，暴雨 4 次，大暴雨 1 次，总降雨量为 921.3mm，可见 2016 年降雨次数虽然低于 2015，但由于其降雨强度高且较为集中，因此 2016 总降雨量高于 2015。年内降雨分布较为集中，2015 和 2016 年丰水期降雨量为 703.1mm 和 771.4mm，分别占其全年降雨的 83.0% 和 83.7%。其中径流量与降雨量显著相关（r=0.307，P＜0.05）。

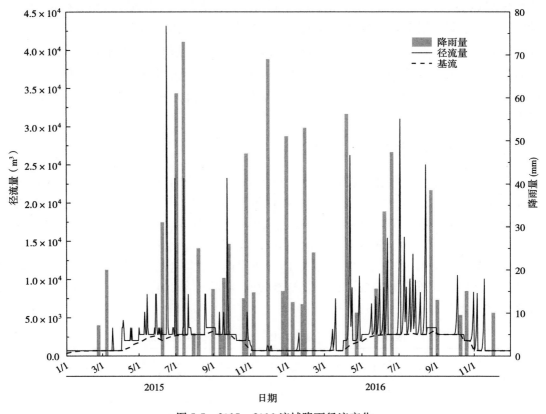

图 5-5　2015—2016 流域降雨径流变化

三、区域氮磷排放的浓度变化特征

(一)氮素的浓度变化

流域 2015—2016 年 TN 平均排放浓度为 2.2mg/L,浓度的变化范围为 1.0～9.5mg/L,其中 2015 平均浓度为 2.0mg/L,2016 为 2.4mg/L。2015—2016 年流域 NO_3^--N、NH_4^+-N、PN 的平均排放浓度分别为 1.5mg/L、0.1mg/L 和 0.5mg/L,NO_3^--N 的变化范围为 0.8～3.1mg/L,NH_4^+-N 为 0～0.4mg/L,PN 为 0～8.1mg/L(图 5-6)。

2015 年 TN 的浓度变化主要集中在 7～9 月,第一个峰值出现在 7 月 8 日,为 7.0mg/L,最大值为 9.5mg/L,出现在 7 月 24 日;2016 年则主要集中在 5～9 月,第一个峰值出现在 5 月 30 日,为 5.8mg/L,最大值为 6.2mg/L。而该区域玉米的种植季节为 6～9 月,同时也是流域径流过程发生最多的季节,2015 年全年有 4 次大的径流峰值,皆出现在此时间段,2016 年有 3 次大的流量峰值,有两次发生在此期间,分别为 7 月 3 日和 8 月 14 日因此 TN 的浓度在此期间波动较大,除受降雨径流的影响外,还可能与玉米种植期间大量施用氮肥有关。

由图 5-6 可知,2015 和 2016tN 浓度变化范围相差不大,但 2015 年 TN 浓度仅有 7～9 月波动较大且峰形窄而陡,即迅速上升之后又快速下降,其余时间浓度变化不大,而 2016 年 TN 浓度 5～9 月均有较大的变化,峰形宽而缓,为缓慢升高后又慢慢下降,使得

TN 的浓度的提升经历了一个长时间的跨度。这是因为在 2016 年的降雨集中且强度高，带入了大量的氮磷污染物，使得径流中 TN 的浓度有了一个长时间的提升。

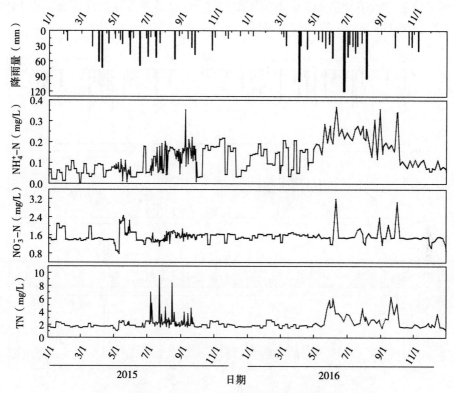

图 5-6　流域 2015—2016 不同形态氮素的排放浓度变化

对长坪流域出口不同形态的氮素浓度与降雨进行相关性分析（表 5-2），其结果表明：TN 与 NO_3^--N、NH_4^+-N 间存在极显著（P＜0.01）的相关性，但不同形态的氮素与降雨之间并无明显的相关性。

表 5-2　流域不同形态氮素浓度与降雨的相关性

相关系数	降雨	TN	NH_4^+-N	NO_3^--N	PN
降雨	1				
TN	0.171	1			
NH_4^+-N	0.193	0.486**	1		
NO_3^--N	−0.017	0.296**	0.302**	1	
PN	0.163	0.950**	0.347**	−0.007	1

* 表示显著相关（P＜0.05）；** 表示极显著相关（P＜0.01），下同。

（二）磷素的浓度变化

2015—2016 年流域 TP 的年平均浓度为 4.5×10^{-2} mg/L，浓度变化范围为 $2.0 \times 10^{-3} \sim 2.2 \times 10^{-1}$ mg/L（图 5-7），2015—2016 年 DP 的年均浓度略低于 PP，分别为 2.1×10^{-2} mg/L 和 2.4×10^{-2} mg/L，变化范围分别为 $0 \sim 6.8 \times 10^{-2}$ mg/L 和 2.0×10^{-1} mg/L。

2015 年月均排放浓度峰值出现在 12 月，为 6.5×10^{-2} mg/L，2016 年则出现在 7 月，为 7.1×10^{-2} mg/L。由图 3-3 可知，2016 年 TP 的波动较 2015 年更为明显，2015 年 TP 的变化相对稳定，2016 年波动大，峰值明显；其中 DP 的季节性波动不大，而 PP 的浓度变化与 TP 一致（图 5-7），波动较为明显。

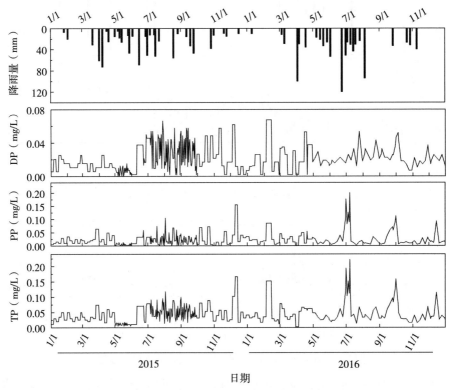

图 5-7　流域 2015—2016 不同形态磷素的排放浓度变化

分析流域不同形态磷素排放浓度及降雨间的相关性可知（表 5-3），与各形态氮素浓度和降雨间的相关性类似，各形态磷素浓度与降雨并无明显的相关关系，但 TP、PP 和 DP 间为两两极显著相关（P<0.01）。

表 5-3　流域不同形态磷素浓度与降雨的相关性

相关系数	降雨	TP	DP	PP
降雨	1			
TP	0.118	1		
DP	0.112	0.563**	1	
PP	0.077	0.883**	0.109**	1

四、区域断面氮磷的输出负荷

（一）氮素的输出负荷

长坪流域 2015—2016 年 TN 的年均输出负荷为 11.8kg/hm²（图 5-8），丰水期（4~9

月）除 2015 年 4 月输出负荷为 0.6kg/hm² 外，其月输出负荷皆大于 1.0kg/hm²，其中 2015 年丰水期 TN 的输出量共计 1 634kg，占全年 TN 输出负荷的 88.7%；2016 年丰水期 TN 输出量为 2 452.47kg，占全年输出量的 82.6%。2016 年径流量比 2015 高出 24.9%，但 TN 的输出量却高出 61.0%，除了径流量有关外，还与径流中氮磷浓度有关，即降雨引起径流的增加，而径流的增加带入了大量的氮磷污染物，在一定程度上提升了氮磷的浓度水平。

流域 2015—2016 氮素年均输出负荷低于输出系数的估算值，低约 21.3%；这是因为输出系数一般是通过单一土地利用方式下的小流域或田间小区的监测试验获得，没有考虑到产生面源污染的水文因素以及污染物在输移过程中受到地形、土壤、植被等因素造成的损失，即是通过流域的自净作用可削减 21.3% 的氮素排放。

由图 5-8 可知，无论是 2015 年还是 2016 年，7 月份的 TN 输出负荷皆为全年 TN 输出的峰值，2015 年为 1.7kg/hm²，输出量达 337kg，2016 年为 3.1kg/hm²，输出量达 636.4kg，皆约占全年 TN 输出量的 1/5。同时，7 月的累积降雨量在全年降雨中达到了一个显著的水平，2015 年为 152.5mm，仅低于 4 月的 164.2mm，2016 年为 206.2mm，为全年降雨最为充沛的月份，说明降雨径流为流域氮素流失的主要驱动力。

NO_3^--N、NH_4^+-N、PN 的年均输出负荷分别为 7.7kg/hm²、0.7kg/hm²、3.3kg/hm²，除 2015 年 NO_3^--N 峰值出现在 6 月份外，NO_3^--N 与 PN 的峰值均出现在 7 月份，与 TN 的变化规律基本保持一致，NH_4^+-N 输出负荷较低且全年变化不大。TN 和 NO_3^--N 的变化规律一致，皆是先急速升高，其次缓慢降低，再缓慢升高，最后迅速降低；PN 先是比较平稳，然后迅速升高达到峰值再急速下降；NH_4^+-N 变化相对平稳。这进一步说明了当流域土壤含

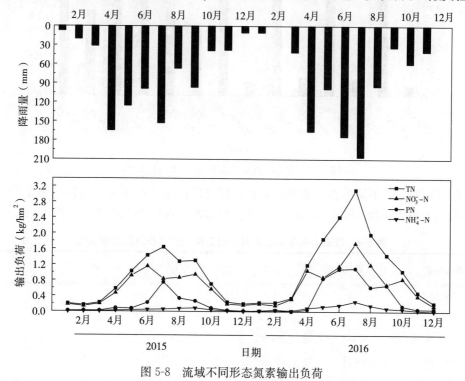

图 5-8　流域不同形态氮素输出负荷

水量趋于饱和时，高强度的降雨会稀释径流中氮素的浓度，但由于 PN 的流失载体为泥沙，因此在丰水期时强降雨会增加径流中的泥沙流失量，从而增加 PN 的流失。

2015 年 6 月 16 日、6 月 30 日、7 月 15 日、9 月 24 日和 2016 年 4 月 12 日、7 月 3 日、8 月 14 日是流域径流发生的几个峰值，当日径流量皆超过 20 000m³，其 BFI 值分别为 0.05、0.11、0.12、0.12、0.5、0.09 和 0.11，当日 TN 输出量分别为 69.1kg、58.3kg、50.9kg、52.7kg、48.6kg、109.7kg、64.7kg（图 5-9）。而其径流峰值发生前一天的 BFI 值皆远低于径流峰值当天的 BFI 值，即基本无径流过程的发生或径流发生量很小。2015 年 4 次径流峰值的发生和前一天相比均带入超过 5 倍的 TN 输出，6 月 16 日更是达到了 6 月 15 日 TN 输出的 15 倍，2016 年 3 次径流峰值相比于前一天增加了超过 2/3 的 TN 输出量，说明径流过程是流域面源氮素输出的主要渠道，同时也是氮素流失的主要驱动力。

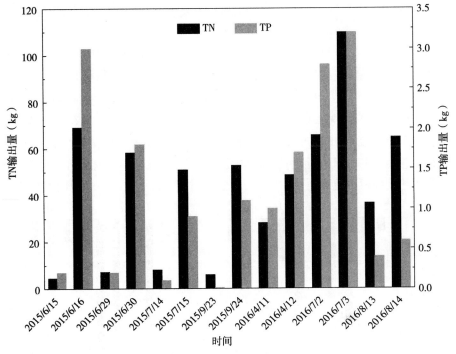

图 5-9　径流峰值发生前后氮磷输出量对比

对流域 2015 年不同形态氮素的月累积负荷与降雨量进行相关性分析（表 5-4），发现在降雨、TN 输出负荷、NO_3^--N 输出负荷及 PN 输出负荷中为两两极显著相关（$P<0.01$），

表 5-4　流域不同形态氮素月输出负荷与月累积降雨的相关性

相关系数	月累积降雨	TN	NH_4^+-N	NO_3^--N	PN
月累积降雨	1				
TN	0.776**	1			
NH_4^+-N	0.683**	0.941**	1		
NO_3^--N	0.811**	0.945**	0.871**	1	
PN	0.623**	0.917**	0.865**	0.736**	1

但降雨与各形态氮的浓度间却无明显的相关性。说明氮磷的排放量是径流量与浓度的综合结果，当降雨持续时间较长且降雨强度高时，径流中氮磷的浓度在一定程度下会被稀释，径流量对氮磷输出的影响远远超过浓度对它的影响。

（二）磷素的输出负荷

流域 2015—2016 年 TP 年均排放负荷为 2.4×10^{-1} kg/hm²，其中，2016 年的 TP 排放负荷比 2015 年高约 40%，为 2.8×10^{-1} kg/hm²，无论是 2015 年还是 2016 年，6~10 月是流域磷素排放的重要时期，其中 2015 和 2016 年 6~10 月的 TP 排放量分别为 32.3kg 和 39.0kg，皆超过全年排放量的 2/3，是流域磷素输出的主要时期（图 5-10）。DP 和 PP 的年均输出负荷皆为 1.2×10^{-1} kg/hm²；2015 年 TP、DP 及 PP 的输出峰值都出现在 6 月，分别为 4.5×10^{-1} kg/hm²、2.4×10^{-1} kg/hm²、2.1×10^{-1} kg/hm²，而 2016 年则出现在 7 月，分别为 8.7×10^{-1} kg/hm²、2.8×10^{-1} kg/hm²、5.9×10^{-1} kg/hm²，皆超过其年输出负荷的 20%，是一年中最重要的磷素流失时期。主要原因为该区域玉米种植时间为 6~7 月，雨水充沛，玉米种植期间，施加大量磷肥且耕地植被覆盖低，大面积裸露，使得肥料随地表径流进入沟渠，最终汇入河流而流失，故而在此期间各形态磷素的输出负荷皆为其年内输出负荷的峰值。

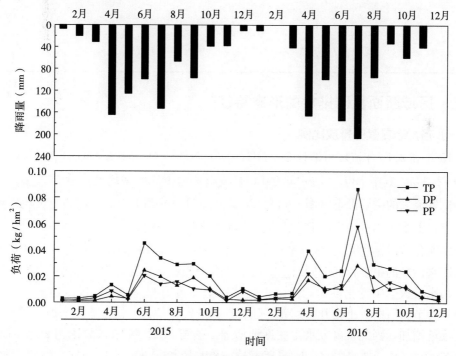

图 5-10　流域不同形态磷素输出负荷

磷素的输出负荷相比于输出系数法估算值削减了 85.0%，与氮素同理，流域内部的自净作用消纳了 85.0% 的磷素；磷素的削减率远高于氮素，这是由于氮素的流失方式主要为可溶态，而磷素的流失方式主要为颗粒态，吸附于泥沙而流失，而泥沙在运输的过程中被受到沉淀、吸附等作用而被拦截，同时也易被植物及地形等拦截，因此磷素在迁移过程中的削减率更高。

如图 5-9 所示，径流过程的发生也能显著提高 TP 的输出水平，2015 年的 4 次径流峰值发生前后，TP 的输出量亦是成倍的提升；2016 年的提升不如 2015 那么明显，最低仅增加了 14.3%，出现在 7 月 3 日。这可能是由于在 2016 年 7 月份多为大雨、暴雨，其中 6 月 24 日还发生过一次大暴雨，降雨量为 120mm，连续的降雨冲刷带入了大量污染物、泥沙等，而磷的主要流失形态为颗粒态，使得磷素污染物的浓度水平持续升高，但连续的降雨使得径流量持续升高，降雨所带入的污染物的量达到流域的限值，径流量的提升会稀释污染物的浓度，因此径流量峰值的发生导致的污染物输出增量并非很高。

分析 2015—2016 年各形态磷素的月排放负荷与月累积降雨间的相关性（表 5-5），与氮素的类似，月累积降雨、TP、DP 和 PP 间呈两两极显著相关（P<0.01）。

表 5-5　各形态磷素月输出负荷与月累积降雨的相关性

相关系数	月累积降雨	TP	DP	PP
月累积降雨	1			
TP	0.691**	1		
DP	0.661**	0.925**	1	
PP	0.650**	0.965**	0.792**	1

五、区域断面氮磷排放的形态特征

（一）各形态氮素的排放比例

2015 年和 2016 年流域可溶性氮（$NO_3^- -N + NH_4^+ -N$）年均输出负荷占 TN 年均输出负荷的 72.9%，其中 $NO_3^- -N$ 占 66.9%，月输出负荷占比的平均值高达 70.5%，是流域径流中氮素流失的主要形态（图 5-11）。2015 年 $NH_4^+ -N$ 和 PN 上半年的流失比例明显低于下半年，上半年 $NH_4^+ -N$ 和 PN 的流失比例变化范围分别为 2%~4% 和 8%~16%，而下半年的变化范围则为 4%~8% 和 8%~46%。$NH_4^+ -N$ 以较高比例存在是生活污水及畜禽养殖废水污染的主要特征，同时生活污水及畜禽养殖废水皆为面源污染的重要来源；流域生活污水排放全年变化不大，但由于流域生猪养殖周期为一年，进出栏量一般为两头猪，每年春节过后购买小猪开始饲养，随着生猪的发育，其生物量逐渐增加，导致粪便的产生量逐渐增加，因此畜禽废水排放逐渐增加，这与 $NH_4^+ -N$ 的排放比例变化规律一致；同时由于 $NH_4^+ -N$ 主要吸附于土壤颗粒表面而进行输移，在丰水期初期，流域土壤表层，植物截留对 $NH_4^+ -N$ 的截留基本达到饱和状态，所以在丰水期后期的 $NH_4^+ -N$ 大都随地表径流进入河流湖泊，因此 $NH_4^+ -N$ 与 PN 一样在丰水期后期流失比例较高。但 2016 年 5~9 月的 PN 占比明显较高，其月平均输出占比高达 41.2%，这同样与 2016 年多大雨和暴雨有关，高强度的降雨会导致严重的水土流失，带入大量泥沙，使得 PN 的含量增加。

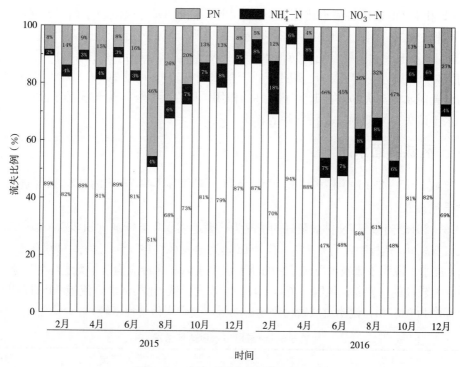

图 5-11　流域不同形态氮素流失比例

（二）各形态磷素的排放比例

2015—2016 年流域 PP 年均输出负荷比例为 52.3％（图 5-12），从年际间的输出负荷

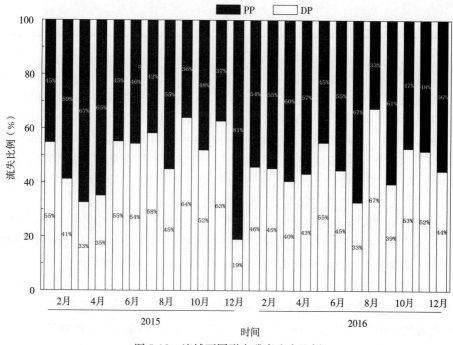

图 5-12　流域不同形态磷素流失比例

来看，PP 和 DP 的输出负荷占比相差不大，PP 略高于 DP。该流域中磷素的流失形态虽然以 PP 流失为主，但主导地位并非很明显，这说明流域的水土流失并不严重，这可能与该流域 2014 年末启动工程设施以防控水土流失密不可分。同时，由图 5-11 可知，流域在丰水期（4～9 月）的 PP 流失比例明显低于枯水期（1～3 月及 10～12 月），这说明工程设施的设置对水土流失的防控起到了良好的作用，即在污染物流失较大的丰水期对能有效地减少水土流失，降低颗粒态污染物的输出。

六、区域断面水质

对流域 2015—2016 年汇水口的 TN、NH_4^+-N 和 TP 共 731d 的达标状况进行统计，统计结果见表 5-6。

2015—2016 年流域 TN 排放最好的情况为达到地表水 Ⅳ 类标准（GB3838－2002），但达标天数仅有 42d，达标率仅为 5.7%，有 371d 达到地表水 Ⅴ 类标准，达标率为 50.8%，其余皆为劣 Ⅴ 类水。说明该流域水质按 TN 的地表水排放标准评价应为劣 Ⅴ 类水，受氮素污染较为严重，有较高的富营养化风险。流域 NH_4^+-N 浓度皆低于 Ⅱ 类标准。流域 TP 排放 Ⅱ 类水及以下达标率为 94.7%，说明流域磷污染物排放低，受磷素污染程度轻。

表 5-6　流域出口水质达标情况

项目	Ⅰ类		Ⅱ类		Ⅲ类		Ⅳ类		Ⅴ类	
	达标天数	达标率（%）	达标天数	达标率（%）	达标天数	达标率（%）	达标天数	达标率（%）	达标天数	达标率（%）
TN	0	0.0	0	0.0	0	0.0	42	5.7	371	56.5
NH_4^+-N	436	59.6	731	40.4	0	0.0	0	0.0	0.0	0.0
TP	88	12.0	604	82.6	39	5.3	0	0.0	0.0	0.0

七、小结

①长坪流域 2015—2016 年总降雨量达 1768.5mm，其中 2016 年多大雨和暴雨，降雨强度高且更为集中，降雨量与径流量皆明显高于 2015 年；流域年内降雨分布极度不均，主要集中在 4～9 月，期间雨量皆超过全年降雨的 80%；年均径流深为 488.0mm，丰水期径流深皆高于 300mm，径流系数在 0.5 左右，径流量皆超过全年径流的 75%；流域月平均 BFI 为 0.82，基流水量约为流域全年排水量的 2/3。径流与降雨间存在显著的相关性（r=0.307，P<0.05），径流过程主要受降雨影响。

②流域出口处 TN 年平均浓度为 2.2mg/L，浓度峰值大多出现在 6～9 月；TP 的年平均浓度为 4.5×10^{-2} mg/L，其浓度峰值受降雨强度的影响；氮素排放的各形态间存在极显著相关性，磷素亦是如此，但氮磷的排放浓度和降雨并无明显相关性。

③长坪流域 2015—2016 年 TN 的年均输出负荷为 11.8kg/hm²，丰水期 TN 超过全年输出负荷的 80%，是流域氮素流失的主要时期；NO_3^--N 为氮素流失的主要形态，约占 TN 输出负荷的 66%；常规下 NH_4^+-N 的排放规律同养殖周期粪污排放规律一致，全年逐渐升高。

④流域 2015—2016 年 TP 年均排放负荷为 2.4×10^{-1} kg/hm²，DP 和 PP 的年均输出负荷皆为 1.2×10^{-1} kg/hm²，6～10 月 TP 的输出量超过全年 TP 输出量的 2/3，PP 是磷素流失的主要形态。

⑤径流峰值的发生会显著增加流域氮磷排放量，径流是流域面源氮磷输出的主要渠道。在氮磷迁移的过程中，通过流域的自净作用，约可削减掉 21.3% 的氮和 85.0% 的磷。

⑥按国家地表水水质标准（GB3838—2002）评价，长坪流域出水口 TN 浓度超过 V 类标准，氮素排放对水体具有较高的富营养化风险；NH_4^+-N 浓度皆低于 II 类水质标准；流域磷素污染物排放浓度低。

第三节 香溪河流域氮磷污染物时空特征

一、背景

于 2015—2016 年，采用 1:20000 地形图作为基本地形信息数据源，根据流域的污染类型，在流域上自下而上设 cp01、cp02～cp11 等 11 个采样点（表 5-7），对流域氮磷污染物迁移特征进行了研究。

采样点设置于地表径流与干流的交汇处上方，样品采集频次为丰水期（4 月 1 日至 9 月 30 日）每天采集 1 次，枯水期（10 月 1 日至 3 月 31 日）每 5d 采集 1 次。

利用 ArcGIS 中的 SWAT 模型对流域进行水文划分，并确定流域及采样点的汇水区域，1:20000 地形图为数据源，结合野外实地调查，将流域土地利用类型划分为林地、耕地、居民区、草地、水库、园地五类，不同采样点汇水区各土地利用类型面积如表 5-8。

由于流域面积较小，土壤类型、结构及含水率等变化不大，因此采用平均径流深（H）来计算监测点流量，从而估算采样点的输出负荷，计算公式如下：

$$L_j = \sum 10 \times H a_j C_j$$

$$H = \frac{Q}{A \times 10^4}$$

式中，L_j 为采样点 j 污染物的输出负荷量（kg）；H 为流域的平均径流深（m）；a_j 为采样点 j 的汇水面积（hm²）；C_j 为采样点 j 污染物的实测浓度（mg/L）；Q 为出水口的水量（m³）；A 为下长坪的面积（hm²）。

表 5-7 采样点及其汇水类型

采样点名称	水体污染来源
cp01、cp05	生活污水、畜禽养殖废水、耕地
cp02、cp03	泉眼、泉眼出水
cp04	生活污水、坡耕地和林地
cp06	林地和耕地
cp07、cp08、cp09	水库出水、水库及地下水

（续）

采样点名称	水体污染来源
cp10	生活污水、畜禽养殖废水
cp11	生活污水、水库出水、地下水

表5-8　各采样点汇水面各土地利用类型面积

土地利用	cp01（hm²）	cp04（hm²）	cp05（hm²）	cp06（hm²）	cp10（hm²）
林地	12.8	17.9	8.7	8.9	5.8
耕地	3.3	7.3	2.3	2.3	0.8
居民区	1.3	0.5	1.8	0.1	0.4
草地	0	0	0	0	0.1
水库	0	0	0	0	0
园地	0	0	0	0	0.1
合计	17.3	25.6	12.7	11.3	7.3

二、流域氮磷流失的空间分布

（一）流域氮素流失的空间分布

流域2015年和2016年各采样点中，离居民区较近的采样点氮素浓度皆较高，其次是汇水源为林地和坡耕地的采样点，泉眼和水库周围的采样点氮素浓度皆偏低。

cp01和cp05污水来源类型相似，皆是由生活污水、畜禽养殖废水以及少量农田排水组成，但由于cp05相对于cp01离居民区较近且人口密度大，排污量大，且大多都是直排入水体，同时cp01离居民区较远，其居民排水还受到农作物的拦截与吸收，因此虽然汇水来源相同，但cp05的氮素浓度在11个点中最高，2015年TN的平均浓度达到了6.0mg/L，2016年更是高达7.9mg/L，远大于cp01。

cp02～cp03（泉水），cp07～cp09（水库及地下水），这几个点的汇水来源为泉水、水库水和地下水等，受到污染较少，因此其氮素浓度皆在1.5～2.5mg/L之间，变化不大。但泉水2015年和2016年TN平均浓度分别为2.4mg/L和1.7mg/L，而水库及地下水的则分别为1.7mg/L和1.1mg/L，同年氮素的输出浓度皆低于泉水，因此可将其视作该区域的环境本底值。由此可见该区域泉水受到了一定程度的污染，由于其与居民的生活用水息息相关，因此应引起足够的重视。

cp04和cp06的汇水来源皆是以林地为主，其中cp04有部分生活源和农业源，而cp06则有少部分的排水来自于坡耕地，长坪小流域虽然植被覆盖较好，但由于其属丘陵地区，山体大多为裸露的岩石，草本植物覆盖率低，所以以植被拦截地表径流的能力和土壤的抗侵蚀能力较弱，水土流失量较高，再加上有大面积的作物种植，施肥量高，因此其氮素浓度相对较高，其中2015年TN浓度在4～6mg/L之间，而2016年则有明显下降，最大也仅为4.8mg/L。

cp10 为生活污水，cp11 有少量的水库出水和地下水，但主要为生活污水，因此其氮素浓度皆偏高，TN 平均浓度变化范围为 3～4.5mg/L，但 cp10 略高于 cp11，这是由于 cp11 还有少量的水库出水和地下水，浓度被稀释所致。

（二）流域磷素流失的空间分布

不同汇水来源的磷素浓度的变化规律与氮素有一定差别，在汇水来源含有生活污水的点 TP 的含量皆高于其他类型的汇水来源，同时，含有畜禽养殖源的 TP 含量皆达到了峰值水平，2015 年 cp01 和 cp05 的 TP 浓度分别为 0.21mg/L 和 0.23mg/L，其余各点的 TP 浓度最高也仅为 0.11mg/L，2016 年 cp01 和 cp05 的 TP 浓度较 2015 年有所下降，但仍远高于其他各点，并且其他来源的 TP 浓度波动不大，与氮浓度相比，磷素浓度在林地耕地源的点与水库和地下水等相近，说明水体中所含磷素的主要来源为生活污水与畜禽养殖废水。

综合不同汇水来源的氮磷的浓度变化来看，在研究区域中随水体流失的氮磷主要来源于生活污水与畜禽养殖废水的排放，特别是直接排入流域水体影响尤为显著，由此也可以看出在类似于长坪这类河道贯穿整个村庄且与村庄距离较近的小流域中，氮磷的分布主要由居民的分布密度所决定，在居民分布比较集中的地区，污染物排放量高，养殖密度大，因此氮磷浓度高。

三、泉水、水库及地下水氮磷浓度的季节性变化特征

根据所测 11 个采样点的氮磷浓度水平，泉水（cp02～cp03）、水库（cp07～cp08）及地下水（cp09）氮磷浓度较低，将其归为一类进行讨论，同时泉水、水库以及地下水是流域基流的直接来源，可视为流域基流。

（一）氮素浓度季节性变化特征

通过对 2015—2016 年水库及泉水丰水期和枯水期氮素浓度的统计，发现流域枯水期与丰水期氮素浓度呈现不同的变化规律，无论是泉水还是水库水体，TN 浓度的变化规律均呈现为枯水期高于丰水期。但除 cp03 外，其余采样点的波动范围皆是丰水期高于枯水期，这主要由于长坪流域降雨皆集中在丰水期，这几个点污染物浓度水平低，并没有直接的污染来源，因此水体中的污染物浓度被过量的降雨所稀释。但降雨会带入大量的污染物，使得水样中的污染物浓度水平在短时间内急剧上升，使得浓度峰值出现在丰水期。

泉水的 TN 浓度整体高于水库，最低浓度为 1.17mg/L，水库最低为 0.45mg/L。与 cp03 相比，cp02 的水质在枯水期和丰水期差别更小，这是因为 cp03 为泉水出水，说明村民在泉水处洗涤衣物对泉水的出水水质有一定的影响。cp08 的水样取自于水库，水样浓度直接反映出水库的水质变化，由图 5-13 可知，水库在枯水期和丰水期水体 TN 浓度变化不大，说明水库对污染物的缓冲力度大，自净能力强。cp07 主要水源为水库出水，但由于其位于水库下方，受到林地和坡耕地的影响，其 TN 浓度略高于 cp08 且变化范围大。地下水的 TN 浓度变化与水库的类似，但略高于水库，这是由于 cp09 的上方为坡耕地和居民区，对其水质浓度有一定影响。

流域 $NO_3^- \text{-} N$ 的变化规律与 TN 类似（图 5-14），多数点为丰水期浓度高于枯水期，

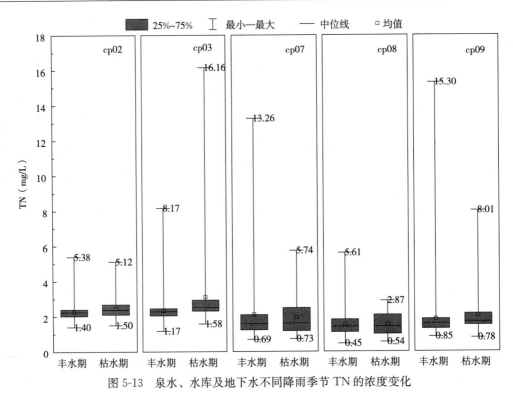

图 5-13　泉水、水库及地下水不同降雨季节 TN 的浓度变化

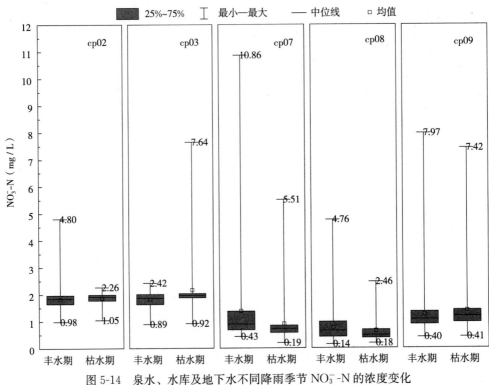

图 5-14　泉水、水库及地下水不同降雨季节 $NO_3^- -N$ 的浓度变化

但水库及水库出水却是在丰水期浓度高于枯水期，主要是由于水库在丰水期蓄水，枯水期放水，同时丰水期降雨会将周边林地和耕地的污染物带入水库出水，因此会导致这种变化。与 TN 一样，除在 cp03 外，丰水期 $NO_3^- $-N 浓度的波动范围皆高于枯水期，这说明了 NO_3^--N 与 TN 流失规律一致，也从侧面印证了 TN 的流失主要以 NO_3^--N 为主。

　　流域中这几个点的 NH_4^+-N 浓度处于一个较低水平（图 5-15），其平均浓度皆在 0.1mg/L 附近上下波动，且枯水期和丰水期相比差别不大，但 cp03 的枯水期及 cp08 的丰水期 NH_4^+-N 浓度的最大值皆超过 1.0mg/L。这可能是人们在泉眼处洗菜、衣物等导致泉眼出水（cp03）NH_4^+-N 浓度升高。水库边上是一圈草地，时常有村民在草地上放牧牛羊以及鸡鸭鹅等，导致水库周边也累积了一定的畜禽粪便，在下大雨时会将其冲入水库（cp08），由于水库容量大，自净能力强，对水库整体的水质影响不大，但在短时期内会引起水库边缘水体氮磷浓度增高，且这也是导致水库水质变差隐患之一，故应对此现象引起重视。

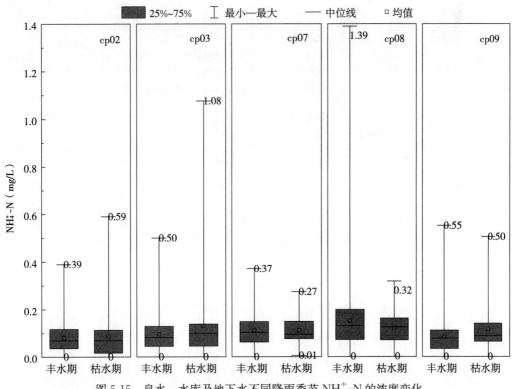

图 5-15　泉水、水库及地下水不同降雨季节 NH_4^+-N 的浓度变化

（二）磷素浓度季节性变化变化特征

　　流域泉水及地下水在枯水期和丰水期的磷素浓度变化不大（图 5-16、图 5-17），TP 的均值均在 0.05mg/L 附近波动，DP 的均值均在 0.03mg/L 附近波动，且中值与均值相差不大，25%～75% 的置信区间也相似。说明流域这几个点磷素的浓度稳定，无外来的磷污染物或其浓度很低，受磷素污染少。

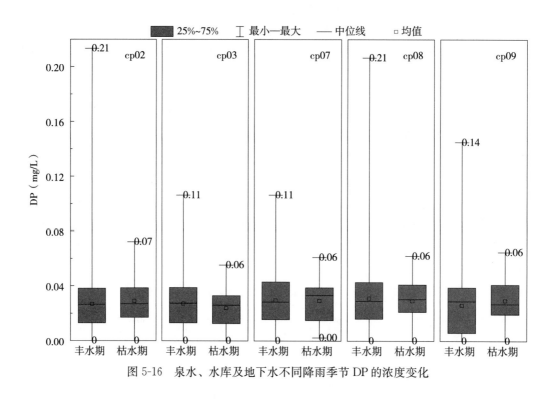

图 5-16 泉水、水库及地下水不同降雨季节 DP 的浓度变化

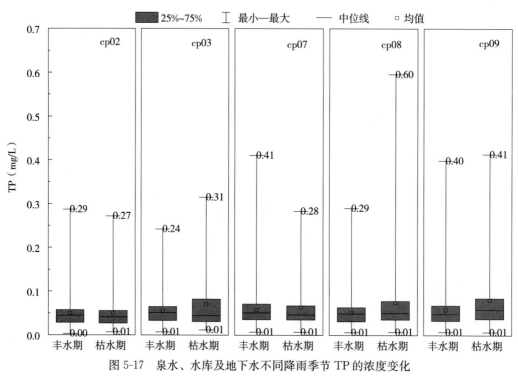

图 5-17 泉水、水库及地下水不同降雨季节 TP 的浓度变化

四、林地和耕地氮磷的流失特征

在所有的监测点中，cp04 和 cp06 的汇水来源主要为林地和坡耕地，而由于该区域的主要作物为玉米和油菜轮作，一年中土地基本无闲置期，因此将一年分为玉米季（5～9月）和油菜季（10月至翌年4月）两个作物生长期进行讨论。由于林地自然状况下不会产生非点源污染输出风险，因此以坡耕地为主。

（一）氮素季节性变化变化特征

流域坡耕地和林地 TN 和 NO_3^--N 的在油菜季和玉米季的平均浓度变化不大，但在玉米季的浓度波动范围皆高于油菜季，其浓度峰值也出现在玉米季。cp04 玉米季和油菜季 TN 的平均浓度分别为 5.30mg/L 和 5.18mg/L，波动范围分别为 1.01～18.79mg/L、1.06～15.05mg/L，cp06 玉米季和油菜季 TN 的平均浓度分别为 4.41mg/L 和 3.62mg/L，浓度波动范围为 1.72～12.42mg/L、0.89～12.42mg/L，NO_3^--N 的季节性变化规律与 TN 类似（图 5-18）。

由此可以看出，在类似长坪流域以轮作为主要种植模式的区域，其土地基本无闲置期，即在不同的种植季节都经历了播种、施肥、追肥、收割等阶段，故而其氮素的季节性流失差别不大。但玉米种植季节处于流域丰水期，而该区域施肥和追肥方式大多为撒施和点施，为了保证肥料能够在短时间内被淋溶进土壤，追肥大多都选在降雨比较集中的时

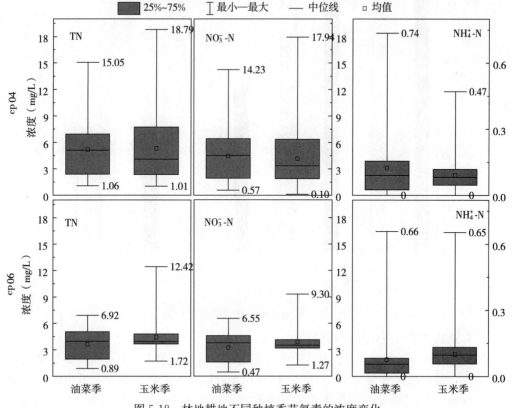

图 5-18　林地耕地不同种植季节氮素的浓度变化

间，并且当氮素以肥料、残渣或粪便的形式施入土壤时，更容易随降雨径流而流失。正因如此，在保证了肥料被淋溶进土壤的同时，所施的肥料随降雨径流流失几率也随之加大，尤其是撒施，由于肥料直接裸露在地面，因此流失更为严重。丰水期降雨集中且强度高，因此在玉米种植季节 TN 和 NO_3^--N 的浓度波动更大。

估算 cp04 和 cp06 在 2015 年和 2016 年的氮素输出负荷（图 5-19），2015 年 cp04 和 cp06 的 TN 输出负荷分别为 28.6kg/hm² 和 17.5kg/hm²，2016 年分别为 27.1kg/hm² 和 13.1kg/hm²，皆远高于流域 2015—2016 年 TN 的年均输出负荷 11.8kg/hm²，说明林地和坡耕地是流域 TN 输出的重要来源。而 cp04 的耕地面积占比为 28.5%，比 cp06 的耕地面积占比仅高出 10% 左右，其两年的 TN 平均输出负荷比 cp06 高出 85.5%，说明在林地和坡耕地两种土地利用方式中，由于林地具有一定的水土保持效应，且基本不用施肥，污染物水平及流失量低，故而坡耕地是氮素流失的主要来源。

NO_3^--N 的输出负荷规律同样与 TN 的规律保持一致，两个点的 NH_4^+-N 输出负荷皆很低，年均输出负荷皆为 0.5kg/hm²，皆低于流域出口 NH_4^+-N 的输出负荷，即林地和耕地的 NH_4^+-N 输出相对稳定且对流域 NH_4^+-N 输出影响很小。

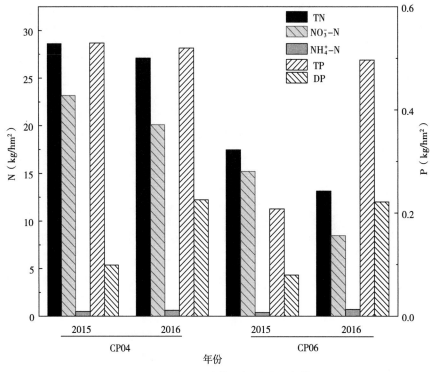

图 5-19　林地和坡耕地氮磷输出负荷

（二）磷素季节性变化变化特征

cp04 油菜季和玉米季的 TP 平均浓度分别为 0.07mg/L 和 0.08mg/L，最低浓度均为 0.01mg/L，最高浓度分别为 0.33mg/L 和 0.60mg/L。cp06 油菜季和玉米季的平均浓度皆为 0.05mg/L，其浓度变化范围在油菜季和玉米季基本一致，分别为 0.01～0.44mg/L 和 0.01～0.45mg/L（图 5-20）。

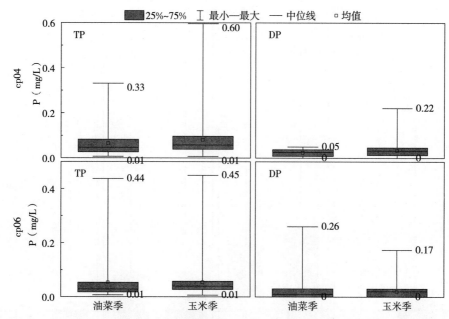

图 5-20　林地耕地不同种植季节磷素的浓度变化

在 cp04 中，无论是 TP 和 DP 皆是在玉米季变化范围较大，而 cp06 则相对稳定得多。从两者的输出负荷来看，cp04 的磷素输出负荷也要高于 cp06，可磷年均输出负荷差别不大，cp04 的 TP 和 DP 的年均输出负荷分别为 0.52kg/hm² 和 0.16kg/hm²，cp06 的则为 0.35kg/hm² 和 0.15kg/hm²，皆高于流域出口 TP 和 DP 的年均输出负荷，说明林地和耕地贡献了流域磷素输出的重要部分，是流域磷污染物的重要来源。两个采样点的汇水源皆以林地和耕地为主，但变化规律却有很大的差别，一方面是因为在同一区域耕地比林地具有更高的排污系数，cp04 的耕地面积占比高于 cp06，另一方面则是因为林地具有良好的水土保持效应，相对于 cp04，cp06 拥有更高的林地面积占比。

五、生活污水及畜禽养殖废水的排放特征

所有采样点中，cp01、cp05 皆以生活污水和畜禽养殖废水为主要污染来源，cp10 和 cp11 的主要污染来源为生活污水，其中 cp11 的汇水源包含了 cp10 的出水及水库出水、水库地下水等。通过水文划分可以得到 cp01、cp05 和 cp10 的汇水面积。

（一）氮素变化特征

流域生活污水及畜禽养殖源采样点的 TN 平均浓度皆很高（图 5-21），在所有采样点中，不同降雨季节 TN 的平均浓度最低为 2.16mg/L，超过国家地表水 TN 的 Ⅴ 类标准，发生在 cp01 的枯水期；即生活污水和畜禽养殖废水是流域地表径流中氮素输出的主要来源，居民区是流域水体的高污染区。cp05 丰水期 TN 的平均浓度最高，达 6.93mg/L。4 个采样点中，丰水期 TN 浓度的波动范围皆高于枯水期，且除 cp10 之外，其余点在丰水期 TN 的平均浓度也高于枯水期；这说明在污染物排放高的区域，降雨带入污染物的速率要高于降雨对污染物的稀释速率，这可能会导致氮磷的输出负荷成倍增长。计算 2015—2016 年 cp01、cp05 和 cp10 的输出负荷（图 5-22），其年均输出负荷分别达 20.28kg/hm²、

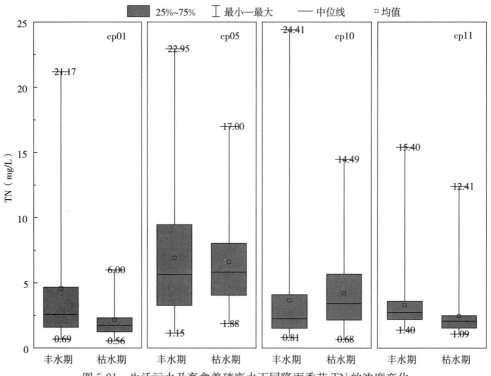

图 5-21 生活污水及畜禽养殖废水不同降雨季节 TN 的浓度变化

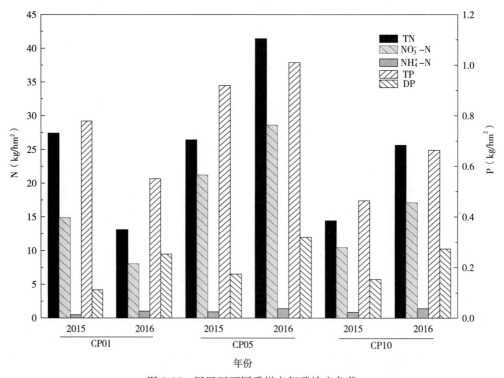

图 5-22 居民区不同采样点氮磷输出负荷

$33.93kg/hm^2$、$20.05kg/hm^2$，和耕地林地一样远高于流域出口，且总体上也高于耕地和林地，故而生活污水和畜禽养殖废水是该流域最重要的污染来源。3 个采样点在丰水期年均输出负荷分别为 $17.65kg/hm^2$、$26.99kg/hm^2$、$15.26kg/hm^2$，均分别超过其年均输出负荷的 3/4，故而在典型的农业流域中，居民区是流域水体的高污染区，且在丰水期是流域氮磷输出的主要时期，故而在丰水期应加强居区氮磷的排放控制。

在 cp01、cp05、cp10 和 cp11 这几个点中，NO_3^--N 的最低浓度出现在 cp01 的枯水期，为 0.21mg/L，最高浓度出现在 cp10 的丰水期，为 23.09mg/L。NO_3^--N 在不同降雨季节的平均浓度为 cp05 的丰水期最高，为 5.11mg/L；同时 cp05 的 NO_3^--N 年均浓度为 4.89mg/L，也是几个点中最高的。季节性变化规律皆为丰水期浓度波动范围大于枯水期，与 TN 类似（图 5-23）。而 NH_4^+-N 的浓度波动范围则刚好相反，皆是枯水期高于丰水期，且枯水期的平均浓度皆高于枯水期，平均浓度最高的为 cp05 的枯水期，达 0.72mg/L。cp01、cp05、cp10 的 NH_4^+-N 年均输出负荷分别为 $0.74kg/hm^2$、$1.17kg/hm^2$、$1.12kg/hm^2$，皆高于流域出口 NH_4^+-N 的输出负荷；综合林地和耕地的结果来看，流域 NH_4^+-N 输出的主要来源为生活污水和畜禽养殖废水。

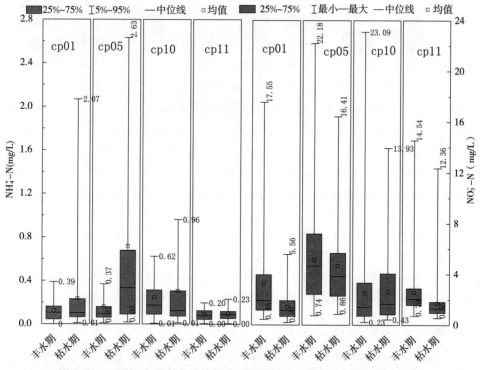

图 5-23　生活污水及畜禽养殖废水不同降雨季节硝氮、氨氮的浓度变化

（二）磷素变化特征

在以生活污水和畜禽养殖废水为主要污染来源的这几个点中，TP 的 5%～95% 置信区间中最低浓度为 0.01mg/L，最高浓度为 1.44mg/L；不同降雨季节的年均浓度最低为 0.06mg/L，发生在 cp11 的枯水期，最高为 0.25mg/L，发生在 cp01 的丰水期（图 5-24）。不同降雨季节间 TP 的浓度变化规律不明显，这主要是径流中 TP 的浓度本就不高，降雨

有可能会带入大量的磷污染物，但也有可能会使得径流中的磷素被稀释，浓度降低。

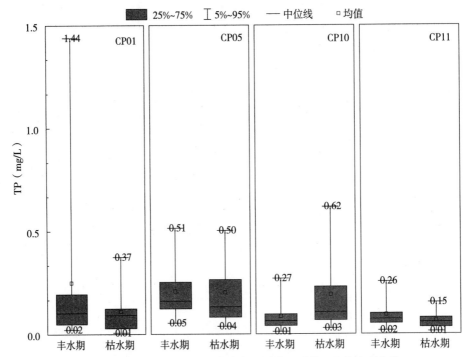

图 5-24　生活污水及畜禽养殖废水不同降雨季节 TP 的浓度变化

与 TP 相比，几个采样点 DP 在不同降雨季节的年均浓度皆很低，除 cp10 的枯水期为 0.07mg/L 外，其余降雨季节的年均浓度皆在 0.04mg/L 附近波动；而 DP 浓度在枯水期的波动范围大都高于丰水期（图 5-25）。结合之前林地和耕地、生活污水和畜禽养殖废水中氮磷浓度在不同季节间的变化规律来看，降雨在低污染区及氮磷浓度本就很低的情况下对氮磷的浓度具有很明显的稀释效应，但在高污染区会带入大量的氮磷，使得氮磷浓度升高。

在对汇水面进行划分的 cp01、cp05 和 cp10 中，其 TP 的年均输出负荷分别为 0.66kg/hm² 、0.96kg/hm² 、0.56kg/hm²，DP 的输出负荷分别为 0.13kg/hm² 、0.19kg/hm² 、0.14kg/hm²，皆高于流域出口磷素的输出负荷，同时也高于林地和耕地，说明生活污水和畜禽养殖废水是流域磷素输出的主要来源，高于耕地和坡耕地。

六、流域不同位置水质概况

研究期间，流域内共采集 2 382 个水样，TN 浓度高于Ⅳ类及以上的样品占 95.9%，其中劣Ⅴ类水样占比高达 62.2%（表 5-9），流域整体受 TN 污染较为严重。除地下水与水库水（cp07、cp08、cp09）之外，其余采样点 TN 浓度为劣Ⅴ类水体的比例皆超过 60%，其中泉水和泉水出水（cp02、cp03）的 TN 劣Ⅴ类水体占比也高达 80.5%。这可能是因为泉眼位于村落之中，周围皆为农户，受农村生活污水及养殖废水影响较高，且居民时长在泉眼处洗涤衣物等，故而泉眼处的水质较差，应引起对居民饮水安全问题的关注。

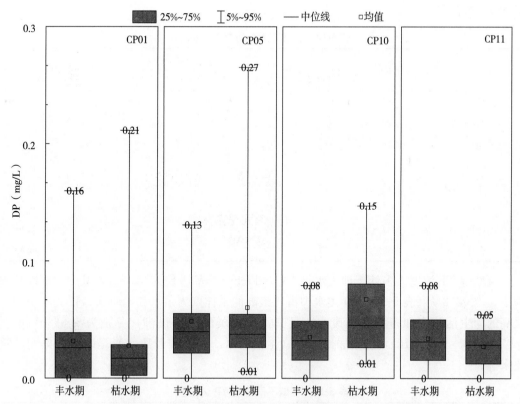

图 5-25　生活污水及畜禽养殖废水不同降雨季节 DP 的浓度变化

表 5-9　流域不同位置水体 TN 达标率

采样点	样本量	达标率（%）					
		Ⅰ类	Ⅱ类	Ⅲ类	Ⅳ类	Ⅴ类	劣Ⅴ类
cp01、cp05	317.0	0.0	0.0	2.2	4.7	6.0	87.1
cp02、cp03	502.0	0.0	0.0	0.0	0.8	18.7	80.5
cp04	219.0	0.0	0.0	0.0	4.1	12.3	83.6
cp06	129.0	0.0	0.0	1.6	0.8	5.4	92.2
cp07、cp08、cp09	727.0	0.0	0.3	11.3	35.5	30.8	22.1
cp10	241.0	0.0	0.0	1.7	20.7	17.4	60.2
cp11	247.0	0.0	0.0	0.0	4.9	17.0	78.1
合计	2 382.0	0.0	0.1	4.0	14.7	19.1	62.2

　　与 TN 相反，流域 97.5％ 的样品 NH_4^+-N 达到 Ⅱ类水及以下标准，且主要为 Ⅰ类水，占比达 74.9％（表 5-10）。其中污水来源中含有生活污水及养殖废水的采样点（cp01、cp05、cp10）有少部分的 NH_4^+-N 达到了了Ⅴ类及劣Ⅴ类标准，其 Ⅰ类水达标率也低于其余的采样点，这主要是由于流域中 NH_4^+-N 的来源大都来自于居民区排放的生活污水和畜禽养殖废水。而泉水和水库水中也有部分水质达到了 NH_4^+-N 的Ⅲ类水标准，原因在于水库和泉眼中的水流动性很小，造成了厌氧环境，促进了反硝化作用的发生，促进

了 NH_4^+-N 的转化。

表 5-10 流域不同位置氨氮达标率

采样点	样本量	达标率（%）					
		Ⅰ类	Ⅱ类	Ⅲ类	Ⅳ类	Ⅴ类	劣Ⅴ类
cp01、cp05	317	65.0	28.4	2.5	0.9	0.9	2.2
cp02、cp03	502	84.1	14.9	0.8	0.2	0.0	0.0
cp04	219	84.5	15.1	0.5	0.0	0.0	0.0
cp06	129	83.7	14.7	1.6	0.0	0.0	0.0
cp07、cp08、cp09	727	75.1	24.2	0.6	0.1	0.0	0.0
cp10	241	42.3	47.7	8.3	0.4	0.4	0.8
cp11	247	86.6	12.1	1.2	0.0	0.0	0.0
合计	2 382	74.9	22.6	1.8	0.3	0.2	0.4

流域中 TP 浓度大多处于地表水Ⅲ类标准以下，样品占比为 92.2%，其中主要以Ⅱ水为主，占 68.2%（表 5-11）。Ⅱ类水中占比最高的采样点为泉水和水库水，Ⅲ类水中占比最高的为生活污水和畜禽养殖废水，且其达劣Ⅴ类的比例最高，分别为 9.8%（cp01、cp05）和 3.7%（cp10），说明居民排水（生活污水＋畜禽养殖废水）是磷素污染物的重要来源。

表 5-11 流域不同位置 TP 达标率

采样点	样本量	达标率（%）					
		Ⅰ类	Ⅱ类	Ⅲ类	Ⅳ类	Ⅴ类	劣Ⅴ类
cp01、cp05	317	0.6	26.2	39.1	18.3	6.0	9.8
cp02、cp03	502	12.4	78.9	7.2	1.2	0.4	0.0
cp04	219	9.1	68.0	18.3	3.2	0.5	0.9
cp06	129	20.2	71.3	5.4	0.8	0.8	1.6
cp07、cp08、cp09	727	10.6	80.1	6.9	1.7	0.3	0.6
cp10	241	7.5	62.2	19.9	3.7	2.9	3.7
cp11	247	5.7	70.0	19.4	3.2	0.4	1.2
合计	2 382	9.2	68.2	14.8	4.2	1.4	2.1

七、小结

①流域基流 TN 和 NO_3^--N 浓度的变化规律为枯水期高于丰水期，其中泉水和泉水出水的 TN 劣Ⅴ类水体占比高达 80.5%，应引起对居民饮水安全问题的关注；NH_4^+-N 平均浓度皆在 0.1mg/L 附近上下波动，且枯水期和丰水期相比差别不大；基流中磷素浓度低且变化不大。

②流域坡耕地和林地 TN 和 NO_3^--N 的在油菜季和玉米季的平均浓度在 3.5～5.5mg/L 之间，其浓度波动范围玉米季较高；林地和坡耕地氮素最小输出负荷

（13.1kg/hm²）高于流域出口氮素输出负荷（11.8kg/hm²），是流域氮素输出的重要来源。林地和耕地贡献了流域磷素输出（0.35、0.52kg/hm²）的重要部分，是流域磷污染物的重要来源。

③流域含生活污水及畜禽养殖源的水样 TN 平均浓度均超过 2mg/L，磷素的最低输出负荷（0.56kg/hm²）高于林地和坡耕地最高输出负荷（0.52kg/hm²），生活污水和畜禽养殖废水是流域氮磷输出的主要来源；丰水期是流域氮磷输出的主要时期。

④流域内所采集 TN 浓度高于Ⅳ类及以上的样品占 95.9%，97.5% 的样品 NH_4^+-N 达到Ⅱ类水及以下标准，流域中 TP 浓度处于地表水Ⅲ类标准以下的样品占比为 92.2%。

第四节　香溪河流域农业面源污染源识别

一、背景

近年来，面源污染成为一个日益突出的问题，农业面源污染已成为水环境质量退化的主要来源之一。农业活动对德国和整个欧洲联盟地表水农业面源污染总通量的贡献分别约为 48% 和 55%。在美国，近 60% 的水体恶化是由面源污染造成的。同样农业面源污染已成为我国许多重点流域水体富营养化加速的主要原因。有研究表明，农业对中国太湖地区的 TN 和 TP 贡献率分别约为 56.5% 和 14.3%。防治农业面源污染已迫在眉睫。

准确识别流域面源污染的主要污染源、主要污染区是防治农业面源污染前提。目前，已有多种方法用于识别不同源的贡献，如指数模型、同位素标记法、基于过程的流域模型和输出系数法。指数模型综合考虑了可能对污染物损失产生潜在影响的因素，然而，此方法主要针对磷的应用。许多研究者开发了许多复杂的模型来模拟营养物质的分布和运输，包括农业非点源污染模型（AGNPS）和年化农业非点源污染（AnnAGNPS）模型以及土壤和水评估模型（SWAT）。在这些机理模型中，SWAT 在世界范围内得到了广泛的应用，包括在欧洲、亚洲、非洲和北美。基于过程的流域模型考虑了水文和营养物质的迁移过程，但因有些观测数据难收集，难以区分不同污染物的来源。输出系数法在美国已被采纳作为全国环境评估方法的一部分，例如美国的保育成效评估项目（CEAP）。然而，输出系数法忽略了污染物从源头（起点）向接收水体（终点）运输过程中污染物的转化。本研究运用 SWAT 模型和输出系数法，建立了一种新的方法（SWAT-ECA），并用该方法进行流域农业面源污染源/区的识别。

二、方法建立

（一）计算框架

本方法（SWAT-ECA）的计算框架结构示意图如图 5-26。第一步，结合农业统计数据和污染物输出系数（每个不同源单位时间或面积氮磷的排放量），计算不同农业源氮磷污染物的输出量。第二步，运用 SWAT 模型模拟获得每个子流域的河道迁移系数（公式 5-1）。河道迁移系数由 SWAT 模型输出项中的河道投入和河道输出模块计算得来。

$$河道迁移系数＝河道输出／河道输入 \tag{5-1}$$

各子流域出口的污染物负荷为各子流域内污染物在流入水库（接收水体）前排入河流的量。换句话说，污染物从上游的子流域产生后，会流经下游的子流域最终进入库区，而不是直接进入库区。决定最终向水库污染物负荷的值被定义为污染物的输移比。各子流域的输移比即该子流域所流经下游子流域河道迁移系数的乘积。最后，各子流域的输移比乘以不同农业源的产生量即得到该污染源到流域出口的排放强度。

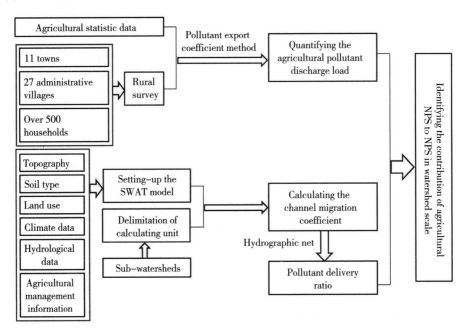

图 5-26 SWAT-ECA 计算框架

（二）不同农业源污染物的产生量

输出系数法用来计算不同农业源（种植业源、畜禽养殖业源和农村生活源）污染物的源产生量。基础数据包括人口数据、不同农作物的种植面积和各种农事活动、畜禽养殖情况（如养殖种类、养殖数量和畜禽粪便的处理方式）、不同农业源的污染物输出系数。数据由农村入户调查（2014 年 7 月 1 日至 8 月 15 日）和流域每个城镇 2013 年的农业经济统计年鉴获得。

污染物的输出系数采用第一次污染源普查的数据（表 5-12）。输出系数的计算公式为：

$$K_c = (CON - CK) / F \times 100\%　\qquad (5-2)$$

式中，K_c 代表输出系数；CON 为常规处理下的污染物排放量（kg/km^2）；CK 为空白处理污染物的排放量（kg/km^2）；F 为施肥量（kg/km^2）。

采用单位负荷法测定畜禽和人的排放量。输出系数考虑了污水和固体废物两部分。计算公式如下：

$$K_P = SW \times (1 - \eta_s) + RU \times (1 - \eta_r)　\qquad (5-3)$$

式中，K_P 为每头 [$kg/($头·$a)$] 或每人 [$g/($人·$d)$] 每年的排放量；SW 为废水中污染物的产生量 [$kg/($头·$a)$ 或 $g/($人·$d)$]；η_s 为废水的利用率（%）；RU 为固体废弃物的

产生量 [kg/(头·a) 或 g/(人·d) 或 g/(人·d)]；η_r 为固体废弃物的利用率（%）。

本研究中农村调查包含了 11 个城镇，27 个行政村的 500 多户。污染物的排放负荷用统计年鉴数据乘以输出系数。

表 5-12　湖北省三峡库区农业源排污系数表

种植业源					畜禽养殖业			农村生活源		
种植模式	肥料流失系数（%）		本底流失系数（kg/hm²）		动物种类	排污系数[kg/（头·a）]		来源	排污系数[g/（人·d）]	
	TN	TP	TN	TP		TN	TP		TN	TP
水旱轮作	1.21	1.11	13.3	0.48	母猪	13.2	2.01	污水	0.17	0.02
					生猪	2.25	0.044			
大田作物	0.48	0.3	2.84	0.35	牛	14.9	0.73			
园地	0.4	0.29	6.59	0.78	鸡	0.003	0.002	垃圾	0.45	0.09

（三）模型构建

SWAT 模型所需要的基础数据在表 5-13 中进行了总结。根据地形将目标流域划分为 29 个子流域。每个子流域由基于地形数据、土地利用类型和土壤信息而划分的水文响应单元（HRU）组成。SWAT 所需的气象资料从兴山气象站获得。管理措施（特别是农田应用）的基本资料来自现有调查和第一次污染源普查的结果。此外，利用污染物输出系数计算了农村污水和畜禽粪便的 TN 和 TP 负荷。

表 5-13　模型基础输入数据

Data type	Data sources	Data description
DEM	National Map Seamless Data Distribution System	A grid size of 25m×25m
Soil type map	Institute of Soil Science, China Academy of Sciences	Soil physical and chemistry properties; Scale of soil map (1：1, 000, 000)
Land-use map	Institute of Geographic Sciences and Natural Resources Research, China Academy of Sciences	Land-use classifications (1：100, 000)
Climate data	Yichang Meteorological Station, China Meteorological Administration	Temperature, precipitation, wind speed, humidity, solar radiation
Management practice	The First National Pollution Source Census, China	Planting, fertilizer, application and harvesting

（四）模型校准验证

利用兴山水文站实测资料，对径流、泥沙、TN、TP 进行了 SWAT 校正。流量（2011 年 1 月至 2014 年 12 月）和水质（2013 年 1 月至 2013 年 12 月）的观测数据来自古夫河和南阳河的出水口。这些数据按月收集，流量校准周期为 2003 年 1 月至 2010 年 12 月，流量验证周期为 2011 年 1 月至 2014 年 12 月。2014 年 1 月至 2014 年 12 月和 2013 年 1 月至 2013 年 12 月对沉积物、TN、TP 进行校正验证。

用决定系数（r^2）和纳什系数（Ens）评价校准和验证的结果。一般认为 Ens > 0.5 和 r^2 > 0.6 时模型模拟结果可以接受，总氮和总磷输出在校准和验证期间 Ens 值分别达到 0.89 和 0.84、0.87 和 0.85，这说明 SWAT 模型能够对香溪河流域进行 TN 和 TP 预测。

（五）污染物输移比的计算

从子流域排出的污染物的量并不代表最终到达水库或湖泊的排放量。迁移运输过程对排入湖泊的污染物负荷产生了重大影响。在本研究中，SWAT 模型被用来模拟详细的流域过程，如污染物的迁移和衰减。此外，还利用 SWAT 输出的结果计算了各子流域的河道迁移系数。上游子流域产生的污染物直接流向与其相邻连接的下游子流域，经过有限次数的子流域迁移后最终到达流域出口（图 5-27）。这一水文过程（也包括大部分的养分输送）可以用河网的累积效应来解释，这表明所有上游流域的污染物都会在最下游的出口累积。例如，当子流域 1 出口的污染物流经 N 个子流域进入流域出口时，子流域 1 的污染物输移比为流经的各子流域河道迁移系数的乘积。

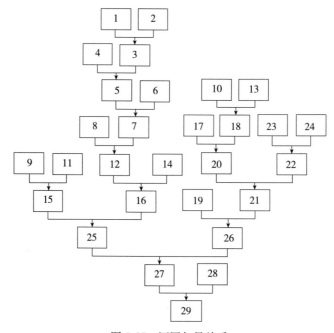

图 5-27 河网矢量关系

三、流域农业源总氮总磷产生负荷

该研究中，农业源包括了畜禽养殖业源、种植业源和农村生活源。不同农业源污染物负荷用输出系数来计算。每年由种植业源、畜禽养殖业源和生活源产生的总氮、总磷负荷分别为 205.3、1061、32.8t 和 40.6、51、5.83t。畜禽养殖业源贡献了农业源总氮负荷的 82%，种植业源贡献了 16%（图 5-28a）。农业源总磷负荷的主要贡献者为畜禽养殖业源和种植业源，分别占总负荷的 52% 和 42%（图 5-36b）。农村生活源对农业源总氮、总磷排放负荷的贡献均较小。

整个流域内，总氮和总磷产生负荷的分布具有一致性。污染物产生负荷最多的子流域多集中在香溪河 3 条支流的下游。总氮和总磷的排放强度分别达 10.3～17.2kg/hm² 和

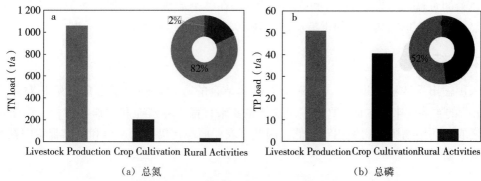

（a）总氮　　　　　　　　　　　　（b）总磷

图 5-28　不同农业源的产生负荷和比例

$0.79\sim1.39\text{kg/hm}^2$。上游子流域氮磷的输出较少。其中，子流域 1、4、9 的总氮排放强度不足 0.61kg/hm^2，子流域 1、2、4、7、8、9 和 11 总磷排放强度不足 0.09kg/hm^2。

四、流域总氮和总磷的输移比

整个流域总氮和总磷的输移比都相对较高（大于 0.50），尤其是河流下游。与总氮相比，总磷的输移比与到流域出口的距离呈正相关。流域出口的 TN 通量呈增加趋势。子流域 25、27 和 29 的总磷负荷直接排放到库区而没有滞留。河网对总氮和总磷从源产生区至流域出口的截留率分别仅 5% 和 10.7%（图 5-29）。

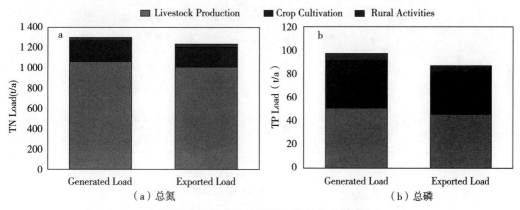

（a）总氮　　　　　　　　　　　　（b）总磷

图 5-29　流域农业面源污染物的产生和输出

五、流域农业源总氮总磷排放负荷

流域出口种植业源、畜禽养殖业源和农村生活源的总氮和总磷年排放负荷分别为 195.2、1 007.9、30.9t 和 36.2、45.7、5.2t。与产生负荷相比，削减比例较小。流域出口输出强度在流域内的分布于产生强度分布相似。营养物质输出强度高的地区集中在古夫河和南阳河交汇处的 12、16、17、25 子流域，TN 和 TP 的输出强度分别达到 $10.2\sim11.7\text{kg/hm}^2$ 和 $0.79\sim1.26\text{kg/hm}^2$。

TN 和 TP 的面源污染输出负荷主要分布在整个流域的下游，特别是 16、17 和 25 子流域。流域上游，农业面源产生的总氮总磷负荷对面源负荷的贡献较小，其对面源流失总氮和总磷的贡献分别为 0~10％和 0~9.27％。在整个流域的中下游，农业面源对面源的贡献显著增加，总氮和总磷的贡献比例达到 55.4％~97.4％和 56.3％~86.1％。

六、结论

采用输出系数法（ECA）和 SWAT 模型结合的方法，确定了畜禽养殖是农业面源 TN 负荷的主要的来源，而 TP 的输出通量主要来自畜禽养殖业和农作物种植。由于山地丘陵区农业污染物削减比例相对较低，因此，农业面源污染物的产生和输出都集中在主要支流的下游。

第五节　香溪河流域农业面源污染影响因素

一、地表径流

通过地表径流与污染物浓度的相关性分析发现（图 5-30），地表径流与总磷、颗粒态磷浓度显著正相关（P<0.001），随着地表径流量的增加，颗粒态磷、总磷线性增加，而与溶解态总磷和氮浓度相关性不显著，这可能与氮污染物在径流侵蚀过程中颗粒态氮易溶解，转变为溶解态氮有关。加之地区径流量大，溶解态氮被稀释，相关性表现不明显，这充分表明，在地表径流驱动力的作用下，土壤侵蚀开始发生，大量的颗粒态磷随地表径流

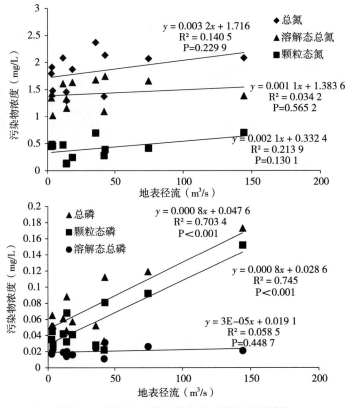

图 5-30　径流中氮磷浓度与地表径流的相关性

发生迁移。这也证明了地表径流是污染物的主要迁移途径。因此，在地表径流量大的月份，流域极易发生土壤侵蚀，并伴随大量泥沙、氮磷污染物流失。综合他人研究结果表明，降雨径流过程是影响三峡库区干流氮磷浓度的主要因素，降雨径流导致土壤侵蚀，导致大量的颗粒态磷流失。

二、迁移路径及流程

在河道迁移过程中，由于受各种物理、化学、生物等因素影响，造成径流、泥沙、总氮和总磷减少或增加。根据 SWAT OUTPUT 文件中的河道输入（RICH-IN）与河道输出（RICH-OUT）计算子流域内径流、泥沙、总氮和总磷的子流域河道迁移系数，计算公式：子流域河道迁移系数＝子流域内河道流出量/子流域内河道进入量。通过分析不同子流域 TN 和 TP 的河道迁移系数，结果表明，靠近河道的子流域其 TN 和 TP 的河道迁移系数较大，离河道越远，该子流域 TN 和 TP 的河道迁移系数越小。从原因分析来看，主要是香溪河流域本身的特点决定的，流域内氮磷产生量主要集中在流域中游、中下游的香溪河沿岸子流域，且香溪河内水体由于三峡库区回水造成年内多数时间处于库湾状态，且模型中汇算的子流域产生量为子流域坡面污染物产生并运移至子流域内主河道的输出量。流域内香溪河沿岸子流域氮磷输出后，直接进入香溪河库湾，入湖率较高。

三、景观格局

利用三峡库区香溪河流域 1990 年、2000 年和 2010 年 3 个年度遥感解译土地利用数据，运用景观特征分析和氮磷输出系数模型方法，对香溪河流域景观格局转变对非点源氮磷负荷的影响。结果表明，整个流域由土地利用变化所造成的非点源 TN 和 TP 负荷从 20 世纪 80 年代末期到 2000 年，变化基本维持平稳，TN 略增加 1.573t/a，TP 略减 0.073t/a。从 2000 年到 2010 年 TN、TP 负荷变化显著，均减小，分别减少 78.5 和 6.1t/a（图 5-31）。2000 年到 2010 年 TN 和 TP 负荷减少，主要与旱地减少和林地增加有关，旱地分别

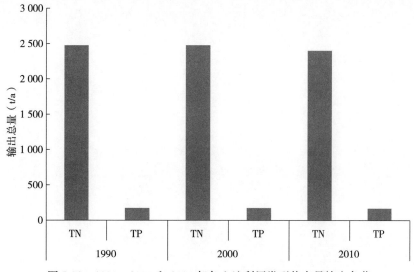

图 5-31 1990、2000 和 2010 年各土地利用类型状态量输出负荷

使 TN 和 TP 负荷减少了 112.8 和 4.64t/a，林地使 TN 和 TP 负荷分别 27.2 和 0.75t/a（表 5-14）。

表 5-14　各土地利用转变氮磷状态量汇算

年份	污染物	土地利用类型							合计 (t/a)
		水田 (t/a)	旱地 (t/a)	林地 (t/a)	园地 (t/a)	草地 (t/a)	水域 (t/a)	居民地 (t/a)	
1990—2000	TN	−0.224	2.599	−0.770	−0.037	0.002	0.000	−0.001	1.567
	TP	−0.155	0.107	−0.022	−0.003	0.000	0.000	0.000	−0.073
2000—2010	TN	−4.120	−112.788	27.165	5.309	3.528	0.000	2.374	−78.584
	TP	−2.857	−4.638	0.747	0.421	0.119	0.000	0.134	−6.074

第六章　丘陵山区流域农业面源污染防控理念与策略

第一节　丘陵山区流域农业面源污染防控理念

　　丘陵山区的农业面源污染特征是人畜混居，高度分散。畜牧养殖以分散式庭院养殖为主，同时存在养殖专业户和规模化养殖场。畜禽粪便虽然还田利用，但是利用时间和产生时间错位，在堆放过程中很少采取避雨存放，遇雨容易流失；养殖污水（包括尿液和污水）基本不处理或处理不完全，随意排放；养殖容量与畜禽粪污土地承载力和水域纳污能力不匹配；粪污处理和贮存设施存在建设不规范，处理能力与养殖规模不匹配问题；种养脱节、种养不平衡的问题仍然突出，局部地区畜禽养殖密度过大，粪肥消纳能力不足，无法就近还田利用，而长距离运输又增加成本等。由于落后的社会经济和缺乏污水处理意识，农村居民区房屋因地而建、排水沟因势而修，基础设施建设薄弱、排水系统不健全，造成农村污水随意无序排放，生活垃圾随意丢弃，甚至丢弃在流域清水通道内，造成林地清水二次污染，并污染附近水体。坡耕地耕作管理措施粗放，易发生水土流失，很少采取优化施肥、横坡垄作、植物篱、秸秆覆盖等氮磷流失防控措施。因此，丘陵山区农业面源污染治理迫在眉睫。

　　丘陵山区农业面源污染防控技术体系构建是一项复杂的系统工程，结合了环境科学、地理学、土壤学、生态学、气象学、水文学及农业经济学等学科领域。目前农业面源污染技术基本上都是按照污染源分类防治技术研究，农田主要从源头控制、过程拦截和末端净化3个环节进行治理；畜禽养殖针对规模化养殖场的治理措施主要是源头减量、无害化处理和资源化利用。但是，随着对农业面源污染的深入研究发现，仅依靠单一、单向的控制措施无法有效防控流域农业面源污染，仍然存在着以下问题：在治理技术方面，各个污染源没有真正地系统治理和规划，各个部门间缺乏协调和多源统一治理，重畜禽轻农田和生活污水治理，重规模化养殖轻分散式养殖，重工程措施轻农艺措施和生态措施，重政府项目治理轻农民参与意愿，重治理轻运行维护等。这导致各部门和各技术之间缺乏布局规划和层次梯度、不同污染物排放区域缺乏物质交换与循环、各部门重复治理，难以发挥技术的叠加效应。因此，非常有必要提出丘陵山区农业面源防控理念，为防控关键技术和技术模式构建提供理论基础。

　　基于农田对粪污的消纳功能，创建了流域农业面源污染分区协同防控理念：①理念基础：以流域内循环为基础、外源投入为补充，优先将无害化处理后的村庄、畜禽粪污用于农田，以农田为单一排放源进行多源合一，将污染治理与资源利用结合，最大限度降低治理成本，提高治理效果，避免达标排放式过度处理所带来的资源浪费、高成本和难持续；②控制指标：以目标水质 C_t 为约束，基于流域地表水质与农田氮磷投入的响应关系确定流域氮磷投入阈值 IN_{max}（公式6-1），以理论基础为前提，基于流域土地粪污承载力确定内源畜禽粪肥投入阈值 N_{max}（公式 6-2），基于 IN_{max} 和内源畜禽粪肥投入量 N 的差值确定外源化肥投入阈值 F_{max}（公式 6-3）；③协同防控：依据氮磷排放强度和产流水质差异分区，林草区清水直接入湖减少污水量，畜禽和村庄污染控制区粪污优先无害处理后由农田衔接利用，农田生态保育区径流拦蓄利用与生态净化，进行分区协同共治。

$$IN_{max} = [C_t \times W/(1-R) - L_o]/(1-P)/e/1\,000 \tag{6-1}$$

$$N_{max} = \sum_{i=1}^{n}(M_i \times A_i) \times C/1\,000 \tag{6-2}$$

$$F_{max} \leqslant IN_{max} - N \tag{6-3}$$

式中，IN_{max} 为流域氮磷投入阈值（kg）；C_t 为目标水质（mg/L）；W 为总出口控制断面流量（m³）；L_o 为点源污染物输出量（kg）；R 为迁移衰减系数（无量纲）；P 为农田区生态净化系数（无量纲）；e 为农田养分表观流失系数（无量纲）；N_{max} 为内源畜禽粪肥投入阈值（kg）；M_i 为第 i 类模式农田单位面积粪便最大施用量（kg/hm²）；A_i 为第 i 类模式农田面积（hm²）；C 为粪便氮磷含量（g/kg）；F_{max} 为外源化肥投入阈值（kg）；N 为内源畜禽粪肥投量（kg，$N \leqslant N_{max}$）。

第二节 丘陵山区流域农业面源污染防控策略

一、防控要求

①农业面源污染得到有效治理，水质向好态势基本形成。

②农业生产更加清洁，农业农村废弃物循环利用水平明显提高，水肥药利用更加节约高效。

③农业生态系统更加稳定，生态服务功能明显提升。

④社会满意度明显提高。

二、防控策略

首先在水环境保护和土地承载力的基础上，对流域污染物排放总量、养殖总量、肥料投入总量和用水总量进行控制；在总量控制的基础上，以有机废弃物部分替代化肥，减少化肥的投入量。在污染物流失控制方面主要从两个方面入手，一方面以控水减排为主线，从源头控制用水量和清水入河（湖、库）率，从过程处理、拦蓄再利用废水和坡耕地径流，从末端调蓄净化农田排水，全过程控制流域内水污染物的排放；另一方面以就地消纳为核心，通过庭院或养殖专业户/场区周边土地消纳无害化处理后的废水和废弃物，提高流域的消纳和自净能力，尽可能减少污染物外排。采用生态化的措施丰富生物多样性，提升流域的生态服务功能。

①从流域污染总量控制、养殖量控制及农业生产水肥总量控制。其中，根据流域水域纳污能力与农业面源污染比重，确定流域农业面源污染物允许排放总量，当污染物排放总量大于流域水域纳污能力时，应根据流域实际情况进行调减；根据流域内可以消纳畜禽粪便的土地面积，根据以《畜禽粪污土地承载力测算技术指南》规定的方法基于环境容量的"以地定养"，核算流域内可承载的畜禽粪污的总数量，进一步确定畜禽养殖总量，当实际

养殖量大于养殖限量时，应根据实际情况进行调减，同时结合禁养、限养区划分进行合理调整；农业生产过程中测土配方施肥技术规程确定各类作物的施肥量，按照作物生产用水应不超过当地各类作物的用水定额。居民生产、生活定额用水，其余清水以清水直接入河/湖，高浓度污水无害化处理资源化利用，低浓度污水调蓄与循环利用、生态净化为原则，对水资源优化配置、高效利用，最大程度提高水资源利用效率。

②农村废水主要包括养殖废水、生活污水等，废弃物主要包括秸秆、有机生活垃圾及畜禽粪便等，废水和废弃物对村庄的生产和生活来说是污染物，其中的氮磷等元素对农田来说，是作物生长必需的营养物质。利用废水和废弃物部分替代化肥，既解决了污染物的去向，又减少了化肥的使用。

以就地消纳为核心，将坡耕地作为农业农村废水、废弃物等的最终去向，一体化设计粪污处理、秸秆利用、化肥减施增效、节水灌溉和地力提升方案，选择经济高效处理技术，系统协同治理农业面源污染。

③以农业废弃物增值利用为导向，根据区域资源禀赋和农耕文化特色，因地制宜创新农业农村废弃物资源化利用路径，丰富生态产业链，促进农业经济发展。

④以控水减排为主线，提高流域清水直接入河（湖、库）率，生活、生产定额用水，源头减量。农村生活和畜禽养殖废水无害化处理后资源化利用；坡耕地径流拦蓄后梯级利用；农田排水经过沟、塘调蓄后再利用或生态净化后排放。

⑤以生态功能提升为农业面源污染防控内生动力，通过生态沟塘、生态田埂等农田生态建设措施，丰富生物多样性，提升流域自净能力。

三、防控分区

以流域为治理单元，参照《全国生态功能区划（修编版）》划分方法，依据流域土地利用类型、地形地势及功能定位，将丘陵山区流域划分为林草水源涵养区、村庄污染控制区、坡耕地水土保持区和临水生态净化区。以水环境保护为目标，明确流域内各分区的生态问题、面源污染特征，提出不同分区的保护和治理措施。其中：

林草水源涵养区：包括水源涵养林，是流域水源涵养区域，是居民饮用水和主要水体补给水的主要来源，具有水源涵养和生态多样性保护功能。具有植被好、清水多的特点。该区域生态系统应严格保护，以预防保护为主，为流域提供更多清水；但是林地清水在入河/湖/库过程中，大多经过农田和村庄，与农田径流、生活污水和养殖污水混合，遭到二次污染，因此，该区域水资源应按照用途高效管理，减少入湖过程中的二次污染，提高清水直接入河/湖/库率。

村庄污染控制区：是生活区域，承载生活和少量农业生产的功能。丘陵山区的村庄居住分散、养殖分散、人畜混居，污水浓度高，生活污水和养殖污水随意排放。分散式养殖粪便缺少避雨存放措施，污水和粪污集中收集、集中处理难度大，成本高；房前屋后有大量的土地可消纳污染物，可优先选择庭院式的粪污和生活污水处理方式，并就地消纳。同时，也存在少量规模化养殖和养殖专业户，可针对不同养殖规模可采用相应的粪污处理技术。

坡耕地水土保持区：坡度介于 $6°\sim25°$ 的陡坡地和缓坡地，承载农产品生产和水土保持功能，具有坡度大，水流急，水土流失严重的特点。在陡坡地应以水土保持措施为主，注重保护恢复，提高流域林草覆盖率，逐步退耕还林，提高经济林和园地面积。该区域水资源管理应"蓄雨拦径流"解决水土流失和季节性干旱问题。在缓坡地应优先采用横坡垄作、植物篱、等高种植、地面覆盖等农艺措施拦截径流。充分利用林草水源涵养区的水资源和村庄污染控制区的氮、磷等污染物部分替代化肥，连通并优化农田系统的农田与沟塘的结构和比例，强化沟塘的调蓄和净化能力，促进分区间的水资源和氮、磷的协同调控，从源头控制、过程拦截和末端净化入手全程治理农业面源污染，兼顾农田系统生物多样性和生态环境保护。

临水生态净化区：为耕地与受纳水体交汇区，一般包含消落带、植被过滤带及外围耕地（包括园地），承载水质生态净化功能；应提高生物多样性，采用生态化种植和非投入性种植，不应使用化肥、农药等化学投入品。

第三节　防控技术路线

根据各分区功能定位和污染特征，构建分区衔接、多源协同的丘陵山区农业面源污染综合防控技术体系，技术路线见图6-1。

——林草水源涵养区：提高植被覆盖率；提升清水产流及清水直接入河（湖、库）率，为村庄污染控制区提供生活、生产用水。

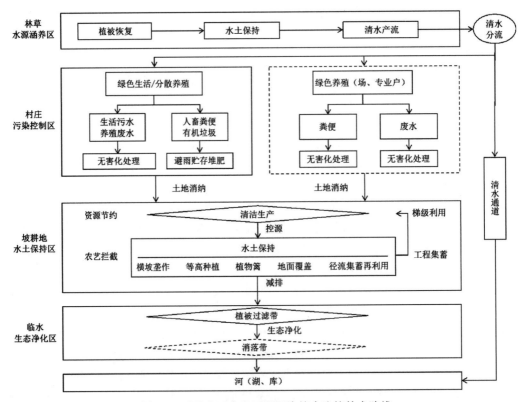

图 6-1　丘陵山区农业面源污染综合防控技术路线

——村庄污染控制区：推行绿色生活生产方式；将养殖废水与生活污水处理后用于农田灌溉；将人畜粪便与有机垃圾等避雨贮存堆肥后就地消纳。

——坡耕地水土保持区：就地消纳村庄污染控制区无害化处理后的养殖废水、生活污水、人畜粪便、有机垃圾等；采用农艺和工程措施控制坡耕地氮磷流失，强化径流的集蓄和梯级利用。

——临水生态净化区：强化临水区外围耕地生态建设，在耕地与消落带或水体交汇处构建植被过滤带，严格保护消落带，提升流域自净能力。

第七章 丘陵山区流域农业面源污染综合防控关键技术

第一节 种植业源氮磷流失防控关键技术

坡耕地是我国重要的土地资源，是广大山丘区群众赖以生存和发展的生产用地，面积达 3.59 亿亩，约占全国耕地总量的 1/5。大量的坡耕地导致严重的水土流失，全国坡耕地水土流失面积占全国水土流失面积的 6.7%，土壤流失量占全国水土流失总量的 28.3%，是水土流失的重要策源地。目前，水土流失是当前重大生态环境问题，坡耕地的土壤侵蚀和土壤养分流失已经成为农业生产和水环境的一个重要威胁，土壤肥力降低、土地退化严重、粮食产量安全等问题制约经济社会的可持续发展。如何高效拦截、收集坡面径流和进行有效灌溉，是提升坡耕地生产力和降低环境污染风险的首要难题。

坡耕地上通常采取保水保土耕作措施和修筑梯田方式，然而土层薄的坡耕地不适宜修筑水平梯田，且修梯田成本高。目前，我国坡耕地水土流失控制尚缺乏统一技术标准，各项措施难以准确到位，治理效果难以得到保障，在各种水土流失防治技术的应用中，仍不可避免地存在营养元素随径流流失和污染。而坡耕地径流拦蓄与再利用技术是当前坡耕地在水土流失治理中最为有效的技术体系之一，通过实现对坡耕地径流及其所含营养元素的收集并回灌到农田之中，不仅大大减轻了雨季水土流失引起的面源污染，还可有效缓解旱季灌溉缺水、种苗难以成活的难题，对提高水肥利用率、促进作物产量和降低坡耕地水土流失造成的面源污染有重要意义。

一、农田养分限量技术

氮磷是农作物生长必需的大量养分，施入土壤氮磷的作物利用率仅为 30%~35%、15%~20%，并且近年来作物化肥利用率呈下降趋势（张福锁等，2008），其余部分化肥则是被土壤固定或是通过挥发、径流等途径进入环境中。为了获得更高的粮食产量，氮磷用量不断增加，尤其是经济作物更为突出，部分地区氮磷化肥投入量超出了作物吸收量的 3 倍（陈兴位等，2014），进一步加剧了氮磷污染物的流失。同时，第一次全国污染源普查结果表明，农田地表径流氮流失量中 60%~70% 来自于土壤溶出，来自于当年施入的化肥的量仅占 30%~40%。因此，从源头上控制氮磷投入量是削减农田氮磷流失量的根本方法。综上，宜根据作物目标产量、土壤基础供肥能力，结合流域水域纳污能力，在保证作物粮食产量安全的前提下，优化氮磷肥料用量，从源头上控制氮磷化肥流失。

1. 技术原理 根据作物目标产量、土壤基础地力、水环境敏感性，优化氮磷施肥量。优先利用农业源和生活源有机物料中的氮磷养分资源，部分替代化肥。

氮磷化肥施用量按公式（7-1）计算：

$$F = B - W \times C \tag{7-1}$$

式中：F 为氮/磷化肥施用量（kg）；B 为作物优化施氮/磷施用量（kg）；W 为有机物料还田量（干基）（kg）；C 为有机物料氮/磷含量（％）。

2. 技术内容　施肥应遵循以下原则：

①按当地测土配方施肥标准执行。

②避免重氮肥轻磷钾肥，注意中微量元素肥料的补充。

③避免肥料全部一次性基施，氮、钾肥应分次施用。

④有机肥与无机肥配合施用。

⑤注意水肥耦合，追肥利用小降雨量时施用，忌降大雨前施肥。

肥料用量和施肥方法：

根据"既兼顾经济产量，又对环境友好"的原则，结合坡耕地不同作物营养特性、目标产量、土壤肥力及区域特点，确定肥料用量。具体施肥量和施肥方法见表7-1。

表 7-1　湖北坡耕地几种主要作物施肥量和施肥方法

作物	施肥量	施肥时期	施肥方式
小麦	N：120～165kg/hm²，P$_2$O$_5$：48～72kg/hm²，K$_2$O：36～60kg/hm²	氮肥分次施用，基肥占60％～70％，拔节肥占30％～40％；磷肥、钾肥全部基施。	基肥：①将肥料撒施田面后机械旋耕或人工翻挖，然后开沟播种（条播），沟深3～4cm，播种后覆2cm厚细土。②开沟施肥。沟深6～7cm，先施肥，之后沟底覆细土3～4cm厚，然后播种并覆2cm厚细土。追肥：在小雨前撒施。
油菜	N：120～150kg/hm²，P$_2$O$_5$：36～60kg/hm²，K$_2$O：60～90kg/hm²，硼砂：15～30kg/hm²	氮肥分次施用，基肥占40％～50％，越冬肥30％～35％，蕾薹肥20％～25％；磷肥、钾肥全部基施。	基肥：①将肥料撒施田面后机械旋耕或人工翻挖，然后开3～4cm深的沟，点播种子或移栽油菜苗。②开沟施肥。沟深7～8cm，先施肥，之后沟底覆细土4～5cm厚，然后点播种子或移栽油菜苗。追肥：逐株挖穴、深施覆土，穴与植株基部距离6～10cm，穴深8～10cm。
玉米	N：150～225kg/hm²，P$_2$O$_5$：60～90kg/hm²，K$_2$O：90～135kg/hm²	氮肥分次施用，基肥占60％～70％，拔节肥占20％～25％，灌浆肥5％～20％；磷肥、钾肥全部基施。	基肥：开沟施肥。沟深8～10cm，先施肥，之后沟底覆细土4～5cm厚，然后播种并覆2～3cm厚细土或移栽玉米苗。追肥：逐株挖穴、深施覆土，穴与植株基部距离6～10cm，穴深8～10cm。
马铃薯	N：150～180kg/hm²，P$_2$O$_5$：48～72kg/hm²，K$_2$O：105～150kg/hm²	氮肥分次施用，基肥占60％～70％，块茎膨大肥30％～40％；磷肥、钾肥全部基施。	基肥：开沟施肥。沟深15～16cm，先施肥，之后沟底覆土7～8cm厚，播种，然后覆10～12cm厚细土（种薯上保持7～8cm厚土壤），田面呈垄状。追肥：逐株挖穴、深施覆土，穴与植株基部距离6～10cm，穴深8～10cm。

避雨施肥：施肥前关注天气预报，避免施肥后7d内有大雨和暴雨发生。施肥时，基

肥和追肥都应深施覆土。

绿肥宜翻压还田,品种宜选择紫云英、光叶紫花苕、苜蓿、三叶草等,还田量宜为22.5~30.0t/hm²(鲜重),翻压深度宜为10~20cm。

肥料宜深施,宜起垄时施基肥,施肥深度宜为5~10cm;追肥宜条施或穴施,施肥深度为5~8cm;园地肥料宜条施或穴施,施肥深度宜大于10cm。

3. 技术效果 在三峡库区兴山县长坪小流域试验示范基地,共计设置2个处理:①对照CK(平坡种植+习惯施肥);②优化施肥OPT(平坡种植+优化施肥)。每个处理3次重复,共计6个小区。田间试验地块坡度10°~12°,3次重复分上中下坡排列。每个小区面积30m²(长5m×宽6m)。采用"径流池法"收集地表径流,计量单位面积地表径流发生量,同时采集径流水样品,分析测试样品中氮、磷的浓度及流失量。

(1)优化施肥对地表径流量的阻控效果 2016年玉米季产流量比油菜季高93.3%,2017年玉米季产流量比油菜季高610.3%,玉米季径流量占全年总径流量的64.8%。优化施肥处理的年径流量是147.6mm,与对照处理相比,优化施肥处理没有明显降低径流发生量,3年平均拦截径流量7.5%(图7-1)。

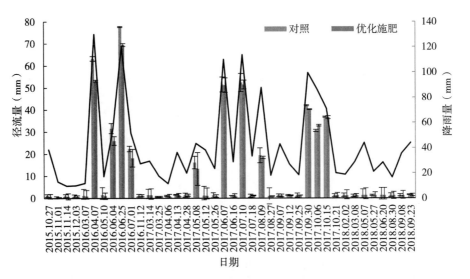

图7-1 不同处理径流量变化

(2)优化施肥对地表径流氮磷浓度的影响 优化施肥处理玉米季TN、NO₃⁻-N、NH₄⁺-N、TP、TDP浓度比油菜季高,分别高出192.0%、134.7%、65.3%、26.3%、0.8%。与对照处理相比,优化施肥处理,可以降低玉米季径流水中TN和油菜季径流水中TN、TP的浓度,提高玉米季径流水中TP的浓度;玉米季TN和油菜季TN、TP浓度分别降低16.4%、23.2%、28.8%,玉米季TP浓度提高69.2%。5月底到7月中上旬作物封垄前,地表径流水中TN、TP的浓度分别为10.07、0.36mg/L,且TN、TP浓度比玉米季高出20.6%、0.2%(图7-2)。

(3)优化施肥对地表径流氮磷流失量的阻控效果 优化施肥处理的总氮年流失量为

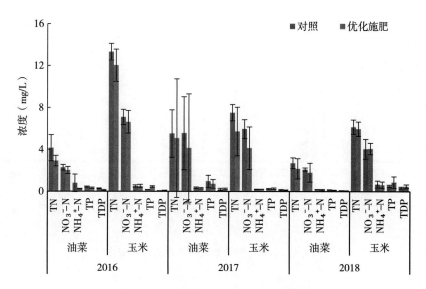

图 7-2　不同处理径流水中氮磷浓度变化

$9.92kg/hm^2$，与对照处理相比，优化施肥处理能降低总氮流失量，且总氮流失量降低了 20.6%。优化施肥措施主要是通过降低了氮浓度从而降低了氮流失量（图 7-3）。

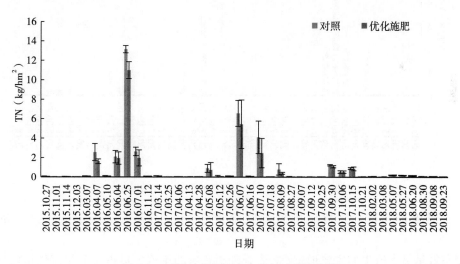

图 7-3　不同处理径流水中总氮流失量变化

　　优化施肥处理的总磷年流失量为 $0.51kg/hm^2$，与对照处理相比，优化施肥处理能提高总磷流失量，且总磷流失量提高了 15.6%。主要是由于优化施肥措施中有机肥等量替代氮肥用量，导致磷肥用量高于习惯施肥，因此，在采取有机肥替代化肥时，应以等量替代磷肥计算比较合理（图 7-4）。

　　与对照处理相比，优化施肥处理能降低硝态氮流失量，且硝态氮流失量降低了 21.9%（图 7-5）。

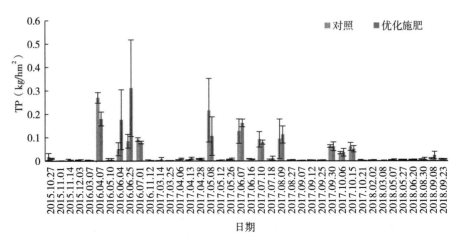

图 7-4　不同处理径流水中总磷流失量变化

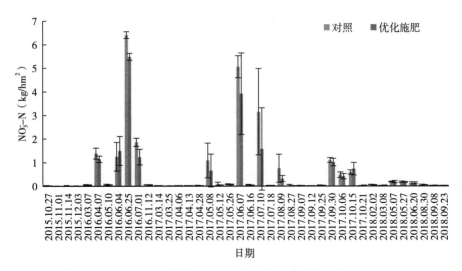

图 7-5　不同处理径流水中硝态氮流失量变化

与对照处理相比，优化施肥处理能降低铵态氮流失量，且铵态氮流失量降低了 25.7%。

硝态氮是氮素流失的主要形式。2 个处理硝态氮的年流失量占总氮年流失量的比例均超过 50%，对照和优化施肥处理硝态氮的年流失量占总氮年流失量的比例分别为 70.0%、70.1%；而铵态氮年流失量占总氮年流失量较小（图 7-6）。

与对照处理相比，优化施肥处理能降低可溶性磷流失量，且可溶性磷流失量降低了 24.0%。

可溶性磷是对照处理磷素流失的主要形式，颗粒性磷是优化施肥处理磷素流失的主要形式。对照和优化施肥处理可溶性磷的年流失量占总磷年流失量的比例分别为 51.0%、38.3%；与对照处理相比，优化施肥处理降低了 12.7% 的可溶性磷占比（图 7-7）。

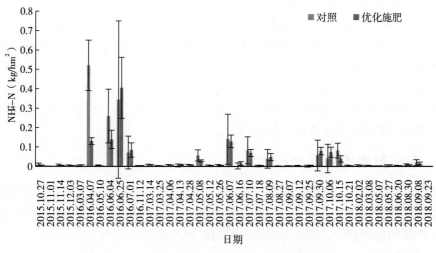

图 7-6　不同处理径流水中铵态氮流失量变化

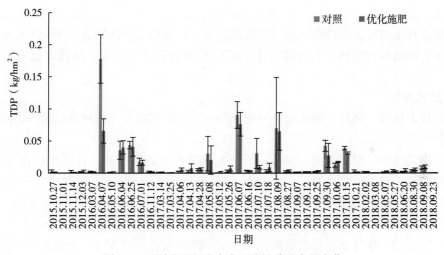

图 7-7　不同处理径流水中可溶性磷流失量变化

（4）小结　本实验研究发现，与对照处理相比，优化施肥处理没有明显降低径流发生量，3 年平均拦截径流量 7.5%。王静等（2009）通过野外径流小区观测试验研究也表明，平衡施肥减少水土流失的作用在于通过氮、磷、钾配施促进作物生长，一方面增加了地表的植被覆盖度，减少雨滴直接打击地表，延缓和阻碍了径流的形成和传递；另一方面，加强了根系对土壤的固结作用，因此，平衡施肥主要是通过促进作物生长，从而间接地减流、减沙。

张玉树等（2012）研究发现，优化施肥可以减少烟—稻轮作系统中氮、磷的流失量，与习惯施肥相比，氮、磷的流失量分别减少了 1.25%～13.82% 和 8.82%～14.99%。鲁耀等（2012）研究表明，优化施肥能降低氮、磷流失量。本实验也发现，与对照处理相比，优化施肥处理能降低总氮流失量，主要通过降低总氮浓度来降低总氮流失量。司友斌等（2004）的研究中也指出，耕地上肥料氮流失所占比重随施氮量而增加。因此，优化施肥对防控地表径流氮流失具有重要意义。

王静等（2009）通过野外径流小区观测试验研究表明，平衡施肥均能有效地降低径流磷流失量。鲁耀等（2012）研究表明，优化施肥能降低氮、磷流失量，优化施肥条件下可溶性氮磷所占比例增加。但本实验研究发现，与对照处理相比，优化施肥处理能提高总磷流失量，主要通过提高总磷浓度来提高总磷流失量。可溶性氮是优化施肥处理氮素流失的主要形式，颗粒性磷是优化施肥处理磷素流失的主要形式。与对照处理相比，优化施肥处理能降低可溶性氮磷占比，提高颗粒态磷占比。

二、农田氮磷流失阻断技术

横坡垄作、植物篱、秸秆覆盖、生物炭沟等是防治坡耕地水土流失和地表径流发生量最经典的耕作措施。通过氮磷流失阻断技术将径流中的氮磷拦蓄在农田系统，促进氮磷资源在农田内部的循环利用，防止氮磷流失引起面源污染。

（一）横坡垄作

1. 技术原理 横坡垄作是指沿等高线、垂直于坡向而进行的横向开厢或起垄的一种耕作方式。

横坡垄作是指犁头的耕作方向与坡面保持垂直，使每条垄沟形成一个个小集水区，延长雨水在农田的存留时间，有效减少水土流失和地表径流发生量，从而降低农田氮磷流失量。

2. 技术内容

（1）技术流程 横坡开厢或起垄→集流沟→肥料施用技术→播种或移栽→田间管理→作物收获。

（2）模式选择 根据不同的坡度，选择宽厢和窄垄两种模式。在坡度<10°的坡耕地上选择宽厢聚土起垄模式，厢宽150～200cm，厢沟宽15～20cm，厢沟深20～25cm；在坡度>10°的坡耕地上选择横坡聚土起垄，垄间距90～100cm，垄面宽75～80cm，垄沟宽15～20cm，垄高20～25cm。

（3）集流沟 在坡面根据农田面积大小沿等高线布置集流沟（一条或数条，田块面积较小时仅在坡底布置），用于大雨时排水用，一般沟宽25～30cm、沟深20～25cm。

（4）肥料施用技术

①横坡开厢：播种前，在平行于播种行5～10cm处将所有基肥混匀后条施，施肥深度15～20cm，施肥后覆土。

②氮磷化肥运筹：磷肥全部用作基肥施用。氮肥分次施用。油菜推荐按基肥占40%～50%，越冬肥占30%～35%，蕾薹肥20%～25%。玉米推荐按基肥60%、拔节肥20%、灌浆肥20%的比例分配施用。

③避雨施肥：通过调整移栽和施肥时间，每次施肥时，要密切关注近期降雨情况，力求避免施肥后7d内有大雨及以上级别降雨发生。

④播种或移栽：于施肥后2～3d，油菜直播或移栽，玉米直播。

收获：作物收获后，厢面或垄面不破坏，在下季作物播种前，对厢面或垄面、集流沟进行修整加固。

3. 技术效果　在三峡库区兴山县长坪小流域试验示范基地，共计设置2个处理：①优化施肥OPT（平坡种植＋优化施肥）；②横坡垄作CR（横坡垄作＋优化施肥）。每个处理3次重复，共计6个小区。田间试验地块坡度10°～12°，3次重复分上中下坡排列。每个小区面积30m²（长5m×宽6m）。采用"径流池法"收集地表径流，计量单位面积地表径流发生量，同时采集径流水样品，分析测试样品中氮、磷的浓度及流失量。

（1）横坡垄作对地表径流量的阻控效果　2016年玉米季产流量比油菜季高88.0%，2017年玉米季产流量比油菜季高633.1%，玉米季径流量占全年总径流量的65.2%。横坡垄作处理的年径流量是121.9mm，与优化施肥处理相比，横坡垄作处理能较好地拦截径流发生量，3年平均拦截径流量17.5%。在氮磷流失风险期，即6～7月地表裸露大，暴雨发生量较大时，横坡垄作能够较显著地降低地表径流发生量，与优化施肥相比，横坡垄作在氮磷流失风险期降低了21.6%（图7-8）。

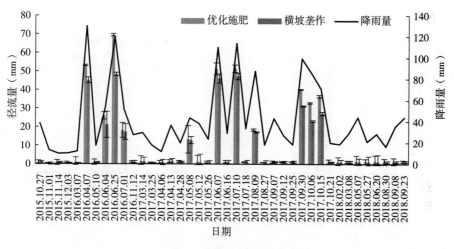

图7-8　不同处理径流量变化

（2）横坡垄作对地表径流氮磷浓度的影响　横坡垄作处理玉米季TN浓度比油菜季高146.0%，TP浓度比油菜季低18.3%。与优化施肥处理相比，横坡垄作可以提高玉米季径流水中TN和油菜季径流水中TN、TP的浓度，降低玉米季径流水中TP的浓度；玉米季TN和油菜季TN、TP浓度分别提高1.4%、20.4%、11.8%，玉米季TP浓度降低27.8%。5月底到7月中上旬作物封垄前，地表径流水中TN、TP的浓度分别为10.38、0.23mg/L，且TN浓度比玉米季高出22.6%（图7-9）。

（3）横坡垄作对地表径流氮磷流失量的阻控效果　横坡垄作处理的总氮、总磷年流失量分别为8.29、0.34kg/hm²，与优化施肥处理相比，横坡垄作处理能降低总氮、总磷的流失量，分别降低了16.4%和33.1%。结合横坡垄作对径流拦截量和氮磷浓度的阻控效果来看，横坡垄作措施主要是通过降低径流量从而降低氮、磷流失量（图7-10、图7-11）。

与优化施肥处理相比，横坡垄作处理能降低硝态氮、铵态氮流失量，且硝态氮、铵态

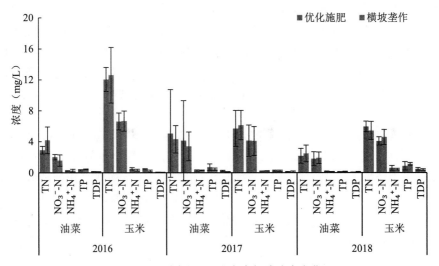

图 7-9　不同处理径流水中氮磷浓度变化

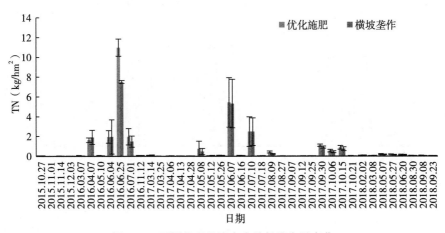

图 7-10　不同处理径流水中总氮流失量变化

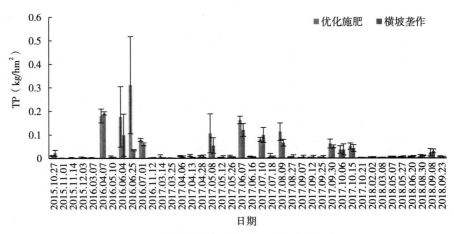

图 7-11　不同处理径流水中总磷流失量变化

氮流失量分别降低了 22.9%、33.2%。

　　硝态氮是氮素流失的主要形式。硝态氮的年流失量占总氮年流失量的比例为 67.6%，而铵态氮年流失量占总氮年流失量较小。与优化施肥处理相比，横坡垄作处理降低了 5.1% 的硝态氮占比（图 7-12 至图 7-14）。

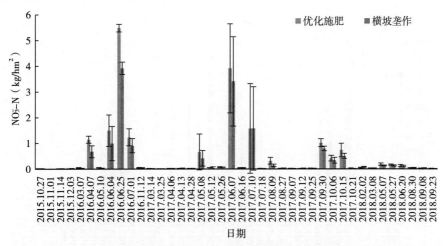

图 7-12　不同处理径流水中硝态氮流失量变化

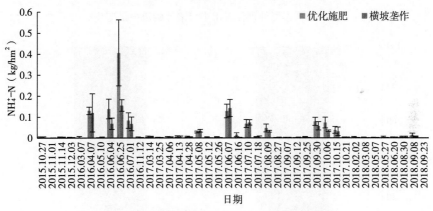

图 7-13　不同处理径流水中铵态氮流失量变化

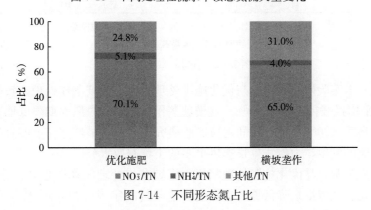

图 7-14　不同形态氮占比

与优化施肥处理相比，横坡垄作处理能降低可溶性磷流失量，且可溶性磷流失量降低了 16.0％。

颗粒性磷是磷素流失的主要形式。颗粒性磷的年流失量占总氮年流失量的比例为 58.5％。与优化施肥处理相比，横坡垄作处理降低了 6.3％的颗粒性磷占比（图 7-15、图 7-16）。

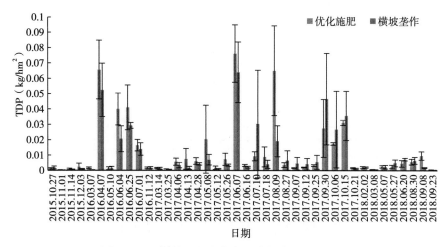

图 7-15　不同处理径流水中可溶性磷流失量变化

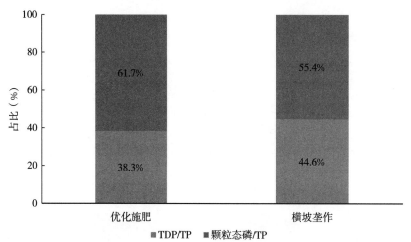

图 7-16　不同形态磷占比

（4）小结　本实验研究表明，与优化施肥处理相比，横坡垄作处理能较好的拦截径流发生量，3 年平均拦截径流量 17.5％。且横坡垄作在氮磷流失风险期降低地表径流发生量 21.6％。张少良等（2009）通过田间定位实验研究也表明，横坡垄作能够有效地控制土壤侵蚀和地表径流的发生，为作物生长提供更多的土壤有效水分。

本实验研究表明，与优化施肥处理相比，横坡垄作处理能降低总氮、总磷的流失量，主要通过降低地表径流量来降低氮磷流失量。这与杨皓宇等（2009）、鲁耀等（2012）研究结果一致，杨皓宇等在四川紫色丘陵区监测试验指出，与顺坡种植相比横坡种植更利于减少径流,有效减少氮的流失量,保水保肥。鲁耀等(2012)研究表明,横坡垄作种植能显著降低径流量和氮磷流失量,仅是顺坡种植的1/3;主要通过地表径流流失量而影响坡耕地地表径流氮磷流失量的多少。

本实验研究表明,横坡垄作的氮流失以可溶态为主,磷流失以颗粒态为主,与优化施肥处理相比,横坡垄作条件下可溶性氮和颗粒态磷所占比例均降低。这与鲁耀等(2012)研究结果不同,坡耕地红壤地表径流氮磷流失以颗粒态为主,横坡垄作条件下可溶性氮磷所占比例降低。

(二)植物篱

1. 技术原理　植物篱水土保持技术是在坡耕地上相隔一定距离种植草本或木本植物带,以减少水土流失保护坡地耕作和土地可持续利用的技术。

土壤抗冲性能的强弱与植物根系的盘绕及固结状况密切相关。根系具有推迟、减缓和缩短产流和产沙时间的作用,植物地上部分对减少土壤冲刷量具有一定的作用,而地下部分根系对降低土壤冲刷量起决定性的作用,其原因主要是根系盘绕土体,从而增强土壤的抗冲刷能力。

2. 技术内容

(1)植物篱选择原则

①优先选用本地植物。

②具有一定的经济、食用或景观价值。

③系多年生或生长期较长的植物。

④抗旱、抗寒等抗逆性较强。

⑤根系发达,固土、吸肥效果好。

⑥植株体较小,株高低于目标作物,占用农田较少。

湖北山地丘陵区适宜作植物篱的植物:麦冬、韭菜、黄花菜、三叶草、黑麦草、野荞麦、金银花等。

(2)植物篱配置模式　在坡耕地农田下部或集流沟边,采用"灌—草"结合模式,种植宽度0.3～0.8m,植物篱带间距宜为3～7m,高密度种植(具体种植密度以能够起到挡水、固土作用为准)。植物篱宜适时修剪,缺口处应及时补种。

3. 技术效果　在三峡库区兴山县长坪小流域试验示范基地,共计设置2个处理:①优化施肥OPT(平坡种植+优化施肥);②植物篱PH(平坡种植+优化施肥+植物篱)。每个处理3次重复,共计6个小区。田间试验地块坡度10°～12°,3次重复分上中下坡排列。每个小区面积30m^2(长5m×宽6m)。采用"径流池法"收集地表径流,计量单位面积地表径流发生量,同时采集径流水样品,分析测试样品中氮、磷的浓度及流失量。

(1)植物篱对地表径流量的阻控效果　2016年玉米季产流量比油菜季高104.7%,2017年玉米季产流量比油菜季高572.3%,玉米季径流量占全年总径流量的65.4%。植物篱处理的年径流量是132.5mm,与优化施肥处理相比,植物篱处理能降低径流发生量,3年平均拦截径流量10.3%(图7-17)。

(2)植物篱对地表径流氮磷浓度的影响　植物篱处理玉米季TN浓度比油菜季高

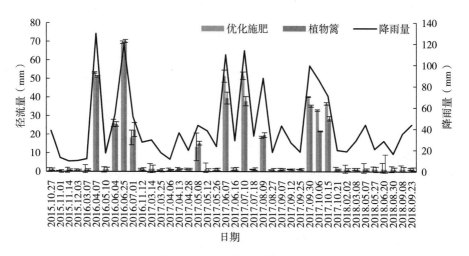

图 7-17 不同处理径流量变化

179.8%，TP 浓度比油菜季低 17.0%。与优化施肥处理相比，植物篱可以提高玉米季径流水中 TN 和油菜季径流水中 TN、TP 的浓度，降低玉米季径流水中 TP 的浓度；玉米季 TN 和油菜季 TN、TP 浓度分别提高 11.2%、16.0%、2.7%，玉米季 TP 浓度降低 32.6%。5 月底到 7 月中上旬作物封垄前，地表径流水中 TN、TP 的浓度分别为 11.50、0.23mg/L，且 TN 浓度比玉米季高出 23.9%（图 7-18）。

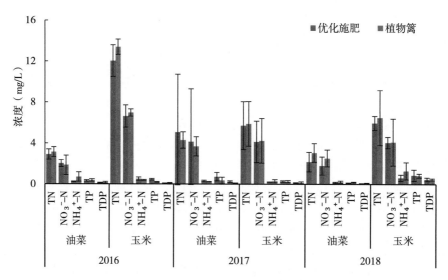

图 7-18 不同处理径流水中氮磷浓度变化

（3）植物篱对地表径流氮磷流失量的阻控效果 植物篱处理的总氮、总磷年流失量分别为 9.61、0.34kg/hm²，与优化施肥处理相比，植物篱处理对总氮流失量的阻控效果一般，总氮流失量仅降低了 3.1%，但是能够显著降低总磷流失量，降低了 33.3%。主要是通过植物篱措施降低了径流量从而降低磷流失量（图 7-19、图 7-20）。

与优化施肥处理相比，植物篱降低了 1.5% 的硝态氮占比，14.3% 的颗粒性磷占比，

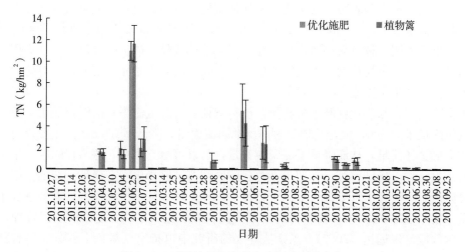

图 7-19　不同处理径流水中总氮流失量变化

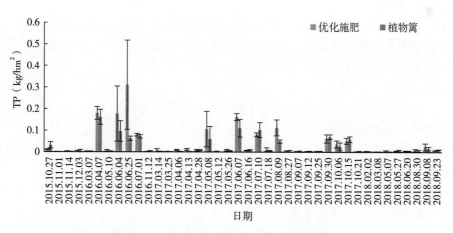

图 7-20　不同处理径流水中总磷流失量变化

结果表明，植物篱对氮磷流失量的阻控主要是通过降低径流量和径流中的颗粒态磷来达到阻控氮磷流失的效果，并且植物篱对径流中的硝态氮阻控效果比颗粒态磷差，表明植物篱能起到阻挡泥沙流失的效果（图 7-21）。

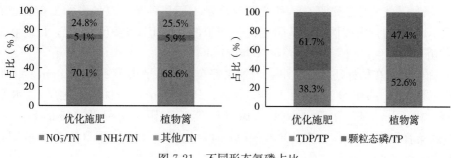

图 7-21　不同形态氮磷占比

（4）小结　本实验表明，与优化施肥处理相比，植物篱处理能降低径流发生量，3 年平均拦截径流量 10.3%。孙辉等（2001）在金沙江干旱河谷坡耕地上进行等高固氮植物篱试验结果也表明，种植植物篱后坡耕地上不论是单次降雨产生的径流，还是累积地表径流量均显著降低，植物篱调节地表径流的作用在高强度降雨时尤为明显，这对防治山区坡耕地由于暴雨产生水土流失很有意义。

本实验表明，与优化施肥处理相比，植物篱处理对总氮流失量的阻控效果一般，总氮流失量仅降低了 3.1%，但是能够显著降低总磷流失量，降低了 33.3%。主要是通过植物篱措施降低了径流量，从而降低了氮磷流失量，且以可溶态为主，这与杨皓宇、朱远达等人研究结果一致。杨皓宇等人在四川紫色丘陵区监测试验指出，在横坡种植的基础上，采用植物篱措施可减轻雨水溅蚀，提高了径流入渗率，从而减少了径流量，有效减少了氮的流失量（杨皓宇等，2009）。植物篱对土壤全氮、碱解氮、全磷、速效磷、速效钾均有良好的拦截效应（朱远达，2003）。蔡崇法等人的研究中也指出，紫色土养分流失有随植被覆盖度增加而减少的趋势（蔡崇法等，1996）。

（三）秸秆覆盖

1. 技术原理　秸秆覆盖还田，是利用秸秆直接覆盖于农地上，减少地表裸露。

玉米、油菜等作物秸秆覆盖还田可延长雨水在农田的存留时间，有效减少水土流失和地表径流发生量，从而降低农田氮磷流失量。

2. 技术内容

（1）主要技术流程　秸秆覆盖还田→田间配套沟渠→免少耕→肥料施用技术→播种或移栽→作物收获→秸秆覆盖还田。

覆盖时期：前茬作物收获、后茬作物整地播种后，将前茬作物秸秆直接覆盖还田。

覆盖量：前茬作物秸秆全量还田。

秸秆长度：①人工收割不粉碎，保持自然长度。②机械粉碎。玉米秸秆 15～20cm，小麦秸秆、油菜秸秆、马铃薯藤蔓 10～15cm。

覆盖范围：将直接还田或机械粉碎的秸秆，均匀覆盖于作物行间或株间，覆盖方向与坡面垂直。

免少耕：在种植行深松土，其他空白地覆盖秸秆，不需深翻。每年第 2 季作物过后，全部田块深翻 1 次，把前 2 季覆盖的秸秆翻压进耕作层，然后再覆盖新的作物秸秆。

（2）施肥技术　作物种植行深松土，在播种行将所有基肥混匀后条施，施肥深度 15～20cm，后播种，然后覆盖秸秆。秸秆覆盖时尽量不压住种子，以免影响出苗。肥料施在距作物 7～10cm 的行间或株间，基肥在优化施肥的基础上增施氮素化肥，以防止秸秆争氮导致黄苗现象发生，用量为尿素 15～30kg/hm²。

（3）施肥量　在秸秆还田情况下，当油菜籽粒产量水平小于 2 250kg/hm² 时，化肥氮（N）、磷（P_2O_5）的限量分别为 150kg/hm²、55kg/hm²；当油菜籽粒产量水平介于 2 250～3 000kg/hm² 时，化肥氮（N）、磷（P_2O_5）的限量分别为 165kg/hm²、70kg/hm²；当油菜籽粒产量水平大于 3 000kg/hm² 时，化肥氮（N）、磷（P_2O_5）的限量分别为 190kg/hm²、80kg/hm²。

在秸秆还田情况下，当玉米籽粒产量水平小于 4 500kg/hm² 时，化肥氮（N）、磷

（P_2O_5）的限量分别为 150kg/hm²、60kg/hm²；当玉米产量水平介于 4 500～6 000kg/hm²
时，化肥氮（N）、磷（P_2O_5）的限量分别为 180kg/hm²、80kg/hm²；当玉米产量水平大
于 6 000kg/hm²时，化肥氮（N）、磷（P_2O_5）的限量分别为 225kg/hm²、90kg/hm²。

3. 技术效果　在三峡库区兴山县长坪小流域试验示范基地，共计设置 2 个处理：
①优化施肥 OPT（平坡种植＋优化施肥）；②免耕秸秆覆盖 SM（平坡种植＋优化施肥＋
免耕＋两季秸秆全量粉碎覆盖）。每个处理 3 次重复，共计 6 个小区。田间试验地块坡度
10°～12°，3 次重复分上中下坡排列。每个小区面积 30m²（长 5m×宽 6m）。采用"径流
池法"收集地表径流，计量单位面积地表径流发生量，同时采集径流水样品，分析测试样
品中氮、磷的浓度及流失量。

（1）秸秆覆盖对地表径流量的阻控效果　2016 年玉米季产流量比油菜季高 103.9％，
2017 年玉米季产流量比油菜季高 573.8％，玉米季径流量占全年总径流量的 65.1％。免
耕秸秆覆盖处理的年径流量是 120.4mm，与优化施肥处理相比，免耕秸秆覆盖处理能降
低径流发生量，3 年平均拦截径流量 18.5％。在氮磷流失风险期，免耕秸秆覆盖能够拦截
暴雨径流量的 27.3％（图 7-22）。

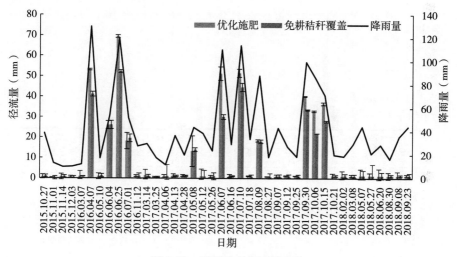

图 7-22　不同处理径流量变化

（2）秸秆覆盖对地表径流氮磷浓度的影响　免耕秸秆覆盖处理玉米季 TN 浓度比油菜
季高 143.9％，TP 浓度比油菜季低 20.3％。与优化施肥处理相比，免耕秸秆覆盖可以提
高玉米季径流水中 TN 和油菜季径流水中 TN、TP 的浓度，降低玉米季径流水中 TP 的浓
度；玉米季 TN 和油菜季 TN、TP 浓度分别提高 2.1％、22.3％、38.1％，玉米季 TP 浓
度降低 12.9％。5 月底到 7 月中上旬作物封垄前，地表径流水中 TN、TP 的浓度分别为
10.61、0.22mg/L，且 TN 浓度比玉米季高出 24.4％（图 7-23）。

（3）秸秆覆盖对地表径流氮磷流失量的阻控效果　免耕秸秆覆盖处理的总氮、总磷年
流失量分别为 8.18、0.41kg/hm²，与优化施肥处理相比，免耕秸秆覆盖处理能降低总
氮、总磷流失量，且总氮、总磷流失量分别降低了 17.5％和 20.2％，主要是通过免耕秸
秆覆盖措施降低了径流量，从而降低了氮、磷流失（图 7-24、图 7-25）。

硝态氮是氮素流失的主要形式。硝态氮的年流失量占总氮年流失量的比例为 68.8％，

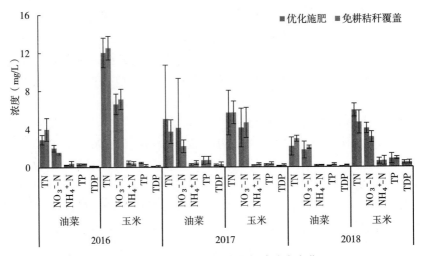

图 7-23　不同处理径流水中氮磷浓度变化

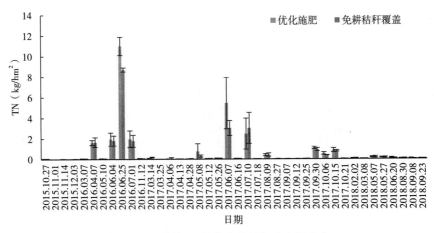

图 7-24　不同处理径流水中总氮流失量变化

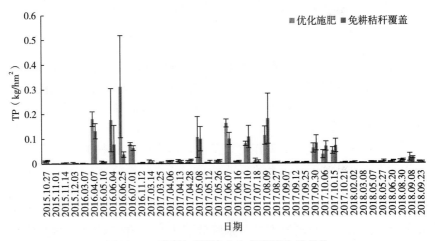

图 7-25　不同处理径流水中总磷流失量变化

而铵态氮年流失量占总氮年流失量较小。与优化施肥处理相比，免耕秸秆覆盖处理降低了2.6％的硝态氮占比。

可溶性磷是免耕秸秆覆盖处理磷素流失的主要形式。免耕秸秆覆盖处理可溶性磷的年流失量占总氮年流失量的比例为54.1％。与优化施肥处理相比，免耕秸秆覆盖处理降低了15.8％的颗粒性磷占比（图7-26）。

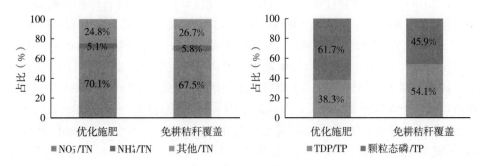

图7-26　不同形态氮磷占比

（4）小结　本实验研究表明，与优化施肥处理相比，免耕秸秆覆盖处理能降低径流发生量，3年平均拦截径流量18.5％。在氮磷流失风险期，免耕秸秆覆盖能够拦截暴雨径流量的27.3％。王晓燕等（2000）在黄土坡地研究也表明，在暴雨情况下，由秸秆覆盖与少免耕相结合的保护性耕作可以延缓径流，减小径流强度，具有明显保持水土的作用。赵君范等（2007）也表明以免耕秸秆覆盖为特征的保护性耕作可以显著地减少径流，可以延缓径流，减小径流强度。杨青森等（2011）利用野外原位模拟降雨试验指出，适量的秸秆覆盖可有效地减少坡面土壤侵蚀的发生。张少良等（2009）通过田间定位实验研究表明，免耕秸秆覆盖能够有效地控制土壤侵蚀和地表径流的发生，为作物生长提供更多的土壤有效水分。

本实验研究表明，与优化施肥处理相比，免耕秸秆覆盖处理能降低总氮、总磷流失量，主要是通过免耕秸秆覆盖措施降低了径流量，从而降低了氮、磷流失量，且以可溶态为主。鲁耀等（2012）也表明，秸秆覆盖能降低氮、磷流失量，主要通过地表径流流失量而影响坡耕地地表径流氮磷流失量的多少。杨皓宇等（2009）在四川紫色丘陵区监测试验指出，在横坡种植的基础上，采用秸秆覆盖措施可减轻雨水溅蚀并提高径流入渗率，从而减少径流量，有效减少氮的流失量。张亚丽等（2004）利用室内模拟降雨试验研究表明，由于秸秆覆盖使坡面径流流速减弱，增加了表层土壤与地表径流的作用强度，使溶解和解吸于径流中的矿质氮素含量增加，但由径流显著减少，矿质氮流失总量仍减少；与裸地相比，秸秆覆盖可显著地增加土壤水分和硝态氮的入渗深度和入渗量。王静等（2009）通过野外径流小区观测试验研究表明，秸秆覆盖能减少径流量并有效地降低径流磷流失量。王晓燕等（2000）采用人工模拟降雨试验指出，采用秸秆覆盖与免（少）耕结合的保护性耕作法并减少机具对土壤的压实是控制坡地水土流失的有效措施。

（四）生物炭沟

1. 技术原理　生物炭是农林废弃物等生物质在缺氧条件下热裂解形成的稳定的富碳

产物（Antal M J et al.，2003），含碳率高、孔隙结构丰富、比表面积大、理化性质稳定是生物炭固有的特点，也是生物炭能够还田改土、提高农作物产量、实现碳封存的重要结构基础（陈温福等，2013；张伟朋等，2015）。生物炭的多孔结构、较大的比表面积和电荷密度，使其对土壤水分和营养元素的吸持能力增强（Lehmann J，2007，Liang B et al.，2006），从而间接提高了土壤有效养分的含量和生产性能（Novak J M et al.，2009；张伟朋等，2015）。大量研究证明，生物炭施入土壤后对提高土壤肥力和肥料利用率有重要作用（Krull E S et al.，2006，Ogawa M，1994，Simone E K et al.，2009，Robertso F A et al.，2006），当施用 20t/hm² 以上的生物炭时，大约可减少 10% 的化肥用量（Chan K Y et al.，2007）。这是由于生物炭对铵离子有很强的吸附能力，因而降低了土壤中氮素的挥发，减少了养分流失，从而提高了土壤肥力（Kei M et al.，2004）。生物炭施入土壤后，可使土壤容重降低 9%，总孔隙率由 45.7% 提高到 50.6%（Oguntunde P G et al.，2008）。这种多微孔结构也使其对土壤持水能力产生影响（Oguntunde P G et al.，2008），如提高土壤含水量及降水的渗入量等（Asai H et al.，2009），尤其是提高土壤中可供作物利用的有效水分含量，对作物生长产生积极影响（Piccolo A et al.，1990；张伟朋等，2015）。

2. 技术内容

（1）构建生物炭沟　在坡耕地坡底建一条生物炭沟，在沟中从下至上填充生物炭—土壤—生物炭—表层土壤。a. 生物炭沟的规格为：0.6～0.8m 深，1.5m～2m 宽，沟长与农田长度一致，沟体为长方形，沟体深度低于坡耕地 2～3cm，材质为土质；b. 填充土壤—生物炭：将孔隙<0.9nm 的生物炭和土壤分层填充在沟中，从下至上形成生物炭—土壤—生物炭—表层土壤，将导致水体富营养化的氮磷吸附在生物炭表面或者固定在土壤中或者排放到大气中；c. 种植植物篱：在生物炭层上方覆盖原状表层土，种植植物篱，拦截泥沙和径流。

（2）修建挡水坎　在坡耕地的最低坡和生物炭沟边缘之间建一条挡水坎，高度高于生物炭沟 15～20cm，材质为泥土。

（3）埋设导流管　在最下面的生物炭层底部埋设导流管，导流管直径为 8～11cm，长度为 0.8～1m，靠近生物炭一端管口包裹 400 目的钢丝网，导流管露出沟外长度为 10～20cm，每隔 3～5m 埋设 1 个，将经过生物炭过滤后的水排出田外。

（4）生物炭沟的管理和维护　对生物炭沟要定期维护，包括：a. 定期清除泥沙：植物篱和挡水坎对泥沙有拦截效果，需 30～40d 清除 1 次泥沙，保持生物炭沟的高度低于坡耕地 2～3cm，增加径流在沟内的存留时间；b. 挡水坎的定期检查和维护：挡水坎为泥质，应 30～40d 检查 1 次挡水坎是否被径流冲垮边坡或漏水，及时修复。

3. 技术效果　在三峡库区兴山县长坪小流域试验示范基地，共计设置 2 个处理：①优化施肥 OPT（平坡种植＋优化施肥）；②生物炭拦截沟 BC（平坡种植＋优化施肥＋生物炭拦截沟）。每个处理 3 次重复，共计 6 个小区。田间试验地块坡度 10°～12°，3 次重复分上中下坡排列。每个小区面积 30m²（长 5m×宽 6m）。采用"径流池法"收集地表径流，计量单位面积地表径流发生量，同时采集径流水样品，分析测试样品中氮、磷的浓度及流失量。

（1）生物炭沟对地表径流量的阻控效果　生物炭拦截沟处理的年径流量是 125.1mm，与优化施肥处理相比，生物炭拦截沟处理能降低径流发生量，3 年平均拦截径流量 15.3%。在氮磷流失风险期，生物炭沟能够拦截 15.6% 的暴雨径流量（图 7-27）。

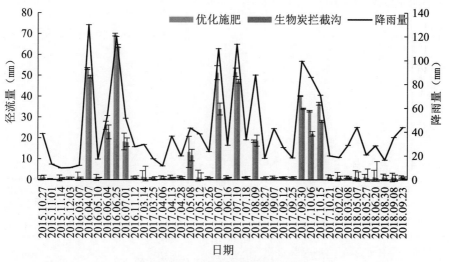

图 7-27　不同处理径流量变化

（2）生物炭沟对地表径流氮磷浓度的影响　生物炭拦截沟处理玉米季 TN 浓度比油菜季高 174.1%，TP 浓度比油菜季低 23.1%。与优化施肥处理相比，生物炭拦截沟处理可以提高油菜季径流水中 TN、TP 的浓度，降低玉米季径流水中 TN、TP 的浓度；油菜季 TN、TP 浓度分别提高 4.7%、34.3%，玉米季 TN、TP 浓度分别降低 1.8%、18.3%。5 月底到 7 月中上旬作物封垄前，地表径流水中 TN、TP 的浓度分别为 9.99、0.22mg/L，且 TN 浓度比玉米季高出 21.8%（图 7-28）。

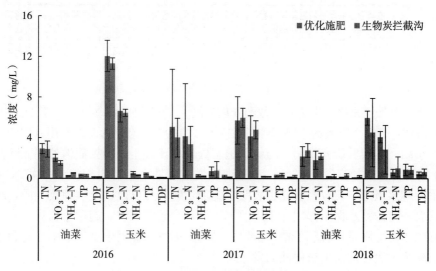

图 7-28　不同处理径流水中氮磷浓度变化

（3）生物炭沟对地表径流氮磷流失量的阻控效果　生物炭拦截沟处理的总氮、总磷年流失量分别为8.1、0.4kg/hm²，与优化施肥处理相比，生物炭拦截沟处理能降低总氮流失量，且总氮、总磷流失量分别降低了18.5%和20.8%。生物炭拦截沟主要是通过降低径流量从而降低氮磷流失量（图7-29、图7-30）。

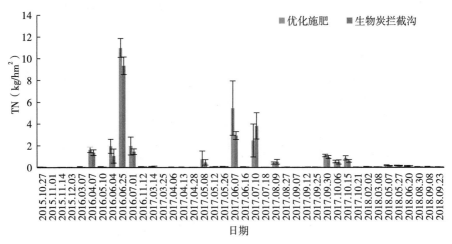

图7-29　不同处理径流水中总氮流失量变化

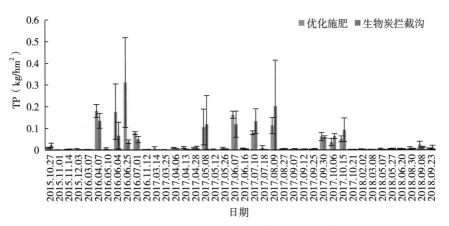

图7-30　不同处理径流水中总磷流失量变化

与优化施肥处理相比，生物炭拦截沟处理提高了1.4%的硝态氮占比，降低了14.0%的颗粒性磷占比，表明生物炭沟主要起到了拦截泥沙中的颗粒态磷形态的作用（图7-31）。

（4）小结　本实验研究表明，与优化施肥处理相比，生物炭拦截沟处理能降低径流发生量，3年平均拦截径流量15.3%。在氮磷流失风险期，生物炭沟能够拦截15.6%的暴雨径流量。魏永霞等（2017）研究也表明，施加生物炭能够改良土壤理化性质，减少水土流失，具有一定的蓄水保土作用。王红兰等（2015）研究证明，施用生物炭，一方面能增加土壤有效水的持水量，有利于植物抗旱；另一方面可以提高土壤导水率，有利于水分入渗，从而减少地表径流及土壤侵蚀的发生。

本实验研究表明，与优化施肥处理相比，生物炭拦截沟处理能降低总氮磷流失量，且总氮、总磷流失量分别降低了18.5%和20.8%。生物炭拦截沟主要是通过降低径流量从

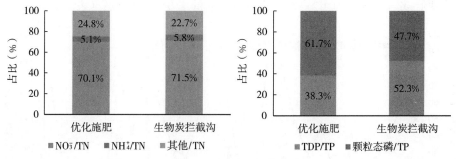

图 7-31　不同形态氮磷占比

而降低氮磷流失量，且以可溶态为主。肖建南等（2017）研究发现，施用生物炭可以降低田面水中 TN 和 TP 含量，减少氮磷肥通过径流途径损失。张广恪等（2015）研究发现，生物炭能够显著提高土壤对外源 TN 的拦截量，且随生物炭用量的增加而增加；生物炭可以有效拦截外源 TP，但基质中（土壤或生物炭）总磷含量显著影响其拦截效果，应选择低磷含量的生物炭用于植被缓冲带的构建。

（五）果园生草覆盖

1. 技术原理　在柑橘园行间播种与柑橘无共生性病虫、浅根、矮秆的绿肥或草类，达到一定生长量后，适时刈割覆盖于树盘，在土地表面形成保护层，延长雨水在土壤表面存留的时间，有效减少水土流失和地表径流发生量，从而降低园地氮磷流失量。

果园生草覆盖通常为豆科植物或禾本科牧草，可选用黑麦草、三叶草、紫花苜蓿、百喜草、藿香蓟、马唐草、柱花草等，或种植决明、猪屎豆、绿豆、田菁等绿肥。

2. 研究方法　在湖北省宜昌市宜都市长岭岗村，选择 1 个缓坡地（坡度为 14°）柑橘园，土壤类型为紫色土，品种为鄂柑 2 号，树龄 8 年。设置 2 个处理：①常规施肥；②常规施肥＋生草覆盖，每个处理 3 次重复，共 6 个小区，小区面积 33m^2，每小区 3 株柑橘。柑橘全年施肥量为 890kg N/hm^2，338kg P_2O_5/hm^2，450kg K_2O/hm^2，其中，还阳肥在采果后 15d 内施用（11 月下旬至 12 月初），占施肥量的 60%，壮果肥在 6 月下旬施用，占施肥量的 40%，施肥方法为沿树冠滴水线下开环状沟，深 20～30cm，施后覆盖。采用"径流池法"连续监测地表径流，计量单位面积地表径流发生量，同时采集径流水样品，分析测试样品中氮、磷的浓度及流失量。径流收集池设施建成时间为 2013 年 11 月，然后进行匀地试验和试运行，消除土壤扰动对监测结果可能产生的影响。正式监测时间为 2015—2018 年。常规处理耕作与当地常规操作一致，不翻耕，自然生草，每年除草 2 次；生草覆盖处理于每年 4 月种植黑麦草（2015—2018 年分别为 6 月 6 日、4 月 7 日、4 月 17 日和 4 月 20 日种植），每年 8 月中旬割除后铺于树冠下。

3. 技术效果

（1）生草覆盖对柑橘园地表径流量的阻控效果　从图 7-32 可见，生草覆盖措施减少柑橘园地表径流量效果明显。监测期间以月为单位统计径流量，生草覆盖处理的月径流量除了 2016 年 5 月、2018 年 4 月和 9 月这 3 次比常规处理有所增加以外，其余 25 个月份的径流量比常规处理低 2.4%～82.5%。不同时期生草覆盖措施减少柑橘园地表径流量的效果不同，可能与柑橘园黑麦草的生长状况以及降雨强度有关。生草覆盖处理的年均径流量比常规处理低 52.5mm（50.6％）；产流系数平均低 4.96 个百分点（表 7-2）。

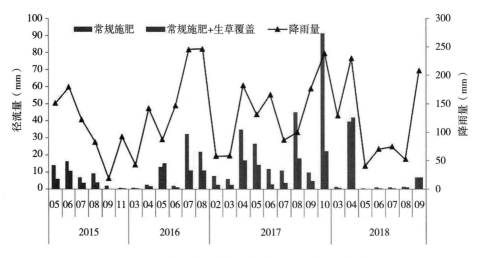

图 7-32　生草覆盖对缓坡地柑橘园月径流量的影响

表 7-2　生草覆盖对缓坡地柑橘园年均径流量和径流系数的影响

处理号	径流量（mm）	减少（％）	径流系数（％）	减少（百分点）
常规施肥	103.6	—	10.49	—
常规施肥＋生草覆盖	51.1	50.6	5.53	4.96

（2）生草覆盖对柑橘园地表径流氮、磷浓度的影响　从图 7-33 可见，生草覆盖措施对柑橘园地表径流水中总氮浓度的影响有增有减，在 28 次统计值中，有 11 次为减少，总氮浓度减少了 0.07～1.50mg/L，平均 0.45mg/L；17 次为增加，总氮浓度增加了 0.04～5.71mg/L，平均 1.28mg/L，因此总体上看，生草覆盖措施增加了柑橘园地表径流水中总氮的浓度。常规施肥和常规施肥＋生草覆盖措施 2 个处理的年均总氮浓度分别为3.45mg/L 和 3.75mg/L，即生草覆盖条件下，地表径流水年均总氮浓度增加了 0.30mg/L，增加幅度为 8.70％。

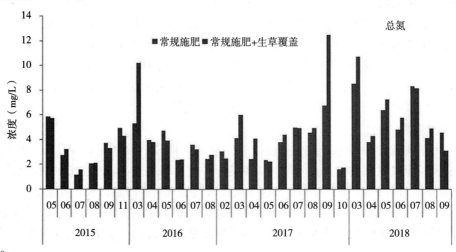

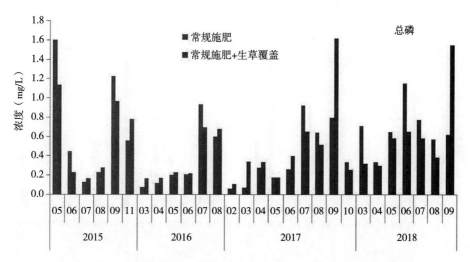

图 7-33　生草覆盖对缓坡地柑橘园月径流量中总氮和总磷浓度的影响

同样，生草覆盖措施对柑橘园地表径流水中总磷浓度的影响也有增有减，在 28 次统计值中，有 14 次为降低，总磷浓度减少了 0.002～0.50mg/L，平均 0.22mg/L；14 次为增加，总磷浓度增加了 0.01～0.93mg/L，平均 0.20mg/L，因此总体上看，生草覆盖措施减少了柑橘园地表径流水中总磷的浓度。常规施肥和常规施肥＋生草覆盖措施 2 个处理的年均总磷浓度分别为 0.54mg/L 和 0.45mg/L，即生草覆盖条件下，地表径流水年均总磷浓度减少了 0.09mg/L，减少幅度为 16.7％。

（3）生草覆盖对柑橘园地表径流氮磷流失量的阻控效果

从图 7-34 可见，除了个别时段，生草覆盖措施对柑橘园地表径流水总氮流失量有良好的阻控效果，在 28 次月流失量统计值中，总氮流失量减少了 －0.32～1.17kg/hm²，平均 0.19kg/hm²。常规施肥和常规施肥＋生草覆盖措施 2 个处理的年均总氮流失量分别为 3.32kg/hm² 和 1.96kg/hm²，即生草覆盖条件下，地表径流水年均总氮流失量减少了 1.36kg/hm²，减少幅度为 40.8％；其中硝态氮和铵态氮分别降低了 0.75kg/hm² 和 0.40kg/hm² 的流失，占总减少量的 84.5％（图 7-35）。

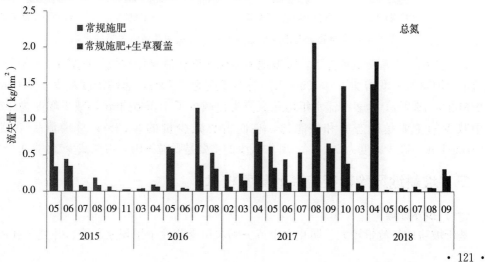

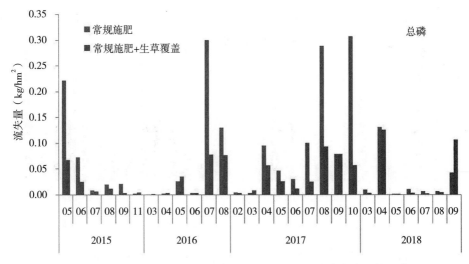

图 7-34　生草覆盖对缓坡地柑橘园月径流总氮和总磷流失量的影响

同样，除了少数几个时段外，生草覆盖措施对柑橘园地表径流水总磷流失量有良好的阻控效果，在 28 次月流失量统计值中，总磷流失量减少了 -0.064~0.250kg/hm²，平均0.038kg/hm²。常规施肥和常规施肥＋生草覆盖措施 2 个处理的年均总磷流失量分别为0.493kg/hm² 和 0.226kg/hm²，即生草覆盖条件下，地表径流水年均总磷流失量减少了0.267kg/hm²，减少幅度为 54.3％，其中颗粒态磷和可溶态磷分别降低了 0.19kg/hm² 和0.08kg/hm²，占总减少量的 70.2％和 29.8％（图 7-35）。

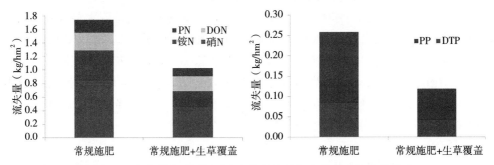

图 7-35　生草覆盖对不同形态年均径流总氮和总磷流失量的影响

（4）小结　生草覆盖条件下，缓坡地柑橘园年度径流量比常规处理减少 50.6％；地表径流水年均总氮浓度增加了 0.30mg/L，增加幅度为 8.70％，总磷浓度减少了 0.09mg/L，减少幅度为 16.7％；地表径流水年均总氮流失量减少了 1.36kg/hm²，减少幅度为 40.8％，其中减少的主要是硝态氮和铵态氮，它们占总减少量的 84.5％；总磷流失量减少了0.267kg/hm²，减少幅度为 54.3％；其中减少的主要是颗粒态磷，占总减少量的 70.2％。

三、坡耕地风险期径流高效集蓄技术

（一）技术原理

基于坡耕地径流量较大、防止水土流失和农田季节性干旱现象严重、并充分利用径流中的氮磷等方面考虑，将坡耕地中的径流拦截并集蓄起来，在集水池下方安装灌溉管网，等农田需要灌溉时回田，既拦截了坡耕地径流水中的氮磷流失，又能解决季节性干旱问题（图 7-36）。

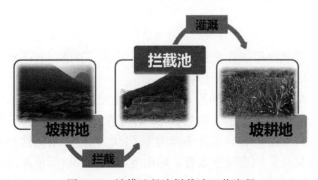

图 7-36　坡耕地径流拦截池工艺流程

（二）技术内容

1. 基本原则

（1）重点集蓄原则　考虑到从翻耕、播种或定植到作物封垄前这一时段，因施肥和耕作对土壤扰动大，植被覆盖度低，此期间降水易产生径流，且径流中氮磷浓度较高。这部分径流用于灌溉可实现农田流失的氮磷养分的再利用，同时降低了对水体的污染风险，因此重点集蓄氮磷流失风险期的径流。

（2）蓄用结合原则　在坡耕地氮磷流失风险期，径流氮磷浓度较高，可以作为肥料回用农田，提高水肥利用效率，因此，在坡耕地氮磷流失风险期径流收集和利用过程中应尽可能全部收集，宜随蓄随用，需灌就灌，做好收集下一场径流的准备，充分发挥集水池对径流的再集蓄能力。雨季收集径流，且在雨季后期应蓄满集水池，用于次年春季作物播种和保苗用水，解决坡耕地雨季降雨集中和春季干旱问题。

2. 技术内容

（1）集蓄系统的构成　以汇流面径流拦截为基础，合理布设集水沟，如在坡面底部修建截流沟和排水沟，拦截坡面上的径流，使其定向汇流至沉沙池、集水池，后期通过含有排水阀的输水系统便于集水的再利用，形成完整的体系。

（2）汇流面的确定方法　根据地形地势与已有的沟、塘、坝、库、窖分布等确定汇流面的范围和面积。单个汇流面宜为 $0.5\sim1\ hm^2$。

（3）集水沟的设计要求　集水沟是汇流面与集沉沙池、集水池的连接导水渠，作用就是汇集、导流径流进入集水池。在多雨区坡面，可设置集水沟，包括截水沟、排水沟，以这种水平修建的小沟拦蓄雨水能达到较好的排导径流的作用，减少坡耕地受到侵蚀，并且通过沟将多余的雨水进行汇集于集水设施中，实现径流的收集备用，给旱季的农作物提供灌溉用水。坡面上的排水沟、截水沟和坡面底部的截水沟形成集水沟系统，坡面排水沟用于排除坡面不能容纳的径流，坡面底部的截水沟汇流进入沉沙池。尽量利用农田已有沟渠、天然沟道，因地制宜的修建沟，尽量少用水泥硬化沟。设计原则：少用或不用水泥硬化工程，充分利用农田已有沟渠。设计标准：截流沟根据水土保持综合治理技术规范（GB/T 16453－2008），按照防洪标准十年一遇 6h 最大暴雨设计。

（4）沉砂池　为保证泥沙不淤积拦截池，在径流拦截池进水口处设沉砂池1座，沉砂池布置在径流拦截沟末端与蓄水池交汇处。沉砂池设计为长窄式，结构采用开敞式，全部采用C20混凝土浇筑，出水口与沉砂池底板的间距0.8m，在池底设排水管和闸阀室，以利清淤。

（5）集水池

①集水池位置：集水池设置在坡耕地的下端，紧靠沉砂池，其进水口与沉砂池出水口相连接。

②集水池设计：集水池设计为圆形，以保证集水池结构的稳定性。设计为C25钢筋混凝土结构，钢筋分别采用φ12的受力筋和φ8的构造筋。进水渠位于集水池的顶部，池顶设溢流口，进水渠口和溢流管口低于蓄水池顶部0.2m。集水池底板设0.5%坡度，保持排水口位置处于最低点。池底设排水管，略向池外倾斜，以保证冲洗泥沙时不堵塞排水管。池顶溢流口通过溢流管与池底部的排水管相连接。集水池内壁设下池台阶，采用M7.5块石砌筑，同时在池内壁设置水位刻度尺，以利观测。溢流管、排水管均采用直径DN110mm的PE管，安装与管道同直径的闸阀，并在排水管出口处安装水表，以便于计量水量。集水池为露天式，为保障安全，池顶安装封闭式的镀锌钢管护栏，高度1.2m。

③集水池大小的确定：集水池容积以能够拦截50mm降雨量时的径流量为宜。根据试验结果，1亩坡耕地需要配套建设6.7～8.3m³的蓄水池（按产流20%～25%计算）。

④闸阀室设计：集水池出水口设计闸阀室一个，长1.4m，宽1.4m，高0.8m，室壁厚0.20m，室壁采用免烧砖砌筑，顶板厚0.08m，采用C25钢筋混凝土现浇；室底厚0.2m，采用C20混凝土浇筑。

（三）技术效果

1. 拦截径流量　根据2016年降雨量较大的6～7月连续做3次降雨过程，发现第一次开始降雨时，降雨量为120mm的初始产流时间为25min，降雨量达到22.4mm时开始产流；第二次降雨过程降雨量为51.5mm的初始产流时间为19min，降雨量达到16.2mm时开始产流；第三次降雨过程降雨量为26.4mm的初始产流时间为35min，降雨量达到21mm时开始产流（表7-3）。通过第二次降雨过程发现，径流池所能容纳的径流水深为200cm，径流池最多能容纳2.1hm²坡耕地的51.5mm降雨量所产生的径流水。

表7-3　不同降雨过程降雨量与径流量

降雨过程	取样日期	开始产流时间（min）	开始产流的降雨量（mm）	总降雨量（mm）	径流量（cm）
第一次	2016/6/24	25.0	22.4	120.0	18
	2016/6/24				
	2016/6/24				
	2016/6/25				140
	2016/6/26				200
	2016/6/27				200
	2016/6/28				197
	2016/6/29				195

（续）

降雨过程	取样日期	开始产流时间（min）	开始产流的降雨量（mm）	总降雨量（mm）	径流量（cm）
第二次	2016/6/30				
	2016/6/30	19.0	16.2	51.5	8
	2016/6/30				11
	2016/7/1				200
	2016/7/1				200
	2016/7/2				200
	2016/7/3				200
第三次	2016/7/4	35.0	21.0	26.4	13
	2016/7/5				10
	2016/7/6				8
	2016/7/7				8
	2016/7/8				7

2. 拦截水中氮磷去除效果　降雨后第一天养分含量较高，随后不断下降，可能是径流水放置几天后，养分随着泥沙沉淀。其中，从第一次降雨开始产流到第三次降雨结束，总氮、硝态氮和铵态氮浓度分别降低了90.8%、95.1%和64.2%，总磷、可溶性总磷、颗粒态总磷分别降低了14.5%、5.4%和33.3%，这表明径流水中的不同形态的氮磷经过沉淀，均积累在了泥沙中，泥沙经过清淤后回田，径流水通过灌溉最终也会回田，所以，如果降雨量不超过51.5mm，所拦截的2.1hm²的坡耕地径流水就会基本被100%利用（图7-37、图7-38）。

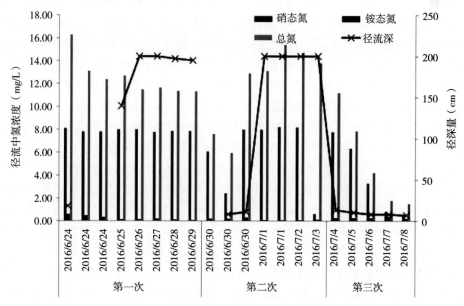

图7-37　径流拦截池中径流深与不同形态氮浓度

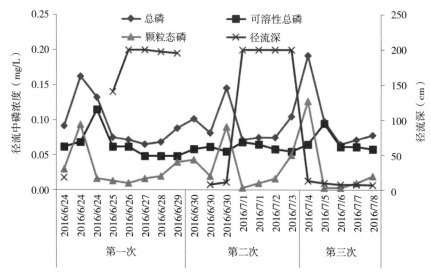

图 7-38　径流拦截池中径流深与不同形态磷浓度

第二节　畜禽养殖业源污染防控关键技术

一、流域畜禽养殖消纳技术

（1）畜禽粪污土地承载力测算技术

畜禽粪便产生量、污染负荷、土地承载力等研究无疑是畜禽粪便污染治理和资源化利用的基础和前提。农业部科技教育司与第一次全国污染源普查领导小组办公室于 2009 年公布了《第一次全国污染普查畜禽养殖业源产排污系数手册》，提供了西北、东北、华北、华东、中南和西南地区畜禽的粪尿排污系数、氮磷含量系数和 COD 产生量系数，为更精确地摸清中国畜禽粪便资源及其污染现状提供了重要参数。朱建春等（2014）以农田耕地面积作为实际负载面积，运用单位耕地面积上畜禽粪便氮磷污染负荷量这一量化指标可以间接衡量当地畜禽养殖导致的污染状况。将不同畜禽粪便总氮（磷）排放量折算为猪当量，以耕地的氮磷承载力计算畜禽养殖环境容量。该方法将单位耕地面积粪肥年施氮（磷）限量标准设置为固定值，氮磷限量标准分别为 170kg/hm² 和 35kg/hm²。2018 年，为贯彻落实《国务院办公厅关于加快推进畜禽养殖废弃物资源化利用的意见》，指导各地加快推进畜禽粪污资源化利用，优化调整畜牧业区域布局，促进农牧结合、种养循环农业发展，原农业部制定了《畜禽粪污土地承载力测算技术指南》（测算指南）（农办牧〔2018〕1 号）。该技术指南以畜禽粪污土地承载力及规模养殖场配套土地面积测算以粪肥氮养分供给和植物氮养分需求为基础进行核算。目前，基于耕地面积和作物养分需求的畜禽粪污承载消纳能力评估方法被广泛使用。因此，我们分别采用这两种方法对三峡库区畜禽粪污土地承载力进行测算，为流域畜禽养殖消纳技术的总量控制提供基础和前提。

1. 基于耕地面积的畜禽粪污土地承载力测算技术　由于目前畜禽粪便的主要处理方式是作为有机肥还田，因此，计算畜禽粪便氮、磷的环境负荷时，以农田耕地面积作为实际负载面积，运用单位耕地面积上畜禽粪便氮磷污染负荷量这一量化指标可以间接衡量当地畜禽养殖导致的污染状况（表7-4）。

表 7-4　畜禽粪便排泄系数和氮磷及 COD 含量

畜禽种类	地区	粪尿量 (kg/d)	总氮量 (g/d)	总磷量 (g/d)	COD 量 (g/d)	畜禽种类	地区	粪尿量 (kg/d)	总氮量 (g/d)	总磷量 (g/d)	COD 量 (g/d)
猪	华北	3.40	29.00	5.21	401.19	奶牛	华东	46.84	214.51	38.47	5 731.7
	东北	4.10	47.25	5.13	343.95		中南	50.99	353.41	62.46	6 793.31
	华东	2.97	20.76	2.63	280.81		西南	46.84	214.51	38.47	5 731.7
	中南	3.74	36.51	4.84	302.24		西北	31.39	185.89	17.92	3 600.16
	西南	3.57	16.85	3.88	317.33	蛋鸡	华北	0.17	1.42	0.42	27.35
	西北	3.54	31.73	4.22	334.55		东北	0.10	1.12	0.23	21.69
役用牛	华北	23.02	121.68	14.31	2 975.22		华东	0.15	1.06	0.51	18.50
	东北	22.90	110.95	24.06	3 166.11		中南	0.12	1.16	0.23	20.50
	华东	21.90	107.77	12.48	2 832.72		西南	0.12	1.16	0.23	20.50
	中南	27.63	139.76	25.99	3 324.53		西北	0.10	1.12	0.23	21.69
	西南	21.90	107.77	12.48	2 832.72	肉禽	华北	0.12	1.27	0.30	0.12
	西北	17.00	108.03	9.54	2 013.97		东北	0.18	1.85	0.48	0.18
肉牛	华北	22.10	72.74	13.69	2 761.42		华东	0.22	1.02	0.50	0.22
	东北	22.67	150.81	17.06	3 086.39		中南	0.06	0.71	0.06	0.06
	华东	23.71	153.47	19.85	3 114.00		西南	0.06	0.71	0.06	0.06
	中南	23.02	65.93	10.52	2 411.40		西北	0.18	1.85	0.48	0.18
	西南	20.42	104.10	10.17	2 235.21	马	全国（部分	5.9	12.4	1.60	37.00
	西北	20.42	104.10	10.17	2 235.21	驴、骡	地区样本	5.0	12.4	1.60	37.00
奶牛	华北	46.05	274.23	38.27	6 535.35	羊	量不足）	0.87	2.15	0.46	0.46
	东北	48.49	257.7	54.55	6 185.11	兔		0.15	1.16	0.24	—

将不同畜禽粪便 TN、TP 产生量折算为猪当量，以农地的 TN、TP 承载力计算畜禽养殖环境容量（朱建春等，2014），公式如下：

$$T_{N/P} = A \times C_{N/P} \tag{7-1}$$

$$PN = T_{N/P}/r \tag{7-2}$$

$$RN = \sum_{i=1}^{n} T_{N(P)i}/r \tag{7-3}$$

式中，$T_{N/P}$ 为耕地和牧草地 TN（TP）环境容量（万 t）；A 为耕地和牧草地总面积（万 hm²）；$C_{N/P}$ 为粪肥年施 TN（TP）限量标准，$C_N = 170$ kg/（hm² · a），$C_P = 35$ kg/（hm² · a）；PN 为畜禽养殖环境容量（万头猪当量）；r 为单位猪年粪便 TN（TP）排放量（t）；RN 为畜禽养殖实际数量（万头猪当量）；$T_{N(P)i}$ 为第 i 种畜禽粪便年 TN（TP）排放量（t）。

为便于对畜禽粪便耕地污染的控制，国家环保部生态司建议，由于农户对猪粪的农田施用量较容易掌握，故宜将畜禽粪便换算成猪粪当量，计算其耕地负荷（t/hm²），再将畜禽粪便猪粪当量的耕地负荷除以农田有机肥理论最大适宜施肥量（一般为 30t/hm²），其比值即为区域畜禽粪便负荷量承受程度的警报值 r。

农田畜禽粪便负荷警报值计算公式为（国家环境保护总局自然生态保护司，2002）：

$$r = q/p \tag{7-4}$$

式中，r 为各地区畜禽粪便农田负荷的警报值，即污染风险指数；q 为畜禽粪便猪粪当量负荷 [t/（hm² · a）]；p 为有机肥最大理论适宜施用量 [30t/（hm² · a）]，畜禽粪便警报值分级如表 7-5 所示。

表 7-5　畜禽粪便警报值分级

警报值 r	分级级数	对环境构成污染的威胁
≤0.4	I	无
0.4～0.7	II	稍有
0.7～1.0	III	有
1.0～1.5	IV	较严重
1.5～2.5	V	严重
>2.5	VI	很严重

利用不同畜禽粪便的氮、磷含量和单位猪的氮、磷产生量，将其他畜禽折算成猪当量，根据单位耕地面积对氮、磷的承载力，得出 2001—2014 年湖北省三峡库区以及 2014 年湖北三峡库区 4 个县的畜禽养殖的环境容量和实际养殖总量。在评估耕地对畜禽粪便的氮、磷环境容量时应考虑化肥施用的影响，假定氮、磷养分全部来自畜禽粪便和 50% 来自畜禽粪便，估算各地区畜禽养殖环境容量，见表 7-6。由于种植业保持高产的需要，50% 比例与实际管理需求更为接近，对各地区控制畜禽养殖总量及合理调整养殖布局更具有参考价值（耿维等，2011）。并将 50% 环境容量和实际环境养殖量进行比较得到污染风险指数（表 7-6）。由表 7-6 可以看出，以氮和磷为衡量标准，2001—2014 年湖北省三峡库区的实际养殖量均呈上升趋势。其中以氮为标准，2001 年的实际养殖量为 197.3 万头猪当量，2014 年上升至 425.6 万头。以磷为标准，2001 年的实际养殖量为 227.4 万头猪当量，2014 年上升至 504.8 万头。2001—2014 各年的实际养殖量均超过 50% 的环境容量，风险指数均超过 1。其中，2014 年的实际养殖猪当量远远超过了 50% 的环境容量 [为 128.6 万头猪当量（TN），200.3 万头猪当量（TP）]，污染的风险指数高达 3.3（TN）和 2.5（TP）。可见，随着畜禽养殖业的迅速发展，湖北省三峡库区受到畜禽粪便污染越来越严重。

表 7-6　2001—2014 年湖北省三峡库区的实际养殖猪当量、环境容量和风险指数

时间（年）	承载力（t）		实际养殖猪当量（万只）		环境容量（万只）		50%环境容量（万只）		风险指数	
	N	P	N	P	N	P	N	P	N	P
2001	18 106.7	3 727.9	197.3	227.4	249.4	388.3	124.7	194.2	1.6	1.2
2002	17 136.0	3 528.0	197.2	226.5	236.0	367.5	118.0	183.8	1.7	1.2
2003	16 272.4	3 350.2	210.8	242.9	224.1	349	112.1	174.5	1.9	1.4
2004	15 974.9	3 289.0	228.7	263.3	220	342.6	110.0	171.3	2.1	1.5
2005	15 723.3	3 237.2	264.2	299.3	216.6	337.2	108.3	168.6	2.4	1.8
2006	15 602.6	3 212.3	257.5	291.1	214.9	334.6	107.5	167.3	2.4	1.7
2007	15 609.4	3 213.7	247.7	284.4	215.0	334.8	107.5	167.4	2.3	1.7
2008	15 687.6	3 229.8	288.6	327.9	216.1	336.4	108.0	168.2	2.7	1.9

（续）

时间（年）	承载力（t）		实际养殖猪当量（万只）		环境容量（万只）		50%环境容量（万只）		风险指数	
	N	P	N	P	N	P	N	P	N	P
2009	16 127.9	3 320.5	312.0	348.5	222.1	345.9	111.1	172.9	2.8	2.0
2010	15 990.2	3 292.1	336.6	380.7	220.3	342.9	110.1	171.5	3.1	2.2
2011	16 758.6	3 450.3	353.5	405.2	230.8	359.4	115.4	179.7	3.1	2.3
2012	18 489.2	3 806.6	356.5	408.1	254.7	396.5	127.3	198.3	2.8	2.1
2013	18 698.3	3 849.7	392.5	456.2	257.6	401.0	128.8	200.5	3.0	2.3
2014	18 679.6	3 845.8	425.6	504.8	257.3	400.6	128.6	200.3	3.3	2.5

从 2014 年湖北省三峡库区的不同地区来看，巴东县、夷陵区、兴山县和秭归县的实际养殖猪当量也是远远超出 50% 环境容量。兴山县的污染风险指数高达 3.7（TN）和 3.0（TP）。夷陵区、秭归县和巴东县的污染指数也在 2~3 之间，表明湖北省三峡库区各地区的耕地面积是无法消纳现在产生的畜禽粪便量。如果直接将畜禽粪便还田，那将会给农田和水体面源污染带来风险。因此，亟须在湖北省三峡库区各地区实施总量控制措施并探索畜禽粪便循环利用模式，提高畜禽粪便综合利用效率（表 7-7）。

表 7-7　2014 年三峡库区各县区实际养殖猪当量、环境容量和风险指数

地区	时间（年）	承载力（t）		实际养殖猪当量（万只）		环境容量（万只）		50%环境容量（万只）		风险指数	
		N	P	N	P	N	P	N	P	N	P
夷陵区	2014	5 720.5	1 177.8	132.0	145.4	78.8	122.7	39.4	61.3	3.4	2.4
秭归县	2014	4 029.0	829.5	70.6	77.7	55.5	86.4	27.7	43.2	2.5	1.8
兴山县	2014	2 755.7	567.4	69.6	89.9	38.0	59.1	19.0	29.5	3.7	3.0
巴东县	2014	6 174.4	1 271.2	153.4	191.8	85.0	132.4	42.5	66.2	3.6	2.9

2. 基于养分平衡的畜禽粪污土地承载力测算技术　《畜禽粪污土地承载力测算技术指南》畜禽粪污土地承载力及规模养殖场配套土地面积测算以粪肥氮养分供给和植物氮养分需求为基础进行核算，对于设施蔬菜等作物为主或土壤本底值磷含量较高的特殊区域或农用地，可选择以磷为基础进行测算。畜禽粪肥养分需求量根据土壤肥力、作物类型和产量、粪肥施用比例等确定。畜禽粪肥养分供给量根据畜禽养殖量、粪污养分产生量、粪污收集处理方式等确定。

区域畜禽粪污土地承载力等于区域植物粪肥养分需求量除以单位猪当量粪肥养分供给量（以猪当量计）。区域植物养分需求量根据区域内各类植物（包括作物、人工牧草、人工林地等）的氮（磷）养分需求量测算，计算方法如下：

区域植物养分需求量 = $\sum$（植物总产量(总面积)×单位产量(单位面积)养分需求量）

不同植物单位产量（单位面积）适宜氮（磷）养分需求量可以通过分析该区域的土壤养分和田间试验获得，无参考数据的可参照表 7-8 确定。

表 7-8 不同植物形成 100kg 产量需要吸收氮磷量推荐值

作物种类		氮（N）（kg）	磷（P）（kg）
大田作物	小麦	3.0	1.0
	水稻	2.2	0.8
	玉米	2.3	0.3
	谷子	3.8	0.44
	大豆	7.2	0.748
	棉花	11.7	3.04
	马铃薯	0.5	0.088
蔬菜	黄瓜	0.28	0.09
	番茄	0.33	0.1
	青椒	0.51	0.107
	茄子	0.34	0.1
	大白菜	0.15	0.07
	萝卜	0.28	0.057
	大葱	0.19	0.036
	大蒜	0.82	0.146
果树	桃	0.21	0.033
	葡萄	0.74	0.512
	香蕉	0.73	0.216
	苹果	0.3	0.08
	梨	0.47	0.23
	柑橘	0.6	0.11
经济作物	油料	7.19	0.887
	甘蔗	0.18	0.016
	甜菜	0.48	0.062
	烟叶	3.85	0.532
	茶叶	6.40	0.88
人工草地	苜蓿	0.2	0.2
	饲用燕麦	2.5	0.8
人工林地	桉树	$3.3kg/m^3$	$3.3kg/m^3$
	杨树	$2.5kg/m^3$	$2.5kg/m^3$

根据不同土壤肥力下，区域内植物氮（磷）总养分需求量中需要施肥的比例、粪肥占施肥比例和粪肥当季利用效率测算，计算方法如下：

$$区域植物粪肥养分需求量 = \frac{区域植物养分需求量 \times 施肥供给养分占比 \times 粪肥占施肥比例}{粪肥当季利用率}$$

氮（磷）施肥供给养分占比根据土壤氮（磷）养分确定，土壤不同氮磷养分水平下的施肥占比推荐值见表 7-9。不同区域的粪肥占施肥比例根据当地实际情况确定；粪肥中氮素当季利用率取值范围推荐值为 25%～30%，磷素当季利用率取值范围推荐值为 30%～35%，具体根据当地实际情况确定。

表 7-9　土壤不同氮磷养分水平下施肥供给养分占比推荐值

土壤氮磷养分分级		I	II	III
	施肥供给占比（%）	35	45	55
土壤全氮含量（g/kg）	旱地（大田作物）	>1.0	0.8～1.0	<0.8
	水田	>1.2	1.0～1.2	<1.0
	菜地	>1.2	1.0～1.2	<1.0
	果园	>1.0	0.8～1.0	<0.8
土壤有效磷含量（mg/kg）		>40	20～40	<20

1 头猪为 1 个猪当量。1 个猪当量的氮排泄量为 11kg，磷排泄量为 1.65kg。按存栏量折算：100 头猪相当于 15 头奶牛、30 头肉牛、250 只羊 2 500 只家禽。生猪、奶牛、肉牛固体类便中氮素占氮排泄总量的 50%，磷素占 80%；羊、家禽固体粪便中氮（磷）素占100%。综合考虑畜禽粪污养分在收集、处理和贮存过程中的损失，单位猪当量氮养分供给量为 7.0kg，磷养分供给量为 1.2kg。

以 N 素平衡来看，三峡库区土地承载力最高的为水稻，其次为油料作物，两类作物土地承载力均高于 1.0 猪当量/（亩·当季）。排名第三位的是玉米，其土地承载力为 0.91 猪当量/（亩·当季）。以 P 素平衡来看，三峡库区土地承载力最高的为水稻，为 2.44 猪当量/（亩·当季）。其次为小麦，土地承载力为 1.23 猪当量/（亩·当季）。而玉米、油料作物和马铃薯土地承载力约为 0.70 猪当量/（亩·当季）。此外，小麦、水稻以磷素平衡所计算的土地承载力高于以氮平衡的土地承载力，而玉米、大豆、马铃薯和油料作物的趋势与之相反。三峡库区以 N 和 P 计算所获得的养殖猪环境容量分别为 234.2 和 219.1 万只，主要可以用于消纳畜禽粪污的作物为玉米、马铃薯和油料作物（表 7-10）。

表 7-10　三峡库区土壤承载力

作物	产量（t/hm²）	土地承载力［猪当量/（亩·当季）］		环境容量（万只）	
		N	P	以 N 计	以 P 计
小麦	5.7	0.67	1.23	7.4	13.8
水稻	13.3	1.21	2.44	23.7	47.9
玉米	6.6	0.91	0.66	82.7	59.9
大豆	2.1	0.52	0.30	10.9	6.3
马铃薯	20.8	0.71	0.69	55.1	53.9
油料	4.4	1.06	0.73	54.4	37.3
合计				234.2	219.1

　　湖北省三峡库区的不同地区来看，养殖猪环境容量由高到低依次为夷陵区＞巴东县＞秭归县＞兴山县，环境容量依次介于 81.4 万～82.7 万、70.0 万～78.9 万、41.9 万～46.6 万、24.5 万～27.3 万只，这与各地区播种面积和农作物产量的趋势一致（表 7-11）。

表 7-11　三峡库区各县区土地承载力

地区	作物	产量（t/hm²）	土地承载力［猪当量/（亩·当季）］		环境容量（万只）	
			N	P	以 N 计	以 P 计
夷陵区	小麦	1.8	0.5	0.9	0	0
	水稻	7.2	1.3	2.7	16.5	33.3
	玉米	4.7	0.9	0.7	23.6	17.1
	大豆	1.3	0.8	0.5	3.4	1.9
	马铃薯	18.7	0.8	0.8	15.1	14.8
	油料	2.3	1.4	1.0	22.8	15.6
	合计				81.4	82.7
兴山县	小麦	1.5	0.8	3.2	0.2	0.3
	水稻	1.8	0.9	4.9	2.1	4.2
	玉米	0.5	0.7	3.8	8.1	5.8
	大豆	0.3	0.4	0.7	0.8	0.5
	马铃薯	0.8	0.8	19.0	9	8.8
	油料	0.8	1.2	1.9	7.1	4.9
	合计				27.3	24.5
秭归县	小麦	1.1	0.6	2.3	2.7	5.1
	水稻	2.3	1.2	6.3	2.3	4.7
	玉米	0.8	1.1	5.7	20.2	14.7
	大豆	0.3	0.5	0.9	1.7	1
	马铃薯	0.7	0.7	16.6	9.7	9.5
	油料	0.8	1.1	1.9	10	6.9
	合计				46.6	41.9
巴东县	小麦	1.3	0.7	2.9	4.5	8.4
	水稻	2.0	1.0	5.3	2.8	5.6
	玉米	0.6	0.9	4.4	30.8	22.3
	大豆	0.2	0.4	0.7	5	2.9
	马铃薯	0.6	0.6	15.2	21.3	20.8
	油料	0.5	0.7	1.2	14.5	10
	合计				78.9	70

（二）丹江口库区畜禽粪便与缓控释肥料配合施用效果评价

1. 畜禽粪便与普通化肥、缓控释肥配合对玉米产量与经济效益的影响　试验安排在丹江口市习家店镇小茯苓村，供试作物为玉米，品种为堰玉18。采用田间小区试验与大田对比示范来进行。试验共4个处理3次重复，小区面积20m²，随机区组排列。处理为：①CK，不施肥；②OPT，化学肥料推荐（即单质化肥混配），氮、磷、钾纯养分量分别为225～93.75～131.25kg/hm²，分别用尿素、过磷酸钙和氯化钾；③FN+MN，即化学肥料与发酵鸡粪肥配合施用，NPK总量同OPT，70%化肥N+30%发酵鸡粪N，不足的磷钾用单质肥料补齐；④FN+MN+LN，即化学肥料与发酵鸡粪肥和缓控释肥配合施用，NPK总量同OPT，40%化肥N+30%发酵鸡粪N+30%缓释N，不足的PK用单质肥料补齐。大田示范对比2个处理，不设重复，每个处理面积为70m²；处理为：①OPT：单质化肥混配：N-P₂O₅-K₂O＝225-93.75-131.25kg/hm²；②FN+MN，即化学肥料与发酵鸡粪肥配合施用，NPK总量同OPT，70%化肥N+30%发酵鸡粪N，不足的磷钾用单质肥料补齐。

表7-12结果表明，畜禽粪便与普通化肥配合使用或畜禽粪便与普通化肥和缓控释肥配合施用，在增产效果上与仅施用普通化肥基本相当，产量相差不超过5%；发酵鸡粪与普通化肥处理的纯收入仅略低于普通化肥处理（5.3%以内）；缓控释肥的价格目前相对较高，其纯收入则相对低。从目前的结果看，减少一定比例的化肥用量，同时施用一定比例的畜禽粪便，在产量上可获得相同的增产效果，同时还可充分利用当地的畜禽粪便资源，这在丹江口主要农作物上有很大的推广潜力（表7-12）。

表7-12　畜禽粪便与普通化肥、缓控释肥配合使用对玉米产量和经济效益的影响

处理	试验						示范			
	产量	纯收入	产量与CK比较		纯收入与OPT比较		产量	纯收入	纯收入与OPT比较	
			增产量	增幅	增产量	增幅			增产量	增幅
	（kg/hm²）	（元/hm²）	（kg/hm²）	（%）	（kg/hm²）	（%）	（kg/hm²）	（元/hm²）	（kg/hm²）	（%）
CK	5 921b	9 347	—	—	—	—				
OPT	8 783a	12 194	2 862	48.3	—	—	7 290a	9 417	—	—
FN+MN	8 783a	11 699	2 862	48.3	−495	−4.06	7 130a	8 922	−495	−5.26
FN+MN+LN	8 388a	10 697	2 467	41.7	−1 497	−12.3				

注：玉米价格：1.68元/kg，普通化学肥料价格尿素N 3.91元/kg，纯P₂O₅ 5.00元/kg，纯K₂O 4.67元/kg，发酵鸡粪0.40元/kg，施可丰缓控释肥2.80元/kg。

2. 畜禽粪便与普通化肥、缓控释肥配合对玉米当季养分吸收和利用的影响　畜禽粪便与普通化肥配合使用，或者畜禽粪便与普通化肥和缓控释肥配合施用的氮偏生产力、农学效率相差不明显（表7-13）；氮、磷、钾吸收量差异显著，吸氮量为普通化肥＞畜禽粪便与普通化肥和缓控释肥配合＞畜禽粪便与普通化肥配合，磷、钾吸收量均为畜禽粪便与普通化肥配合＞普通化肥＞畜禽粪便与普通化肥和缓控释肥配合，可能与不同肥料当季提供养分的速率有关；不同处理N肥表观利用率为：普通化肥＞畜禽粪便与普通化肥和缓控释肥配合＞畜禽粪便与普通化肥配合。

表 7-13　畜禽粪便与普通化肥、缓控释肥氮素养分利用效率分析

处理	产量 (kg/hm²)	N肥偏生产力 (kg/kg N)	N肥农学效率 (kg/kg N)	N吸收量 (kg/hm²)	P₂O₅吸收量 (kg/hm²)	K₂O吸收量 (kg/hm²)	N肥表观利用率（%）
CK	5 921b	—	—	123.6d	29.5d	55.8d	—
OPT	8 783a	39.03	12.7	212.9a	40.3b	133.4b	39.7
FN+MN	8 783a	39.03	12.7	161.2c	42.9a	171.1a	16.7
FN+MN+LN	8 388a	37.28	11.0	183.5b	35.4c	110.4c	26.6

可见，畜禽粪便与普通化肥配合使用，在不减产的条件下，应该有较好的后效，可能增加了土壤中氮和有机质的累积，对培肥土壤和促进土壤的可持续利用有利。

二、分散式养殖粪污干湿分离避雨堆沤技术

（一）技术背景

大多数分散养殖过程未进行雨污分流，雨水、生活污水和养殖污水均通过栏舍外围的水沟外排。水沟采用明沟形式或明沟加盖石棉瓦等简易遮挡材料，无法有效隔绝雨水。建有沼气池等粪污处理设施的农户，下雨时，大量地表径流随排污沟汇入沼气池等粪污处理设施中，增加了污水处理量并严重影响到后续生化反应的处理效果，最终导致粪污漫溢，污染周边水体。而未建有沼气池等粪污处理设施的农户，下雨时，雨水直接冲刷露天堆放的畜禽粪污，严重污染周围水体。

（二）技术要点

干湿分离：生活污水、畜禽污水与粪便进行干湿分离。

避雨堆沤：干湿分离后粪便进入堆沤池，堆沤池设有避雨设备，防止雨水、生活污水冲刷。

针对粪便露天堆放问题，设计了一个产品：户用型分散养殖畜禽粪便干湿分离堆沤池。该产品设置有堆沤池本体，伸缩雨棚固定在堆沤池本体上方，中间池放置在堆沤池本体的最底部，过滤栅隔板安装在中间池上，堆沤池本体的一侧还安装有进料口、出料口。伸缩雨棚通过伸缩杆固定在堆沤池本体上方，污水排放管安装在中间池的一侧。该产品的优点和积极效果是：由于该产品是在畜禽粪便（猪粪）自然堆放发酵法的基础上改进而来，箱体式堆沤池解决了粪便露天堆放的问题，堆沤池本体的底部设有过滤栅隔板，把粪便中的尿液过滤掉，堆沤池顶部有伸缩雨棚，避免了雨水对粪便的淋洗，减少粪便养分的损失。堆沤池本体有两边箱体可以外方式拉开，方便粪便的进出；伸缩雨棚的上下调节可以控制空气和蚊虫的进入。设备简单，投资少，维护成本低，可显著减少对环境的污染，适用于饲养规模小的山区、偏远农村（图 3-39）。

（三）技术效果

通过干湿分离池将粪污固液分离后，粪便被加盖后避免了被雨水冲刷，粪便中的氮磷削减率达到了100%（氨挥发不计），因此，通过干湿分离池处理后，粪便中氮磷削减量分别为563.2kg/a 和 75.7kg/a。由于尿液进入化粪池后，其中85户进入联片污水处理利用系统，经过初步处理后灌溉农田被利用，22户通过单户污水处理利用系统，经过处理后灌溉农田

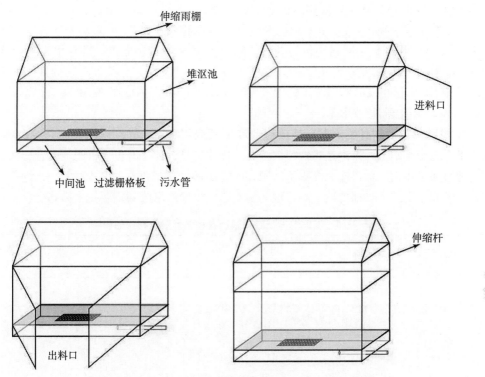

图 7-39　户用型分散养殖畜禽粪便干湿分离堆沤池结构

被利用，基本被 100％利用，因此，尿液中氮磷削减量在污水处理系统中计算（表 7-14）。

表 7-14　干湿分离池削减氮磷效果

名称	覆盖率（%）	粪便处理率（%）	粪便总氮削减量（kg/a）	粪便总磷削减量（kg/a）
干湿分离池	100	100	563.2	75.7

三、畜禽养殖粪污厌氧发酵还田技术

（一）坡耕地玉米—小麦轮作制畜禽粪便消纳容量与环境效应评价

探讨一定化学供氮水平基础上，畜禽粪便使用量及其提供氮素与化学肥料氮素的不同比例对 NP 养分流失的影响，以减少旱坡地氮磷养分流失并兼顾作物产量和品质为目标，确定适宜当地条件的畜禽粪便农田安全消纳容量，为合理利用农业废弃物资源、培肥土壤、并控制旱坡地肥料面源污染和水土流失采取相应的措施提供依据。基于此，小茯苓村缓坡地玉米—小麦轮作制进行田间定位试验研究。田间试验分别设置：①2 季作物均不施肥（CK）。②农户习惯施肥（FP），即玉米每公顷基施 1 500kg 碳酸氢铵，750kg 过磷酸钙（折合 255kg N，90kg P_2O_5），小麦每公顷基施 750kg 碳酸氢铵，750kg 过磷酸钙（折合 127.5kg N，90kg P_2O_5），玉米和小麦均不追肥。③优化施肥（OPT），玉米每公顷分别施 N、P_2O_5 和 K_2O（下同）225、90 和 120kg，小麦每公顷分别施 127.5、90 和 75kg。（4）NPK 化学肥料用量为处理③的 60％，玉米和小麦再分别施用相当于含 N 量为 3.0kg

和 1.7kg 的发酵鸡粪肥（分别相当于③中用 N 量的 20%，以下依次类推）。⑤NPK 化学肥料用量为处理③的 60%，玉米和小麦再分别施用相当于含 N 量为 6.0kg 和 3.4kg 的发酵鸡粪肥。⑥NPK 化学肥料用量为处理③的 60%，玉米和小麦再分别施用相当于含 N 量为 9.0kg 和 5.1kg 的发酵鸡粪肥。⑦NPK 总量同处理③，玉米和小麦先分别施用相当于处理③中用 N 量的 20%，即有机肥态 N 为 3.0kg 和 1.7kg 的发酵鸡粪，不足的 N、P_2O_5、K_2O 用化学肥料补齐。

1. 发酵鸡粪肥对作物产量、氮素吸收和氮肥表观利用率的影响 表 7-15 中结果表明，在玉米不施肥基础上，无论是当地习惯施肥、优化施肥、还是有机无机肥料配合施用，都极显著地增加了作物产量，连续 2 季不施肥，小麦施肥增产幅度在 210% 以上，连续多季不施肥，玉米和小麦的产量都持续下降，说明施肥是实现增产增收的重要技术措施。

表 7-15　发酵鸡粪肥对玉米产量和氮素吸收利用的影响

年份	处理	产量 (kg/hm²)	增产量 (kg/hm²)	增产率 (%)	氮吸收量 (kg/hm²)	氮表观利用率 (%)
2008—2009	CK	7 002d	—	—	82.1d	
	FP	8 257c	1 255	17.9	183.3a	39.7
	OPT	9 215b	2 213	31.6	178.6a	42.9
	60%+20%N	9 050b	2 048	29.2	166.4c	46.8
	60%+40%N	9 677ab	2 675	38.2	172.5bc	40.2
	60%+60%N	9 974a	2 972	42.4	204.3a	45.2
	20%N+补齐	8 984bc	1 982	28.3	191.9ab	48.8
2009—2010	CK	5 186d	—	—	86.0d	—
	FP	7 677bc	2 492	48.1	160.9abc	29.4
	OPT	8 721ab	3 536	68.2	174.8ab	39.5
	60%+20%N	8 149abc	2 963	57.1	151.5bc	36.4
	60%+40%N	8 788a	3 603	69.5	159.6abc	32.7
	60%+60%N	8 822a	3 637	70.1	170.9ab	31.5
	20%N+补齐	8 620ab	3 435	66.2	189.2a	45.9

表 7-16　发酵鸡粪肥对小麦产量和氮素吸收利用的影响

年份	处理	产量 (kg/hm²)	增产量 (kg/hm²)	增产率 (%)	氮吸收量 (kg/hm²)	氮表观利用率 (%)
2008—2009	CK	1 367c	—	—	33.6d	—
	FP	4 424b	3 057	223.7	140.4a	83.7
	OPT	4 769ab	3 402	248.9	144.0a	86.5
	60%+20%N	4 291b	2 924	213.9	105.3c	70.3
	60%+40%N	4 602ab	3 235	236.7	121.4b	68.9
	60%+60%N	4 969a	3 602	263.5	137.2a	67.7
	20%N+补齐	4 602ab	3 235	236.7	136.8ab	81.0

（续）

年份	处理	产量 （kg/hm²）	增产量 （kg/hm²）	增产率 （%）	氮吸收量 （kg/hm²）	氮表观利用率 （%）
2009—2010	CK	1 156c	—	—	27.0d	—
	FP	5 022a	3 866	334.5	122.2a	74.6
	OPT	5 089a	3 933	340.2	118.3ab	71.6
	60%+20%N	4 144b	2 988	258.5	91.3c	63.1
	60%+40%N	4 822ab	3 666	317.1	98.5c	56.0
	60%+60%N	5 011a	3 855	333.5	120.4ab	61.1
	20%N+补齐	4 767ab	3 611	312.3	104.6bc	60.9

在第一、二轮作中，处理3~5和处理7产量差异不显著（第二季小麦处理4除外），其中处理3和处理5产量相对较高，处理4产量相对较低，说明氮、磷、钾肥都对增产起作用；在氮磷钾施用总量不变的情况下，当20%氮素由发酵鸡粪肥提供时，有机无机肥料配合施用处理的产量比化学肥料优化施肥处理略低，但未达显著性水平，2季玉米产量前者分别为后者的97.5%和98.8%，2季小麦产量前者分别为后者的96.5%和93.7%，表明在玉米—小麦轮作中，用一定比例的有机肥料养分代替化学肥料养分，基本不影响作物产量。

就氮素吸收和氮素表观利用率来看，不施氮肥处理产量和植株氮含量均较低，吸氮量也显著低于施氮处理，植株吸氮量有随施氮量增加而增加的趋势，但"相邻"处理差异不显著。氮素表观利用率的年度变化差异较大，且不同作物的变化趋势不尽一致，与化学肥料优化施肥处理比较，玉米季在施氮总量不变的情况下，化学肥料与发酵鸡粪肥配合施用，氮肥表观利用率与优化施肥处理相当（2009年度为39%），或者比优化施肥处理高出1.6个百分点（2008年度分别为44.5%和42.9%）；小麦季在施氮总量不变的情况下，化学肥料与发酵鸡粪肥配合施用，氮肥表观利用率比优化施肥处理低11~13个百分点，2008—2009年度两者分别为75.0%和86.5%，2009—2010年度两者分别为58.5%和71.6%，这可能与发酵鸡粪肥施用季节的土壤条件有关，玉米季作物生长与雨热同季，土壤温度和湿度较大，更有利于有机态氮的矿化，并促进作物对这部分氮素的吸收；而在小麦生长季节，多数时间气温较低、降雨较少，土壤温度和湿度均较低，土壤有机态氮的释放较慢，不利于作物的吸收利用。由此可见，在玉米—小麦轮作中，在氮磷钾施用总量不变的情况下，用20%的有机肥料氮代替化学肥料氮，基本不影响作物产量；在玉米季，化学肥料与有机肥料配合施用的氮肥表观利用率与纯化学肥料基本相当，但在小麦季，主要由于气温较低、降雨较少，土壤温度和湿度均较低，土壤有机态氮的矿化较慢，不利于作物在短时间内对之进行吸收利用，使化学肥料与发酵鸡粪肥配合施用的氮肥表观利用率比优化施肥处理低11~13个百分点。

2. 发酵鸡粪肥对作物经济效益的影响 进一步的经济效益分析结果表明（表7-17），在当地平均肥料和产品价格下，玉米优化施肥（减氮增钾）比当地习惯施肥多投入肥料443元/hm²，多增加收入1 608~1 755元/hm²，增施的肥料产投比为3.63~3.96。小麦优化施肥（增钾）比当地习惯施肥多投入肥料 350 元/hm²，2008—2009 年度多增加收入 634 元/hm²，钾肥产投比为 1.81；2009—2010 年度仅多增加收入 123 元/hm²，钾肥产投比在 1.0 以下，这与供试土壤速效钾含量较高和玉米施钾有一定后效有关（表 7-18）。

表 7-17 发酵鸡粪肥对玉米经济效益的影响分析

年度	处理	毛收入 (元/hm²)	肥料总投入 (元/hm²)	比 CK 增收 (元/hm²)	肥料 VCR	比 FP 增收 (元/hm²)
2008—2009	CK	11 763	0	—	—	—
	FP	13 872	1 501	2 109	1.41	—
	OPT	15 481	1 890	3 718	1.97	1 609
	60%+20%N	15 203	2 769	3 440	1.24	1 331
	60%+40%N	16 258	4 404	4 495	1.02	2 386
	60%+60%N	16 757	6 038	4 994	0.83	2 885
	20%N+补齐	15 092	2 663	3 329	1.25	1 220
2009—2010	CK	8 716	0	—	—	—
	FP	12 904	1 501	4 188	2.79	—
	OPT	14 659	1 890	5 943	3.14	1 755
	60%+20%N	13 697	2 769	4 981	1.8	793
	60%+40%N	14 772	4 404	6 056	1.38	1 868
	60%+60%N	14 829	6 038	6 113	1.01	1 925
	20%N+补齐	14 489	2 663	5 773	2.17	1 585

表 7-18 发酵鸡粪肥对小麦经济效益的影响分析

年度	处理	毛收入 (元/hm²)	肥料总投入 (元/hm²)	比 CK 增收 (元/hm²)	肥料 VCR	比 FP 增收 (元/hm²)
2008—2009	CK	2 516	0	—	—	—
	FP	8 141	975	5 625	5.77	—
	OPT	8 775	1 299	6 259	4.82	634
	60%+20%N	7 896	1 705	5 380	3.15	—245
	60%+40%N	8 468	2 631	5 952	2.26	327
	60%+60%N	9 143	3 557	6 627	1.86	1 002
	20%N+补齐	8 468	1 736	5 952	3.43	327
2009—2010	CK	2 126	0	—	—	—
	FP	9 241	975	7 115	7.3	—
	OPT	9 364	1 299	7 238	5.57	123
	60%+20%N	7 626	1 705	5 500	3.23	—1 615
	60%+40%N	8 873	2 631	6 747	2.56	—368
	60%+60%N	9 220	3 557	7 094	1.99	—21
	20%N+补齐	8 771	1 736	6 645	3.83	—470

表7-19　发酵鸡粪肥对地表径流水中不同形态氮、磷浓度、形态的影响

年份	作物	处理	TN (mg/L)	DTN (mg/L)	NO_3^--N (mg/L)	NH_4^+-N (mg/L)	TP (mg/L)	TDP (mg/L)	DIP (mg/L)	PP (mg/L)
2008	玉米	CK	6.44c	2.76d	2.74b	0.24ab	0.47c	0.09c	0.05c	0.38 b
		FP	11.76b	8.46ab	4.51a	0.28ab	0.77b	0.27b	0.28a	0.50 a
		OPT	10.75b	8.26ab	4.02a	0.30a	0.98a	0.33ab	0.21ab	0.65 a
		60%+20%N	15.02a	6.61b	2.82b	0.20b	0.90a	0.32ab	0.23a	0.58 a
		60%+40%N	10.08b	4.95c	2.39b	0.19b	0.91a	0.27b	0.17b	0.65 a
		60%+60%N	13.54ab	9.40a	3.92a	0.38a	1.09a	0.47a	0.30a	0.62 a
		20%N+补齐	13.91ab	9.66a	4.07a	0.17b	0.56c	0.16bc	0.10b	0.40 b
2008—2009	小麦	CK	4.33±2.88	3.16±2.74	1.85±1.62	0.49±0.17	0.21±0.12	0.12±0.09	0.08±0.11	0.10±0.06
		FP	9.20±9.78	6.32±5.93	2.35±1.41	0.76±0.22	0.45±0.21	0.18±0.13	0.12±0.11	0.27±0.10
		OPT	6.01±3.95	5.31±3.00	2.85±1.84	1.09±0.45	0.36±0.08	0.13±0.09	0.08±0.09	0.23±0.09
		60%+20%N	7.55±2.22	4.93±1.55	2.34±1.09	0.66±0.59	0.44±0.18	0.18±0.13	0.07±0.07	0.26±0.16
		60%+40%N	8.34±4.79	5.20±3.55	2.14±1.03	0.43±0.15	0.39±0.22	0.14±0.09	0.07±0.04	0.25±0.17
		60%+60%N	13.0±10.4	9.64±8.85	2.82±1.72	0.52±0.23	0.73±0.70	0.27±0.26	0.11±0.11	0.45±0.46
		20%N+补齐	10.8±5.64	6.57±3.69	1.79±0.60	0.48±0.29	0.32±0.17	0.12±0.04	0.06±0.05	0.20±0.14

（续）

年份	作物	处理	TN (mg/L)	DTN (mg/L)	NO$_3^-$-N (mg/L)	NH$_4^+$-N (mg/L)	TP (mg/L)	TDP (mg/L)	DIP (mg/L)	PP (mg/L)
2009	玉米	CK	4.46±1.33	3.28±1.61	1.68±0.48	0.35±0.15	0.38±0.11	0.076±0.05	0.05±0.04	0.30±0.11
		FP	10.3±4.91	7.06±2.98	2.68±1.54	1.02±0.99	0.55±0.19	0.27±0.16	0.20±0.14	0.28±0.13
		OPT	9.87±8.10	5.54±3.61	2.18±1.14	0.73±0.30	0.56±0.28	0.18±0.16	0.13±0.13	0.38±0.23
		60%+20%N	7.36±3.27	4.32±2.56	2.48±1.00	0.58±0.57	0.64±0.29	0.27±0.23	0.21±0.18	0.36±0.17
		60%+40%N	8.77±2.02	5.14±2.63	2.07±0.57	0.77±0.39	1.29±1.28	0.42±0.47	0.37±0.48	0.86±0.84
		60%+60%N	13.3±9.96	6.23±4.30	1.94±1.20	1.05±1.05	1.71±1.30	0.73±0.87	0.57±0.66	0.98±0.61
		20%N+补齐	12.5±5.40	7.25±4.61	2.62±1.22	0.79±0.46	0.56±0.23	0.16±0.07	0.11±0.06	0.40±0.23
2009—2010	小麦	CK	4.20±2.49	3.07±1.39	1.90±0.62	0.94±0.63	0.37±0.54	0.16±0.29	0.07±0.21	0.21±0.25
		FP	7.78±3.47	4.81±1.74	3.01±1.42	1.08±0.46	1.26±1.98	0.88±1.50	0.66±1.36	0.37±0.48
		OPT	9.29±4.83	5.84±2.74	3.78±2.28	2.27±2.21	1.13±1.92	0.68±1.12	0.50±0.99	0.46±0.81
		60%+20%N	4.82±1.15	3.43±0.79	2.57±0.73	0.58±0.16	0.42±0.47	0.22±0.29	0.12±0.24	0.20±0.18
		60%+40%N	6.64±3.21	4.49±1.72	2.76±0.87	1.17±0.48	1.10±1.65	0.60±0.87	0.48±0.86	0.49±0.80
		60%+60%N	7.93±5.82	4.87±2.45	2.64±0.81	1.84±1.67	1.62±2.60	0.77±1.24	0.67±1.24	0.85±1.36
		20%N+补齐	6.82±4.77	4.64±2.67	2.29±0.85	1.58±1.68	2.25±4.30	1.31±2.62	0.81±1.64	0.94±1.69

在肥料经济学研究中通常认为，只有当 VCR 值大于 2.0 时，施用肥料才有意义。第一、二轮作周期玉米配施发酵鸡粪肥，其施肥产投比大多低于 2，与发酵鸡粪肥经过加工处理、价格比当地畜禽粪便较高有关；二个轮作周期小麦配施发酵鸡粪肥，几个处理的施肥产投比几乎都在 2 以上，并不是说几个配比都是适宜的，而主要与对照处理中作物连续多季不施肥引起的产量持续下降有关。结合有机无机肥料在玉米—小麦轮作制中的产量结果，可以认为，在氮磷钾施用总量不变的情况下，20%～25%的化学肥料氮由当地"价廉物美"的畜禽粪便氮来代替，在增产增收方面都是可行的，在玉米季替代比例可取较高值，而在小麦季，替代比例可降低至 20%以下。

3. 发酵鸡粪肥对坡耕地氮磷流失浓度和形态的影响　2 个轮作周期中不同施肥处理历次地表径流水总氮（TN）和总磷（TP）浓度平均值列于表 7-19，由表可见，不同季节、不同降雨条件下地表径流水总氮、总磷浓度变异均较大。

进一步相关分析结果表明（表 7-20），径流水总氮、可溶性总氮、可溶性有机氮和颗粒态均与施氮量呈极显著正相关，硝态氮含量与施氮量呈显著正相关；径流水总磷和颗粒态磷含量均与施磷量呈极显著正相关，可溶性无机磷与施磷量呈显著正相关，表明氮、磷施用量是影响氮、磷径流流失量的重要因素，施肥量越高，流失量也相应增大。假设化学肥料优化施肥处理（处理3）和有机无机配合施肥处理（处理7）的地表径流水总氮、总磷平均浓度的相对值为 100，则不施肥处理总氮、总磷浓度相对值分别平均为 48.9、53.2，可见，即使不施任何肥料，只要产生地表径流，就会有较高的氮、磷流失（即水土流失），说明土壤氮、磷本底值本身也是坡耕地氮、磷面源污染的主要来源（即水土流失）。

表 7-20　径流水中不同形态氮、磷浓度与施氮量、施磷量的相关性

元素	总量	可溶性总量	可溶性有机态	颗粒态	硝态氮	铵态氮	可溶性无机磷
N	0.780**	0.723**	0.627**	0.579**	0.455*	−0.061	—
P	0.527**	0.353	0.200	0.652**	—	—	0.387*

注：n=28，R**=0.478，R*=374。

研究结果显示，不同形态氮、磷浓度在流失总浓度中所占比例结果显示，不同形态氮、磷在流失总量中所占比例随季节和降雨等条件变异较大，不同形态氮所占比例分别为硝态氮（32.0±10.1）%、可溶性有机氮（22.8±13.5）%、铵态氮（9.6±7.2）%、颗粒态氮（35.6±10.4）%，不同形态磷所占比例分别为颗粒态磷（59.2±11.8）%、可溶性无机磷（27.3±10.7）%、可溶性有机磷（13.5±6.6）%。结果表明，地表径流流失的总氮中，主要为可溶性氮，其中又以硝态氮为主，铵态氮占的比重较小；地表径流流失的总磷中，大部分磷通过土壤颗粒流失，可溶性磷比例较小，且可溶性磷以无机磷为主，这和前面不同形态氮、磷浓度与其施用量的相关性分析结果是一致的。

进一步分析径流水可溶性有机氮和可溶性有机磷在可溶性总氮、可溶性总磷中所占比值可见（表 7-21），在整个轮作周期，可溶性有机氮和可溶性有机磷在可溶性总氮、可溶性总磷中所占比值相接近，为 0.34～0.35，但其在不同施肥处理、不同作物季节中表现不一样。

表 7-21　可溶性有机氮（磷）与可溶性总氮（磷）的比值

元素	季别	全部	施有机肥	不施有机肥
N	整个周期	0.35	0.41	0.28
	玉米季	0.43	0.49	0.36
	小麦季	0.28	0.33	0.20
P	整个周期	0.34	0.36	0.31
	玉米季	0.28	0.29	0.28
	小麦季	0.40	0.43	0.35

可溶性有机氮的比值是施有机肥处理明显高于不施有机肥处理，前者平均为后者的 1.5 倍；玉米季明显大于小麦季，前者平均为后者的 1.6 倍，这说明有机肥的施用相应地增加了径流水中可溶性有机氮的浓度，且雨热同步的季节有利于有机肥中可溶性有机氮的释放。与氮不同，可溶性有机磷的比值是施有机肥处理仅略高于不施有机肥处理，且玉米季明显低于小麦季，后者平均为前者的 1.4 倍。

4. 发酵鸡粪肥对坡耕地氮磷流失量及流失系数的影响　2 个玉米—小麦轮作周期不同施肥处理地表径流水总氮（TN）和总磷（TP）流失量和流失系数列于表 7-22。由表 7-22 可见，地表径流水总氮流失量范围玉米季为 0.23～1.29kg/hm²，小麦季为 0.045～0.165kg/hm²；总磷流失量范围玉米季为 0.018～0.162kg/hm²，小麦季为 0.002～0.024kg/hm²，总氮和总磷的流失量均为玉米季大于小麦季。相关分析结果表明，径流水总氮、总磷流失量均分别与当季氮、磷施用总量呈极显著正相关，相关系数分别为 R** = 0.620 和 R** = 0.545，n=28，表明氮、磷施用量是影响氮、磷径流流失量的重要因素，施肥量越高，流失量也相应增大。

表 7-22　玉米—小麦 2 个轮作期总氮和总磷流失量与流失系数

年份	作物	处理	流失量（kg/hm²）		流失系数（%）	
			TN	TP	TN	TP
2008	玉米	CK	0.567c	0.067c	—	—
		FP	0.759b	0.101b	0.076	0.087
		OPT	0.919ab	0.134ab	0.159	0.171
		60%＋20%N	0.598c	0.093b	0.021	0.044
		60%＋40%N	0.714bc	0.086b	0.068	0.020
		60%＋60%N	1.085a	0.162a	0.195	0.071
		20%N＋补齐	1.283a	0.068c	0.321	0.003

（续）

年份	作物	处理	流失量（kg/hm²)		流失系数（%)	
			TN	TP	TN	TP
2008—2009	小麦	CK	0.051c	0.002 0c	—	—
		FP	0.099b	0.004 3b	0.037	0.006 0
		OPT	0.053c	0.002 8c	0.002	0.002 2
		60%＋20%N	0.104b	0.005 9a	0.052	0.008 8
		60%＋40%N	0.121ab	0.005 0a	0.055	0.004 7
		60%＋60%N	0.165a	0.006 0a	0.075	0.004 7
		20%N＋补齐	0.143a	0.003 9b	0.072	0.005 0
2009	玉米	CK	0.239b	0.018c	—	—
		FP	0.460a	0.028c	0.087	0.023
		OPT	0.445a	0.020c	0.092	0.005
		60%＋20%N	0.410a	0.027c	0.095	0.015
		60%＋40%N	0.490a	0.040b	0.111	0.022
		60%＋60%N	0.460a	0.060a	0.082	0.031
		20%N＋补齐	0.481a	0.024c	0.107	0.014
2009—2010	小麦	CK	0.045b	0.004d	—	—
		FP	0.079a	0.013b	0.026 7	0.023 6
		OPT	0.068ab	0.008c	0.018 3	0.010 7
		60%＋20%N	0.059b	0.005d	0.014 4	0.002 6
		60%＋40%N	0.074a	0.012b	0.023 0	0.012 2
		60%＋60%N	0.078a	0.014b	0.021 8	0.011 0
		20%N＋补齐	0.072a	0.024a	0.021 7	0.051 3

　　在总施氮量不变的情况下，有机无机肥料配合施用处理（处理 5 和处理 7）与纯化肥优化处理比较，玉米季和 2009—2010 年度小麦季的总氮流失量，有机无机肥料配合处理比纯化肥处理略高，2008—2009 小麦季明显偏高。在总施磷量不变的情况下，2008 年度玉米季总磷流失量，纯化肥处理明显高于有机无机肥料配合处理，其他季节则为有机无机肥料配合处理高于纯化肥处理，且高出的幅度变异较大，可能是由于总磷流失量绝对值相对较小、变异较大的缘故。因此，从目前的结果来看，有机无机肥料配合施用还没有明显显示出减少养分流失的作用，而这一结论仍有待于进一步研究。

　　5. 发酵鸡粪肥对土壤氮和有机质的影响　2 个玉米—小麦轮作周期中，作物收获后不同施肥处理、不同土壤层次硝态氮、铵态氮和无机氮总含量列于表 7-23。

　　由表 7-23 可见，土壤硝态氮、铵态氮含量变异较大，与试验不同小区空间变异有关。总体上看，作物收获后土壤硝态氮、铵态氮和无机氮总含量与上一季作物化学肥料施氮量和施氮总量均呈极显著正相关，相关系数 R^{**} 在 0.597～0.759 之间（n＝28），表明当季作物施氮对土壤硝态氮和铵态氮的累积均有促进作用。

表7-23 发酵鸡粪肥对土壤不同层次硝态氮、铵态氮和无机氮总含量的影响

轮作周期	层次 (cm)	处理	玉米季 (mg/kg)			小麦季 (mg/kg)		
			NO_3^--N	NH_4^+-N	无机氮	NO_3^--N	NH_4^+-N	无机氮
轮作前	0~20	基础样			15.16			11.6
	20~40	基础样			9.70			15.6
第一轮作	0~20	CK	7.20±1.85b	3.91±1.01b	11.11	7.26±0.26c	4.32±0.03b	15.6
		FP	13.3±0.37a	7.02±2.74a	20.29	10.4±0.12a	5.17±0.58ab	12.4
		OPT	11.1±1.13ab	5.44±2.18a	16.56	8.01±2.24bc	7.64±2.90a	15.7
		60%+20%N	8.04±2.24b	5.61±0.90a	13.65	7.49±1.51c	4.89±0.14b	15.1
		60%+40%N	8.78±2.07b	7.71±1.67a	16.49	9.83±1.44ab	5.92±0.66ab	15.0
		60%+60%N	9.63±4.91ab	6.80±1.31a	16.43	9.73±1.03ab	5.38±1.74ab	7.29
		20%N+补齐	8.86±2.85ab	4.74±1.79a	13.60	8.63±3.66abc	6.37±1.48ab	17.9
第一轮作	20~40	CK	3.90±1.26c	3.08±0.27a	6.98	3.64±0.02c	3.65±0.34b	11.4
		FP	10.4±2.23a	2.61±0.93a	13.01	13.8±3.74a	4.12±0.56b	7.40
		OPT	9.24±1.93a	3.00±0.43a	12.24	7.58±1.60b	3.87±0.21b	9.29
		60%+20%N	5.13±1.01bc	2.26±0.72a	7.39	3.87±1.64c	3.52±0.54b	11.2
		60%+40%N	6.50±1.86b	3.60±1.36a	10.10	5.07±1.82bc	4.22±0.78b	7.93
		60%+60%N	2.76±0.29c	1.83±0.69b	4.59	5.52±1.24bc	5.73±1.46a	
		20%N+补齐	3.94±0.73bc	3.89±1.58a	7.83	3.90±0.78c	4.03±1.24b	

（续）

轮作周期	层次 (cm)	处理	玉米季 (mg/kg)			小麦季 (mg/kg)		
			NO_3^--N	NH_4^+-N	无机氮	NO_3^--N	NH_4^+-N	无机氮
第二轮作	0~20	CK	8.66±1.06c	4.28±0.92c	12.95	6.57±2.32c	4.11±0.72c	10.68
		FP	23.6±5.55a	11.8±2.69a	35.43	11.3±1.57a	6.02±1.02b	17.33
		OPT	12.8±1.79b	9.51±4.74ab	22.30	7.85±2.15b	6.43±1.31b	14.28
		60%+20%N	11.1±0.47b	5.77±1.50b	16.85	8.71±2.53ab	5.89±0.30b	14.61
		60%+40%N	13.0±1.67b	8.66±0.11ab	21.68	10.4±0.97ab	8.23±0.80a	18.60
		60%+60%N	13.4±3.35b	9.97±1.68a	23.38	10.6±0.74ab	7.35±0.81ab	17.93
		20%N+补齐	13.0±0.75b	8.34±1.14ab	21.31	9.72±2.13ab	6.43±0.88b	16.15
第二轮作	20~40	CK	3.69±0.77b	3.82±0.03b	7.51	2.63±1.26b	3.08±0.32b	5.71
		FP	8.22±2.51a	6.66±1.77a	14.88	5.48±2.44a	3.95±0.17a	9.43
		OPT	5.21±2.83ab	5.57±0.73a	10.78	2.61±1.00b	4.25±1.50a	6.86
		60%+20%N	4.65±1.65b	6.19±1.31a	10.84	3.11±1.54ab	3.97±0.83a	7.08
		60%+40%N	4.82±0.83b	5.65±0.64a	10.47	3.26±1.17ab	4.70±0.21a	7.96
		60%+60%N	5.44±1.41ab	6.18±0.73a	11.61	3.06±0.39b	3.99±0.33a	7.05
		20%N+补齐	4.24±1.39b	6.08±1.27a	10.32	4.18±0.93ab	5.02±0.75a	9.19

进一步分析结果表明，在施氮总量不变的条件下，与纯化肥处理比较，有机无机配合施用处理玉米季土壤硝态氮含量相对较低，并以 20～40cm 土层更明显，铵态氮变化趋势不明显；小麦季有机无机配合施用处理土壤的硝态氮和铵态氮含量均较高；另外，随着有机肥料用量的增加，表层土壤铵态氮含量呈增加趋势，表明有机肥料的施用对表层土壤铵态氮的累积有一定促进作用。由于定位试验时间相对较短，土壤样本的采集受微地形影响较大，上述变化趋势还不是特别明显，有机肥料的施用对土壤氮素的保持作用仍有待进一步研究。

（二）沼渣、沼液科学还田与安全利用技术

为了探索沼液在茶叶上的喷施效果，为有机茶生产寻求新的有机叶面肥，选择集中叶面肥与之对比试验。

1. 沼液与不同种类叶面肥对茶叶经济性状的影响 试验设 4 个组，A 组喷施 1：1 沼液水，B 组喷施绿力神茶叶专用肥 800 倍液，C 组喷施茶叶催芽素 800 倍液，D 组喷施清水作对照。

表 7-24 不同喷液处理对茶叶经济性状的影响

组别		芽头密度（个/ m²）	比 CK 增减	百芽重（g）	比 CK 增减	理论产量（kg/hm²）	比 CK 增减	比 CK 增产（%）
A	春季	1 306	103	15.3	1.1	2 997.0	29.0	17.0
	夏季	1 242	159	23.5	0.4	4 378.5	41.7	16.7
B	春季	1 298	95	14.4	0.2	2 803.5	16.1	9.4
	夏季	1 218	135	23.6	0.5	4 311.0	37.2	14.9
C	春季	1 272	69	14.6	0.4	2 784.0	14.8	8.7
	夏季	1 113	30	23.3	0.2	3 889.5	9.1	3.6
D	春季	1 203	—	14.2	—	2 562.0	—	—
	夏季	1 083	—	23.1	—	3 753.0	—	—

从表 7-24 可知，茶叶喷施沼液、绿力神营养液、催芽素营养液后都可以提高其百芽重、芽头密度，但喷施沼液效果最好，可使春季茶叶产量增加 17%，夏季茶叶产量增加 16.7%。

2. 各处理对茶叶产量的影响 从表 7-25 可以看出，茶叶喷施 1：1 沼液水，3 次采摘春茶平均单产 2 010kg/hm²，较对照增产 18.6%，位居第一。与对照相比，产量差异极为显著。3 次采摘夏茶产量 2 835kg/hm²，较对照增产 18.9%。

表 7-25 不同喷液处理春、夏两季各三次采摘茶产量

组别	采摘季节	小区产量（kg/小区）				折合单产（kg/hm²）	比 CK 增减（kg/hm²）	位次
		Ⅰ	Ⅱ	Ⅲ	平均			
A		12.8	13.9	13.5	13.4	2 010	315	1
B	春	12.1	13.5	11.8	12.5	1 875	180	2
C	茶	11.6	12.9	12.3	12.3	1 845	150	3
D		10.6	11.1	12.3	11.3	1 695		4

（续）

组别	采摘季节	小区产量（kg/小区）				折合单产（kg/hm²）	比 CK 增减（kg/hm²）	位次
		I	II	III	平均			
A		12.8	19.2	18.8	18.9	2 835	450	1
B	夏	18.1	19.3	17.8	18.4	2 760	375	2
C	茶	16.2	17.9	18.1	17.4	2 610	225	3
D		15.3	16.6	15.8	15.9	2 385		4
A						4 845	765	1
B	春夏					4 635	555	2
C	两季					4 455	375	3
D						4 080		4

综上所述，茶叶喷施沼液能有效增加百芽重，增加芽头密度，提高单产，且生产成本低，易操作。所以，沼液可谓是生产有机茶较为理想的叶面肥，值得推广。在实际生产中还可以看出，茶叶喷施 1：1 的沼液茶叶叶色深绿、柔嫩，绒毛多；茶叶汤色嫩绿，香高持久。且喷施沼液可以减少茶叶病虫害。

第三节　农村生活源污染防控关键技术

三峡库区城镇化程度低，农村经济较为落后，自然村落位置随机，居住地山高坡陡且居住分散，而且普遍存在家庭畜禽养殖的情况。针对以上特点，三峡库区农村生活源污染防控宜选用厌氧—土壤渗滤、厌氧—人工湿地、厌氧—复合生物滤池—人工湿地等技术。

一、厌氧—土壤渗滤技术

（一）技术原理及特点

将经过腐化池（化粪池）或水解酸化处理后的污水有控制地导入具有一定构造和良好渗透性的土层中，通过毛细管浸润和土壤扩散渗透的作用，向四周扩散，在土壤、微生物和植物相互协同作用下，通过过滤、沉淀、吸附和微生物的降解作用，使污水得到净化。地下渗滤处理系统适用于无法接入城市排水管网的小水量污水处理，如分散的居民点住宅、度假村、疗养院等。

技术特点：①资源化利用土地。建设面积比人工湿地小，系统建成后，仍可进行耕种，不占用土地资源。②隐蔽处理，不破坏景观。整个处理装置放在地下，无任何异味，不与人体接触，保护居民健康。③因地制宜、灵活设计。可以根据地形和土地面积设计不同形式的系统，有利于工程的实际操作。④就近取材、施工方便。主要使用材料为当地的土壤或改性后土壤，建设容易。⑤管理方便，运行费用低。

（二）工艺流程

厌氧—土壤渗滤技术的工艺流程见图 7-40。厕所粪污首先进入三格化粪池进行厌氧预处理，通过沉淀和过滤作用降低无机颗粒物质的含量，并且将厕所中的粪便固液分离，一方面使粪便肥料可以继续回田利用，另一方面提高了污水水质的稳定性和可生化性；接着将厕所污水汇入畜禽养殖废水处理单元，畜禽粪便先经过干湿分离，将生猪的干粪和尿液等液体分开，然后与生活洗涤污水混合，利用厌氧微生物的代谢和分解作用降解高浓度的有机污染物，之后进入以小块农田改造的土壤渗滤系统，配以层次不同的填料，渗滤系统的出水达标后进入蓄水池，可以作为该地区农田抗旱用水。

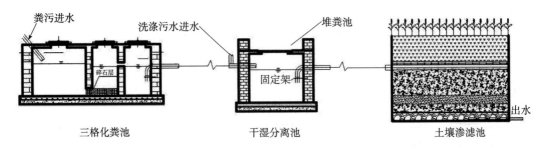

图 7-40　厌氧—土壤渗滤工艺流程

（三）设计参数

厌氧—土壤渗滤技术设计指标及参数要求见表 7-26。

表 7-26　土壤渗滤池设计参数

指标	参数
污水投配	地下布水
水力负荷（m/a）	0.4～3
周负荷率（cm/a）	5～20
最低预处理要求	化粪池处理
要求土地灌水面积 $[10^4 \text{m}^2/1\,000\,(\text{m}^3 \cdot \text{d})]$	1.3～15
污水去向	蒸发、渗漏、植物吸收
是否需要种植植物	需要
地下水位最小深度（m）	2

（四）主要构筑物说明

1. 三格化粪池　三格化粪池设置于厨房旁边的厕所后面，如图 7-41。对传统的三格化粪池进行改良，三格化粪池 A 格底部铺有垫料，有过滤的作用，可以拦截去除生活污水中较大的悬浮物固体、粪便，并且可以为粪便的后续使用提供条件，保护后续管路不被堵塞。设计规格为：A 格：1m×1m×1m；B、C 格均为 0.5m（长）×1m（宽）×1m（高）。化粪池顶部上设置有活动水泥盖板，方便农户将粪便回田。在化粪池底部设置防渗层，防止渗入地下，污染地下水。

2. 干湿分离池　在畜禽粪便处理的整个处理系统中不仅要考虑干粪的收集，还要考

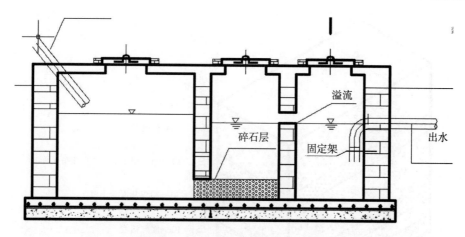

图 7-41　改良三格化粪池结构示意图

虑到防雨，以及尿液和其他液体的收集。所以通过干湿分离池将粪便和液体干湿分离，使液体可透过微缝水泥板渗入干湿分离池底部的厌氧池，在厌氧池畜禽废水与生活污水混合后进行厌氧处理，降低了畜禽废水中高浓度有机废水对后续单元的影响，减少后续处理单元的处理要求。

干湿分离池的设计既方便了农户对生猪干粪的收集，又对猪圈中产生的污水进行了收集，有利于降低运行成本，以及防止了农村养殖污水乱排乱放的现象。在干湿分离池顶部设置孔径 10mm 过滤网，防止其他杂物进入厌氧池。设计水力停留时间 3～5d，长 1.2m，宽 1.2m，高 1m 有效容积 1.44m³（图 7-42）。

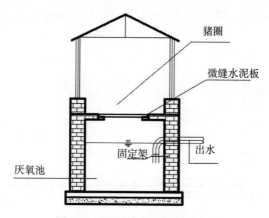

图 7-42　干湿分离池结构示意图

3. 土壤渗滤池　如图 7-43，设计参数为：日处理量 0.5m³，地下渗滤池占地面积为 2m²。进水出水采用双管布水和集水，每根 PVC 管长 1.8m，管直径 50mm。孔直径 5mm，布水间距取 30～40cm，侧池宽为 1m。具体填料布置从上往下依次为 30cm 原土种植层，10cm 砾石布水层，30cm 粉煤灰混合土层，10cm 腐熟猪粪，10cm 粉煤灰混合土层，10cm 砾石汇水层。根据最佳水力负荷 12.5cm/d，设计大小为 2m×1m×1m。

（五）技术效果

分别对土壤渗滤系统的前端化粪池、土壤渗滤池出水口进行取样，通过对比前后水质

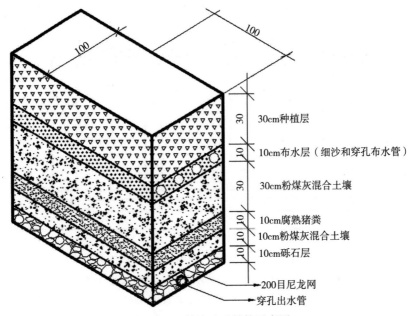

图 7-43　土壤渗滤池结构示意图

污染物指标，分析了厌氧—土壤渗滤技术的污染物去除效果。该技术对 TN 的处理效率在 80％～90％之间，出水 TN 浓度在 15mg/L 左右；TP 的处理率在 50％～80％之间，出水 TP 平均浓度为 0.7mg/L；COD 削减达到 95％以上，去除效果稳定，出水 COD 都低于 50mg/L（图 7-44）。总体上，用本技术处理后的排水可达到《城镇污水处理厂污染物排放标准》一级 A 标准（TN、TP、COD 分别为 15、1、50mg/L）。

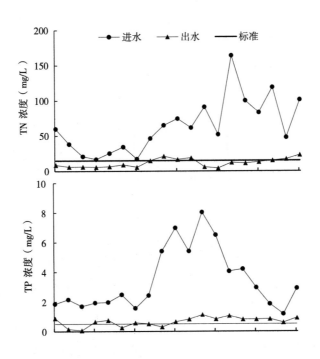

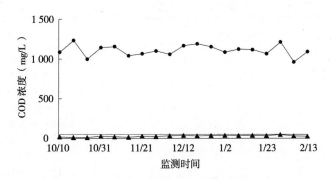

图 7-44 厌氧—土壤渗滤技术污染物去除效果

二、厌氧—人工湿地技术

(一) 技术原理及特点

人工湿地是模拟自然湿地的人工生态系统，一种由人工建造和控制的类似沼泽地面，并将石沙、土壤、煤渣等一种或几种介质按照一定比例构成，并在选择性地植入植物的污水处理生态系统，在人工湿地系统处理污水过程中，污染物主要利用基质、微生物和植物复合生态系统的物理、化学和生物三重协调作用来实现对污水的处理。其作用机理包括吸附、滞留、过滤、氧化还原、沉淀、微生物分解、转化、植物遮蔽、残留物积累、蒸腾水分和养分吸收及各类动物的作用。

人工湿地系统的特点是设备简单、成本低、处理效果好、运行和维护管理方便、生态环境效益好。

(二) 工艺流程

厌氧人工湿地系统工艺流程见图 7-45。其设计思路为：经过化粪池混合后的生活污水进入干湿分离池，在这一处理单元，畜禽粪便先经过干湿分离，将生猪的干粪和尿液等液体分开，然后使生活污水与高浓度的养殖废水在干湿分离池混合进入中间池，进行厌氧反应，而后再进入人工湿地，人工湿地出水达标后进入蓄水池，用于农田灌溉。

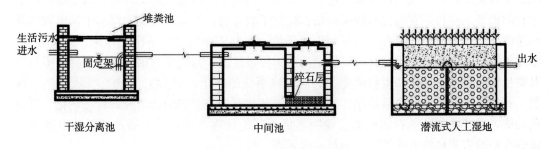

图 7-45 人工湿地工艺流程

(三) 设计参数

厌氧—人工湿地技术设计参数如表 7-27。

表 7-27　人工湿地设计参数

工艺特性	设计计算公式	符号说明
处理效率	$E = \dfrac{C_0 - C_e}{C_0} = 1 - \dfrac{C_e}{C_0}$ $\dfrac{C_e}{C_0} = \exp\left[-\dfrac{K_t L W H_n}{Q}\right]$	E——BOD 去除率； C_0——进水 BOD 浓度，mg/L； C_e——出水 BPD 浓度，mg/L； K_t、K_0——水温为 T 反应速率常数，d^{-1}；
水力停留	$t = \dfrac{\ln C_0 - \ln C_e}{K_T}$	L、W——湿地长、宽，m； H——含水层深度、m；
反应速率常数	$K_T = K_0 \times 37.31 \, n^{4.172} \times 1.1^{(T-20)}$	n——床基质孔隙度；
饱水层横截面积	$A_e = \dfrac{Q}{K_S S}$	Q——污水日均流量； t——水力停留时间，d； K_s——床基层水力传导率；
占地面积	$A = \dfrac{Q(\ln C_0 - \ln C_e)}{H_T H_n}$	T——水温，℃； S——水流的水力梯度。

（四）主要构筑物说明

1. 中间池　干湿分离池出水后混有大量悬浮物的污水，继续进入中间池，通过厌氧的作用，沉淀大部分有机悬浮物，保证污水进入缺氧状态，污水停留时间 3～4d，并且使污水中的残渣在经过碎石层后进一步分离，避免造成下一个工序的堵塞，提高整个系统的抗冲击负荷，使其达到处理单元的处理要求。中间池参数如下：钢筋砼结构，水深：1m，水力停留时间 2～3d。中间池的结构见图 7-46。

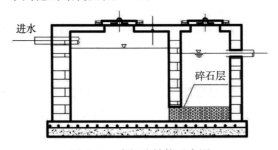

图 7-46　中间池结构示意图

2. 潜流人工湿地　高等植物在湿地污水处理系统中的作用，首先是它们能够为其根围的异养微生物供应氧气，从而在还原性基质中创造了一种富氧的微环境，微生物在水生植物的根系上生长，它们就与较高的植物建立了共生合作关系，增加了废水中污染物的降解速度，在远离根区的地方为兼氧和厌氧环境，有利于兼氧和厌氧净化作用。另一方面，水生植物根的生长有利于提高床基质层的水力传导性能，通过填料的吸附、植物的吸收以及微生物的物理、化学和生物的途径共同完成系统的净化，对 BD、COD、TP、TN、藻类、石油类等有显著的去除效率。此外，该工艺独有的流态和结构形成的良好硝化与反硝化功能区对 TN、TP、石油类的去除明显优于其他处理方式，最后通过填料的更换以及植物收割的方式最终去除污水中的氮、磷元素。

潜流人工湿地具体配置见图 7-47。设计大小为 $L = 2\text{m}$，$W = 1\text{m}$，$D = 0.7\text{m}$，砾石填料粒径为 1～3cm，进水流量 2.5L/min，水力负荷 0.6m³/（m²·d），停留时长为 36h，水深 0.5m，超高 20cm。

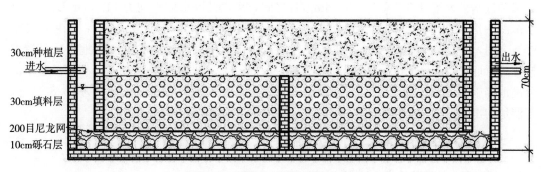

图 7-47　潜流人工湿地结构示意图

（五）技术效果

从图 7-48 中可以看出，湿地系统整体脱氮效率在各月基本稳定，可以达到 85% 以上，

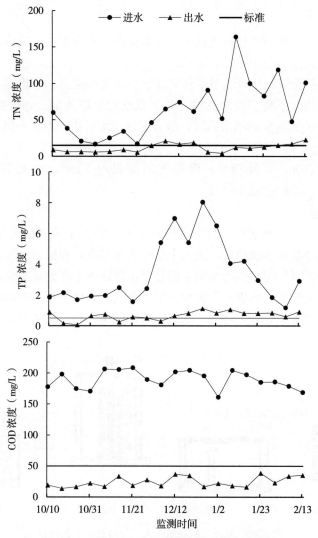

图 7-48　厌氧—人工湿地技术污染物去除效果

监测期进水 TN 浓度在 16.8～163.8mg/L 之间，出水 TN 浓度平均为 11.8mg/L。TP 进水浓度一般在 1.2～8mg/L，出水浓度平均为 0.66mg/L，湿地的去除率保持在 75%～95% 之间，平均达到 76%。分别在干湿分离池出口、中间池出口和人工湿地出口设置取样点进行取样。进水 COD 浓度范围在 150～220mg/L，平均浓度为 189mg/L，经过干湿分离池和中间池的厌氧反应后，COD 的去除率为 45%～52%，平均去除率为 46.8%，人工湿地的出水 COD 浓度为 16～38mg/L，平均浓度为 24.3mg/L。

三、复合生物滤池—人工湿地技术

（一）技术原理及特点

污水在复合生物滤池经滤料吸附以及微生物作用下进行初步净化，再通过人工湿地，利用土壤、人工介质、植物、微生物的物理、化学、生物协同作用进行深度处理，从而实现污水的高效净化。

其主要特点如下：

（1）组装灵活　采用模块化构建技术，可根据处理水量要求，灵活组装，适用污水处理量范围广（10～2 000m³/d）。

（2）不堵塞　组合式结构，克服了传统滤池易堵塞的缺点，可长期稳定运行。

（3）污染物处理效率高　复合滤料强化了系统的处理效果；有机物容积负荷可高达 1kg BOD$_5$/（m³·d）；对生活污水而言，组合处理出水可达到国家一级标准（GB18918－2002）。

（4）占地小　60m³/d 处理量，设备占地面积约 28m²，加人工湿地占地面积约 250m²，为传统人工湿地技术的 1/3。

（二）工艺流程

复合生物滤池—人工湿地技术的工艺流程见图 7-49。生活粪污在化粪池中去除水中较大的悬浮物、漂浮物和带状物后，进入干湿分离池与畜禽养殖污水混合，然后进入中间池进行厌氧处理，厌氧处理后的污水由泵输送至生物滤池上部的蓄水池，通过蓄水池出水口的闸阀控制复合生物滤池的进水流速和流量，使其均匀地与滤池中的填料接触，进行氮磷等的吸附和好氧微生物处理，随后污水进入人工湿地，利用微生物和植物的作用强化对氮磷的处理效果。

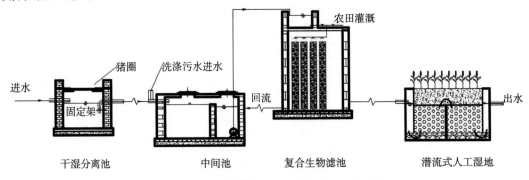

图 7-49　复合生物滤池—人工湿地技术工艺流程

（三）设计参数

组合式复合生物滤池参数为，结构：6～8 层；滤料：2～3 种；水力负荷：4m³/（m³·d）；有机负荷：1.0kgBOD$_5$/（m³·d）；自然通风，不额外曝气。

（四）主要构筑物说明

复合生物滤池由模块化复合滤料、蓄水池构成，其结构见图 7-50。蓄水池一方面方便调节污水在滤池中的流速，另一方面可以通过闸阀调节与农田灌溉管道连接，方便农户对其污水的利用。

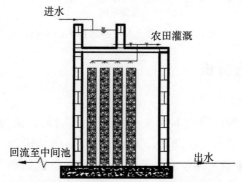

图 7-50　复合生物滤池结构示意图

（五）技术效果

由图 7-51 可知，生物滤池与人工湿地对总氮的去除均有很好的效果，生物滤池强化脱氮处理后，总氮的浓度会降低到 20mg/L 左右，然后经过人工湿地系统中硝化与反硝化作用进一步强化脱氮效率，使总氮的去除率达到 81.5%。系统中进水 TP 浓度波动性较大，平均达到 3.62mg/L，但出水 TP 可以维持一定较低的 TP 浓度，平均值为 0.26mg/L，TP 的去除率能长期维持在 95.2% 左右，出水 TP 浓度稳定。复合生物滤池和人工湿地均对 COD 的有一定的去除效果，尽管进水 COD 浓度季节性差异性变化大，但出水 COD 浓度稳定，均可以达到国家一级 A 排放标准。

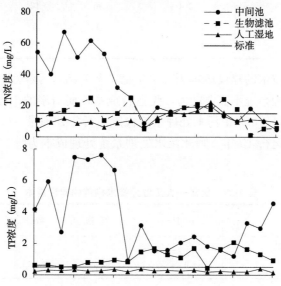

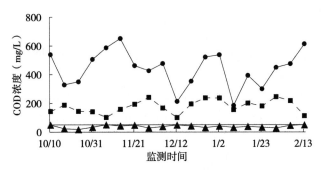

图 7-51　复合生物滤池—人工湿地技术污染物去除效果

四、3 种技术综合分析

（一）污水处理成本

厌氧—土壤渗滤技术的建设成本为 5 850 元（表 7-28），该污水处理系统采用无动力设计，故整个污水处理系统不需要动力，无运行费用，而清淤的工作也基本由农户自己完成。污水处理系统日处理量＝0.5m³。污水处理系统稳定运行年处理量＝0.5×365＝182.5m³。设计污水处理系统稳定运行 15 年，则此污水处理系统处理成本为：5 850÷（15×182.5）＝2.13 元/t。

表 7-28　厌氧—土壤渗滤技术构筑物建设成本

序号	名　称	型号	规格	数量	单价（元）	总价（元）
1	三格化粪池池	2×1×1（m³）	m³	1		600
2	干湿分离池	1.2×1.2×1（m³）	m³	1		700
3	土壤渗滤池	2×1×0.7（m³）	m³	1		1 400
4	管道	Φ110	m	40	10	400
5	管道	Φ50	m	40	6.25	250
6	人工成本		天	5	500	2 500
7	小计					5 850

厌氧—人工湿地技术的建设成本为 5 525 元（表 7-29），该污水处理系统采用无动力设计，故整个污水处理系统不需要动力，无运行成本，而清淤的工作也由农户自己完成。污水处理系统日处理量＝0.5m³ 污水处理系统稳定运行年处理量＝0.5×365＝182.5m³ 设计污水处理系统稳定运行 15 年，则此污水处理系统处理成本为：5 525÷（15×182.5）＝2.01 元/t。

表 7-29　厌氧—人工湿地技术构筑物建设成本

序号	名　称	尺寸	规格	数量	单价（元）	总价（元）
1	干湿分离池	1.2×1.2×1（m³）	个	1		700
2	中间池	1.2×1.2×1（m³）	个	1		300

（续）

序号	名　称	尺寸	规格	数量	单价（元）	总价（元）
3	人工湿地	2×1×0.7（m³）	个	1		900
4	管道	Φ110mm	m	100	10	1 000
5	管道	Φ50mm	M	20	6.25	125
6	人工成本		天	5	500	2 500
7	小计					5 525

　　复合生物滤池—人工湿地技术建设成本为 9 465 元（表 7-30），该污水处理系统采用全自动泵抽水设计，故整个污水处理系统不需要人工管理，水泵 0.18kW/h，日耗电量为 0.03 度，电费为 0.03 元，相比于设计成本基本忽略，而清淤的工作也由农户自己完成。污水处理系统日处理量＝0.5m³。污水处理系统稳定运行年处理量＝0.5×365＝182.5m³。设计污水处理系统稳定运行 20 年，则此污水处理系统处理成本为：（9 465＋219）÷（20×182.5）＝2.65 元/t。

表 7-30　复合生物滤池—人工湿地技术构筑物建设成本

序号	名　称	型号	规格	数量	单价（元）	总价（元）
1	中间池	2×1.2×1（m³）	m³	1		1 100
2	生物滤池	2×3×5（m³）	m³	1		3 200
3	人工湿地	2×1×0.7（m³）	m³	1		900
4	管道	Φ110×4mm	m	6.4	10	640
5	管道	Φ50×4mm	M	20	6.25	125
6	人工成本		天	7	500	3 500
7	小计					9 465

　　总体来看，3 种污染处理技术的污水处理成本均较低，尤其是厌氧—土壤渗滤技术和厌氧—人工湿地技术的处理成本接近 2.0 元/t，复合生物滤池—人工湿地技术略高，但也仅为 2.65 元/t。

（二）工艺条件

3 种污染处理技术的工艺条件见表 7-31。

表 7-31　3 种技术工艺条件比较

工艺特性	土壤渗滤池	人工湿地	复合生物滤池
投配方式	表面或地下布水	表面或地下布水	表面布水
水流路径	地下	地下	由上至下
脱氮效率	高	低	高
脱磷效率	低	高	高
配水类型	连续或间歇性	连续性	间歇性

（续）

工艺特性	土壤渗滤池	人工湿地	复合生物滤池
气候	冬季影响大	可连续运行	可连续运行
投资费用	中	低	高
运行成本	低	低	中
预处理程度	高	高	低
控制水深	0.2～0.4	0.4～0.7	无
投配污水去向	植物吸收	排出、蒸发	后续处理

五、小结

①3种污水处理技术对COD、TN、TP均有较好的去除效果，平均去除率均能达到80%左右，能基本达到《城镇污水处理厂排放标准》一级A标准。其中厌氧—土壤渗滤技术和复合生物滤池—人工湿地技术对TN、TP和COD的去除效果比厌氧—人工湿地技术更稳定。

②3种技术运行初期，各污染物均有很好的去除效果，其中土壤渗滤池不受土地使用面积和系统进水污染物浓度限制，因此土壤渗滤池技术相比于人工湿地技术和复合生物滤池技术更适宜于单户以及房前屋后有空余农田的农村家庭污水处理。

③人工湿地投资成本低、处理效率高、基本不需要维护和运行费用。但湿地植物的生长使其受季节变化的影响较大，所以人工湿地技术更适合于有耐寒性植物生长的地区。

④较好的抗冲击负荷能力的特点，使复合生物滤池系统在污水水质和环境温度变化较大的情况下仍然出水水质稳定，具有工艺投资少、处理效率高、能耗低、管理方便的特点。但是，滤料上负载的生物量对污水处理的效果影响较大，系统对污水进水的连续性和预处理程度的有一定的要求，更适宜于农村3～5户的联户污水处理模式。

⑤三套污水工艺均无运行成本（电耗低，基本忽略），厌氧—土壤渗滤池技术和厌氧—人工湿地技术建设成本低，但是3种技术的总污水处理费用基本相同。

参考文献

蔡崇法，丁树文，张光远，等，1996. 三峡库区紫色土坡地养分状况及养分流失 [J]. 地理研究，15（3）：77-84.

陈温福，张伟明，孟军. 2013. 农用生物炭研究进展与前景 [J]. 中国农业科学，46（16）：3324-3333.

陈兴位，闫辉，倪明，等，2014. 长期施用有机肥对洱海流域蔬菜地生产力的影响 [J]. 西南农业学报，27（04）：1577-1581.

国家环境保护总局自然生态保护司. 2002. 全国规模化畜禽养殖业污染情况调查及防治对策 [M]. 北京：中国环境科学出版社.

鲁耀，胡万里，雷宝坤，等，2012. 云南坡耕地红壤地表径流氮磷流失特征定位监测 [J]. 农业环境科学学报，31（08）：1544-1553.

司友斌，王慎强，陈怀满. 2004. 农田氮、磷的流失与水体富营养化 [J]. 土壤，4：188-192.

孙辉，唐亚，陈克明，等，2001. 等高固氮植物篱控制坡耕地地表径流的效果 [J]. 水土保持通报，
　　（02）：48-51.

王红兰，唐翔宇，张维，等，2015. 施用生物炭对紫色土坡耕地耕层土壤水力学性质的影响 [J]. 农业
　　工程学报，31（04）：107-112.

王静，郭熙盛，王允青. 2009. 秸秆覆盖与平衡施肥对巢湖流域农田磷素流失的影响研究 [J]. 中国土壤
　　与肥料，（05）：53-56.

王晓燕，高焕文，杜兵，等，2000. 用人工模拟降雨研究保护性耕作下的地表径流与水分入渗 [J]. 水
　　土保持通报，（03）：23-25，62.

王晓燕，高焕文，李洪文，等，2000. 保护性耕作对农田地表径流与土壤水蚀影响的试验研究 [J]. 农
　　业工程学报，（03）：66-69.

魏永霞，冯鼎锐，刘志凯，等，2017. 生物炭对黑土区坡耕地水土保持及大豆增产效应研究 [J]. 节水
　　灌溉，（05）：37-41.

肖建南，张爱平，刘汝亮，等，2017. 生物炭施用对稻田氮磷肥流失的影响 [J]. 中国农业气象，38
　　（03）：163-171.

杨皓宇，赵小蓉，曾祥忠，等，2009. 不同农作制对四川紫色丘陵区地表径流氮、磷流失的影响 [J].
　　生态环境学报，18（06）：2344-2348.

杨青森，郑粉莉，温磊磊，等，2011. 秸秆覆盖对东北黑土区土壤侵蚀及养分流失的影响 [J]. 水土保
　　持通报，31（02）：1-5.

张福锁，王激清，张卫峰，等，2008. 中国主要粮食作物肥料利用率现状与提高途径 [J]. 土壤学报，
　　（05）：915-924.

张广恪，邓春生，张燕荣. 2015. 生物炭对土壤拦截外源氮磷等污染物效果的影响 [J]. 农业环境科学学
　　报，34（09）：1782-1789.

张少良，张兴义，刘晓冰，等，2009. 典型黑土侵蚀区不同耕作措施的水土保持功效研究 [J]. 水土保
　　持学报，23（03）：11-15.

张伟明，管学超，黄玉威，等，2015. 生物炭与化学肥料互作的大豆生物学效应 [J]. 作物学报，41
　　（01）：109-122.

张亚丽，张兴昌，邵明安，等，2004. 秸秆覆盖对黄土坡面矿质氮素径流流失的影响 [J]. 水土保持学
　　报，（01）：85-88.

张玉树，丁洪，郑祥洲，等，2012. 闽西北烟-稻轮作系统地表氮、磷流失特征研究 [J]. 农业环境科学
　　学报，31（05）：969-976.

赵君范，黄高宝，辛平，等，2007. 保护性耕作对地表径流及土壤侵蚀的影响 [J]. 水土保持通报，
　　（06）：16-19.

朱远达，蔡强国，张光远，等，2003. 植物篱对土壤养分流失的控制机理研究 [J]. 长江流域资源与环
　　境，（04）：345-351.

Antal M J, Gronli M. 2003. The art, science and technology of charcoal production [J]. Industrial and
　　Engineering Chemistry，42：1619-1640.

Asai H, Samson B K, Stephan H M, et al. 2009. Biochar amendment techniques for upland rice
　　production in northern Laos [J]. Field Crops Research，111：81-84.

Chan K Y, van Zwieten L, Meszaros I, et al. 2007. Agronomic values of green waste biochar as a soil
　　amendment [J]. Australian Journal of Soil Research，45：629-634.

Kei M, Toshitatsu M, Yasuo H, et al. 2004. Removal of nitrate-nitrogen from drinking water using
　　bamboo powder charcoal [J]. Bioresource Technology，95：255-257.

Krull E S, Swanston C W, Skjemstad J O, et al. 2006. Importance of charcoal in determining the age and chemistry of organic carbon in surface soils [J]. Journal of Geophysical Research, 111: G04001.

Lehmann J. 2007. A handful of carbon [J]. Nature, 447: 143-144.

Liang B, Lehmann J, Solomon D, et al. 2006. Black carbon increases cation exchange capacity in soils [J]. Soil Science Society of America Journal, 70 (5): 1719-1730.

Novak J M, Busscher W J, Laird D L, et al. 2009. Impact of biochar amendment on fertility of a southeastern coastal plain soil [J]. Soil Science, 174: 105-112.

Ogawa M. 1994. Symbiosis of people and nature in the tropics [J]. Farming in Japan, 128: 10-34.

Oguntunde P G, Abiodun B J, Ajayi A E. 2008. Effects of charcoal production on soil physical properties in ghana [J]. Joumal of Plant Nutrient and soil Science, 171: 591-596.

Piccolo A, Mbagwu J S C. 1990. Effects of different organic waste amendments on soilmicroaggregates stability and molecular sizes of humic substances [J]. Plant and Soil, 123 (1): 27-37.

Robertso F A, Thorbum P J. 2006. Management of sugarcane harvest residues: consequences for soil carbon and nitrogen [J]. Australian Joumal of Soil Research, 45 (1): 13-23.

Simone E K, Kevin J F, Mathew E D. 2009. Effect of charcoal quantity on microbial biomass and activity in temperate soils [J]. Soil Science Society of America Joumal, 73 (4): 1173-1181.

第八章　丘陵山区农业面源污染综合防控技术模式

第一节　坡耕地径流拦蓄净化与再利用技术模式

湖北省三峡库区包括宜昌市夷陵区、秭归县、兴山县和恩施土家族苗族自治州巴东县4个县（区），国土面积 11 532.0km²，作物种植面积 28.74 万 hm²。湖北省油菜—玉米种植制面积为 80 万亩，其中，三峡库区坡耕地油菜—玉米占 76.7%，因此，三峡库区油菜—玉米种植制是湖北省的主要种植区域。

三峡库区坡耕地具有坡度大、沟道短、水流急的特点，遇到强降雨时，水土流失和氮磷流失严重，是湖库水体的重要污染源。油菜—玉米种植过程中很少采取氮磷流失防控措施，大部分为顺坡种植，没有起垄挡水；施肥以基肥为主，缺乏避开大雨施肥的意识；机械化程度低，秸秆不能粉碎还田，随意丢弃在田间地头；三峡库区为雨养农区，季节性干旱严重。基于以上三峡库区农业生产和环境需求，根据多年的研究结果，集成了坡耕地径流拦蓄净化与再利用技术模式，以坡耕地油菜—玉米轮作制为例，以期为三峡库区坡耕地氮磷减排提供技术支撑。

一、技术原理

通过调控坡耕地径流水量和水质，以径流集蓄再利用为核心，通过氮磷肥料管理从源头降低径流水中氮磷的浓度；采用横坡垄作、等高种植、地埂植物和秸秆覆盖等农艺措施改变微地形，增加地面覆盖度、植物吸收等以减少径流发生量，从而降低径流中不同形态的氮磷浓度；农艺措施拦截后的多余径流，利用集水池集蓄氮磷流失风险期的暴雨初期径流，在旱季时灌溉农田；集水池集蓄剩余的径流采用水田或塘容纳，通过减量、拦截、集蓄、净化、再利用，最大程度地减少坡耕地径流外排。

二、适用范围

适用于湖北省丘陵山区坡耕地，南方相似坡耕地可参照执行。

三、工艺流程

参见图 8-1。

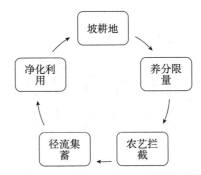

图 8-1　坡耕地径流拦蓄净化与再利用技术模式流程

四、技术核心

本技术包括 3 个环节的关键内容，其中，①在源头减量环节：一要根据产量和环境效应协调的原则确定肥料限制施用量，二是在限制施用量的基础上，注意肥料的深施，减少肥料的流失，三要避开梅雨季和大雨暴雨施肥。②在过程拦截环节：一是在氮磷流失重点季节（玉米季）采取秸秆覆盖还田，增加地表覆盖度；二是沿着等高线采取聚土起垄，增加地表径流在农田的停留时间；三是在地埂上种植地埂植物，将地表径流拦截在田里，并通过植物吸收多余的氮磷。③在末端集蓄净化再利用环节，一是在坡耕地集流面下方配置一定容积的集水池，重点集蓄氮磷流失风险期（从翻耕、施肥到作物封垄前的时段）暴雨初期浓度较高的径流；二是制定蓄灌规则，风险期蓄灌并举，其他时期以蓄为主，确保雨季结束后集水池处于蓄满状态，缓解来年季节性干旱，实现"一池两用"；三是在成片坡耕地下方配置水田或塘，容纳从坡耕地来的径流，通过增加径流停留时间和植物吸收，达到净化径流的效果。

五、污染控制关键节点

关键节点 1：肥料用量确定。以往测土配方施肥确定肥料用量，主要根据产量效应来确定，本技术是根据施肥的产量效应和环境效应综合确定肥料用量。

关键节点 2：肥料的施用方法。肥料条施，施肥深度 5～10cm，本技术是通过改善肥料施用方式和深度，一方面使肥料集中施用于根系附近，促进作物吸收，提高肥料利用率，另一方面可以减少降雨对肥料氮磷的冲失。

关键节点 3：肥料的施用时期。三峡库区 4～10 月是降雨的主要时期，也是氮磷流失的主要时期，而玉米季正好处在油菜—玉米轮作周年内氮磷流失的主要时期，因此，要控制好玉米季施肥和降雨的关系。每次施肥时，要密切关注近期降雨情况，力求避免施肥后 3～5d 内有大暴雨发生。

关键节点 4：秸秆覆盖季节。玉米季是氮磷流失的主要时期，特别是 6 月至 7 月中旬，由于土壤扰动和裸露、施肥频繁期、降雨量大导致该时段氮磷流失量大，该时段注意做到秸秆覆盖。

关键节点 5：集水池容积确定方法。集水池容积过大，建设成本高，存在安全隐患，容积过小，不能容纳高浓度径流。基于汇流面、降雨量、产流系数，建立了风险期暴雨径流量估算方法，确定了坡耕地与集水池容积配比为 30～50m³/hm²。

关键节点 6：水田或塘容积确定方法。在坡耕地集流面下方可配置一定比例的水田或水塘，以每亩坡耕地配置 27～33m³ 的水田或水塘为宜，宜种植水稻、水生蔬菜或水质净化功能较强的水生植物。

六、技术规程与流程

（一）源头控制

1. 氮磷肥料养分总量控制　对三峡库区坡耕地的主要种植作物油菜、玉米进行氮磷养分限量，其中，油菜肥料氮（N）和磷（P_2O_5）的用量宜为 120～150kg/hm² 和 36～60kg/hm²；玉米肥料氮（N）和磷（P_2O_5）的用量宜为 150～225kg/hm² 和 60～90kg/hm²。

2. 肥料施用方法　油菜基肥占 40%～50%，越冬肥占 30%～35%，蕾薹肥 20%～25%，磷肥全部基施；玉米氮肥分次施用，基肥占 60%～70%，拔节肥占 20%～25%，灌浆肥 5%～20%，磷肥全部基施。基肥在作物播种前结合整地一次深施；追肥开沟施肥，沟深 5～10cm，然后覆土。施肥前关注天气预报，避免施肥后 3～5d 内有中雨及以上级别降雨，可在降雨结束后 1～3d 施肥。

（二）过程拦截

1. 横坡垄作　作物起垄方向与坡面方向垂直，垄间距 80～100cm，垄面宽 70～80cm，垄高 10～30cm，垄沟宽 15～20cm，垄内侧深开沟 25～30cm。横坡垄作设计应符合 GB 51018 的规定。

2. 秸秆覆盖　油菜秸秆宜在作物收获后直接全量覆盖还田；玉米秸秆宜在收获后粉碎覆盖还田，如无条件粉碎，宜堆放在地头，自然腐解一季后覆盖还田。人工收割不粉碎，保持自然长度；机械收割以机械粉碎长度为准。

3. 地埂植物　在坡耕地田埂上种植地埂植物，密度、宽度、株距，视种植的地埂植物品种而定。选择根系发达、易成活、有经济效益和生态效益的乡土植物，如麦冬、金银花、黄花菜、紫云英等。

（三）末端集蓄、利用、净化

1. 坡耕地径流集蓄　径流集蓄系统由集流面、拦截沟、沉砂池、集水池、灌溉设施组成。根据地形、坡面拦截沟的布局及拦截沟的长度、集水池容积等确定集流面的大小，每个集流面适宜面积为 1～1.5hm²。充分利用农田已有沟渠作为径流拦截沟，在集水池进水口处设沉砂池。径流通过拦截沟进入沉砂池，沉砂池一般为矩形，宽 100～200cm，长 200～400cm，深 60～80cm；出水口与沉砂池底板的间距 80cm；在池底设排水管和闸阀室。

在集流面底部低凹处建设集水池。集水池宜为圆形，C25 钢筋混凝土结构；集水池大小以能够拦截 50mm 降雨量时的径流量为宜，0.5～1hm² 建一个 30～50m³ 的集水池。集水池出水口处设闸阀室和灌溉管网。

2. 坡耕地径流利用　集水池出水口宜配套灌溉设备，干旱季节利用集水池集蓄的地表径流灌溉下部农田。灌溉量以不产生地表径流为宜。

3. 坡耕地径流净化　在坡耕地集流面下方可配置一定比例的水田或水塘，以每亩坡耕地配置 27～33m³ 的水田或水塘为宜，宜种植水稻、水生蔬菜或水质净化功能较强的水生植物。

七、典型案例

1. 实施地点　湖北省宜昌市兴山县长坪小流域。

2. 基本情况　坡耕地面积 888.7 亩，种植作物为油菜和玉米，基本为顺坡平作，秸秆随意丢弃在地头，水土流失和季节性干旱问题严重。

3. 技术对策　通过源头控制、过程拦截和末端集蓄、净化再利用，最大限度地减少氮磷外排。其中，在源头控制环节采用优化施肥降低地表径流氮磷浓度，在过程拦截环节采用横坡垄作和秸秆覆盖降低地表径流发生量，在末端集蓄、净化再利用环节，将地表径流集蓄后再利用，多余径流通过坡耕地下方的塘容纳净化。

4. 技术模式流程　参见图 8-2。

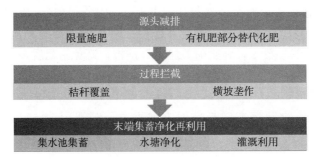

图 8-2　技术模式流程

5. 效果分析　在源头控制环节，通过有机肥替代化肥（氮肥替代比例 30%），化肥施用量减少 30%，地表径流氮浓度降低 18%；在过程拦截环节，通过秸秆覆盖和横坡垄作，地表径流发生量降低了 36%，氮磷流失量削减了 34%、53%；在末端集蓄净化再利用环节，15 亩的坡耕地配置 60m³ 的集水池，通过拦截径流风险期 22% 的径流，降低了 14.1kg、0.37kg 的氮磷流失负荷。

第二节　柑橘园地表径流氮磷流失周年综合防控技术模式

根据对湖北省丘陵山区园地管理现状的调查结果，非梯田面积比例较大（61.1%），有 41.5% 的园地没有采取优化施肥技术，有机肥施用量较低，仅占总养分投入量的 21.2%，且采用绿肥还田（0.9%）、节水灌溉（5.0%）和植物篱（0.6%）等防控氮磷流失的措施较少，不但水土和氮磷流失风险较大，还可能对柑橘产量和品质产生影响。与此同时，湖北省柑橘产业发展迅速，种植面积达 341 万亩，主要分布在三峡库区、丹江口库区和清江流域等丘陵山区，是这 3 个区域的农业支柱特色产业。与农用坡耕地相比，柑橘园坡度大、立地条件差，遇到强降雨时，水土流失和氮磷流失严重。因此，基于兼顾山地丘陵区柑橘产业的绿色发展，巩固该区域科技扶贫攻坚成果，以及对环境敏感区和脆弱区的生态保护要求，根据多年的研究结果，集成了柑橘园地表径流氮磷流失周年综合防控技术模式。

一、技术原理

柑橘园氮磷流失周年综合防控技术模式主要包括源头减量、过程拦截、径流集蓄与再利用3个主要环节。其中源头减量包括肥料施用和灌溉用水限量，在保证柑橘正常生长和产量不降低条件下，尽可能减少施肥量和灌溉用水量，提高柑橘对养分和水分的吸收利用率，减少径流发生量，降低径流水中氮磷的浓度。过程拦截首先通过肥料深施，减少强降雨对地表冲刷引起的地表径流水中氮磷的浓度；其次通过生草覆盖等农艺措施改变微地形、增加地面覆盖度，从而增加径流在地表的停留时间，降低地表水土流失量以及径流中不同形态氮和磷的浓度；再在梯级柑橘园下缘种植地埂植物或植物篱，进一步拦截上游的水土和氮磷流失。在柑橘园下缘建立集水池，将多级农艺措施拦截后的径流水蓄积起来，在旱季进行就近灌溉，最大程度地减少柑橘园径流的外排。

二、技术流程

参见图 8-3。

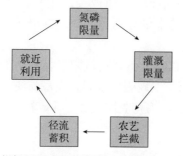

图 8-3　柑橘园地表径流氮磷流失综合防治技术模式

三、氮磷流失防治的关键时期与技术要点

1. 施肥期　按照常规施肥方式，柑橘园一年通常施2~3次肥，为还阳肥和促梢壮果肥，或者还阳肥、催芽肥和促梢壮果肥。还阳肥、催芽肥和促梢壮果肥一般分别在11月底至12月初、3月下旬至4月初和6月下旬至7月上旬施用。三峡流域4~10月是降雨的主要时期，也是氮磷流失的主要时期，施肥后如遇强降雨，极易引起水土和肥料养分流失，因此每次施肥时，除了采用肥料深施之外，还要避免施肥后3~5d内有强降雨发生。

技术要点：优化肥料用量，肥料深施，避雨施肥。

2. 强降雨期　尽管三峡库区、丹江口库区和清江流域等丘陵山区的主要降雨时期在4~10月，但每年的强降雨时期都不相同，而且柑橘园种植密度小、土壤表面覆盖度低，因此柑橘园应实施周年生草覆盖或秸秆覆盖，一方面增加土壤表面植被覆盖度，延长径流水在地表停留时间，降低地表水土流失量和降低径流水中氮磷尤其是磷的浓度，另一方面在遇到连续干旱时期可保墒，保障柑橘正常生长。此外，还有必要在每一梯级柑橘园下缘种植地埂植物或植物篱，进一步拦截上游的水土和氮磷流失。多级农艺措施拦截后的径流水，可通过在柑橘园底端建立集水池蓄积起来，在旱季时就近灌溉农田，最大程度地减少柑橘园径流的外排。

技术要点：生草覆盖，地埂植物，径流拦蓄及再利用。

四、技术模式的主要内容

（一）源头减量

1. 氮磷肥料限量　幼龄柑橘以施氮为主，以促进生长；结果树则在施有机肥的基础上，大、中、微量元素肥料平衡施用。在丘陵山区中等地力水平条件下，种植密度60～100株/亩的成年（挂果5年以上）柑橘树，其氮磷肥料限量为：

当产量水平低于37 500kg/hm² 时，宽皮柑橘类的肥料氮磷的限量分别为225kg/hm² 和100kg/hm²，甜橙类的肥料氮磷的限量分别为270kg/hm² 和150kg/hm²，柚类的肥料氮磷的限量分别为 375kg/hm² 和 200kg/hm²；当产量水平介于 37 500kg/hm² 和 45 000kg/hm²时，宽皮柑橘类的肥料氮磷的限量分别为270kg/hm² 和125kg/hm²，甜橙类的肥料氮磷的限量分别为300kg/hm² 和175kg/hm²，柚类的肥料氮磷的限量分别为400kg/hm² 和225kg/hm²；当产量水平大于45 000kg/hm² 时，宽皮柑橘类的肥料氮磷的限量分别为300kg/hm² 和150kg/hm²，甜橙类的肥料氮磷的限量分别为350kg/hm² 和200kg/hm²，柚类的肥料氮磷的限量分别为450kg/hm² 和250kg/hm²。具体施肥量可参照NY/T975的规定执行。

有机肥替代化肥用量时，以氮计不超过氮限量标准的30%，以磷计不超过磷限量标准的60%，具体地，腐熟农家肥（厩肥、堆肥、人畜粪便、绿肥翻压还田等）20～25kg/株，或者商品有机肥（如饼肥）、鸡鸭粪肥等4～6kg/株；园地生草覆盖、适时刈割覆盖树盘情况下，氮肥限量标准可下调20%～30%；水肥一体化情况下，氮、磷肥限量标准可下调20%～25%。

2. 果园节水灌溉　在柑橘园顶部和底部分别建立1个蓄水池，顶部蓄水池略小，主要收集雨水；底部蓄水池略大，用来收集雨水和多级拦截后的地表径流水。蓄水池的设计、施工等可参见GB/T 50596和GB/T 16453.4，一般1hm² 柑橘园配置的蓄水池容积每个50～70m³，在蓄水池出水口处布设闸阀室和灌溉管网。

旱季果园抗旱时，优先利用蓄水池中的水，就近灌溉果园。根据具体情况采用节水灌溉模式，如自流灌溉、滴灌或微喷灌方式。

（二）过程拦截

1. 肥料深施　柑橘施肥一般有2种方式。一是开沟环施，即在树冠滴水线附近开环状施肥沟，将有机类肥料施于下层，化学肥料混匀后撒施于上层后覆土，施肥沟可围绕树冠开成连续的圆形，也可间断地开成2～4条对称的月牙形；施肥沟深度因根系分布深度而异，以施到吸收根系附近又能减少对根系的伤害为宜，通常为深25～30cm、宽30～40cm。二是放射状施肥法，即以树冠为圆心，向外放射至树冠覆盖边线开4～5条施肥沟进行施肥。建议不同施肥方法交替使用，并且后续的施肥位置与前期的适当错开。也可参照DB42/T1102执行。

施肥前应关注天气预报,避免施肥后 3～5d 内有强降雨。

2. 生草覆盖

(1) 人工生草覆盖 幼龄果园宜行间种草、株间清耕覆盖;成龄果园宜全园生草。

夏季绿肥主要有印度豇豆、豇豆、绿豆;冬季绿肥主要有肥田萝卜、黑麦草、三叶草、紫花豌豆、箭筈豌豆、苕子、黄花苜蓿、紫云英等。

绿肥播种时间根据品种和气候而定,一般夏季绿肥在 3 月下旬至 4 月上中旬播种,冬季绿肥 9 月中下旬至 10 月上旬播种。可采用撒播、条播或点播等方式。

当绿肥自然高度达 30～40cm 时刈割,每季绿肥可刈割 2～3 次,刈割后的绿肥深埋于施肥沟内腐熟还田,填埋深度不低于 20cm,可结合化肥施用同时进行。绿肥刈割留茬高度以 5～8cm 为宜(图 8-4、图 8-5)。

图 8-4 柑橘园树盘秸秆覆盖　　　　　　图 8-5 成龄柑橘园全园生草覆盖

(2) 自然生草覆盖 采用柑橘园自然生草时,对于主根深度超过 20cm,茎干高于 50cm 的恶性杂草予以铲除,去掉寄生性植物或有共生性病害的杂草。

在自然杂草旺盛生长季节适时割草,控制草的高度在 10cm 以内,高温干旱到来之前,可通过压草来覆盖树盘;同时树冠滴水线以内,应除去杂草,可改为树盘覆盖,以减少杂草与果树的水分竞争。

果实采收后,结合还阳肥施用,对园内死亡干枯杂草进行浅耕,树盘处可将覆盖的干枯杂草翻入土内。

3. 生物护坡 在柑橘园土梯坎和梯壁上种植地埂植物篱。

植物篱选择多年生、具有景观价值的植物,如麦冬、黑麦草、金银花等,以能封行、能挡水挡土为宜。

(三) 径流拦蓄再利用

柑橘园径流拦蓄再利用原理、技术流程与农用坡耕地基本一致。

柑橘园径流拦蓄再利用系统包括径流拦截沟渠、沉砂池、集水池和灌溉管网。整理上部柑橘园的集水沟渠,使集流面径流能够汇流到拦截沟渠内。拦截沟渠以土质沟渠为宜,自然生草,尽可能防止强降雨引起水土流失。拦截沟渠连接集水池上部柑橘园和沉砂池。

沉砂池的设计和施工参考 GB/T16453.4。一般为矩形,宽 1～2m,长 2～4m,深 1.5～2.0m;在集水池出水口处布设闸阀室和灌溉管网。

灌溉方式可选择自流灌溉、喷灌或滴灌等。径流拦截区与灌溉区的面积为1∶2～3。在春梢萌动、开花期和果实膨大期等水分敏感期和需水量大的时期，遇干旱时需及时灌溉。灌溉量和灌溉技术参照GB/Z26580和NY/T975执行，以灌溉水浸透根系分布层，不产生地表径流和50cm以下土层发生淋溶为宜。

五、适用范围

适用于湖北省丘陵山区柑橘园，南方相似园地可参照执行。

六、典型案例

柑橘园地表径流氮磷流失周年综合防控技术模式如下：

1. 技术模式 地点在宜昌市夷陵区小溪塔街办仓屋榜村柑橘园，总面积0.2hm^2，坡度12°，土壤类型为紫色土，柑橘品种为鄂柑二号（蜜橘），树龄10年，密度645株/hm^2。

在柑橘园顶部建立1个集水池，容积约50m^3，用于收集雨水抗旱；在柑橘园底部建立1个集水池，用于收集雨水和径流水，容积70m^3，依靠坡地自然高差将柑橘园地表径流水引入集水池，储存至干旱季节抗旱，同时配套灌溉管网。

单株橘树全年施肥量为商品有机肥10kg、尿素0.5kg、15%硫酸钾型复合肥（N、P$_2$O$_5$和K$_2$O含量均为15%）2.5kg。全年施2次肥，即还阳肥和壮果肥，还阳肥在11月上中旬采果结束后施用，氮磷钾养分量占总用量的50%；壮果肥在次年6月下旬至7月上旬施用，氮磷钾养分占总用量的50%。施肥方法：还阳肥包括全部商品有机肥和部分化肥，沿树冠滴水线开圆形沟施入，施后覆土；壮果肥全部为化肥，开4条放射状沟施入，施后覆土，并且每年错位施入。

柑橘园满幅种植白三叶，做到全覆盖。将白三叶作为自然生草，不割青还田，不施用除草剂，一次种植多年受益。根据病虫害发生情况施用农药，采果结束后及时修剪枝条，遇干旱时及时利用集水池的水抗旱。

2. 技术效果 经过2年运行，与当地同一区域常规作法相比较，以周年生草覆盖为核心的综合防控技术模式年均地表径流量减少了48.6%，年均地表径流氮、磷流失量分别减少了37.4%和59.7%，生态环境效益明显（图8-6、图8-7）。

图8-6 柑橘园水肥一体化模式

图8-7 成龄柑橘园全园生草覆盖

第三节　庭院污水一体化处理就近消纳技术模式

由于丘陵库区农户居住和污水排放的分散性，房前屋后有菜地或园地，根据因地制宜的原则，创建了庭院污水一体化处理就近消纳技术模式。主要工艺模块包括厌氧发酵、土壤渗滤、人工湿地、生物滤塔，可根据居住类型、处理水质目标和经济成本，自由选择工艺模块进行组合。在三峡库区分别研究了单户、联户和联片式的污水处理与循环再利用技术。其中，单户型可采用厌氧—人工湿地、厌氧—土壤渗滤池—人工湿地，联户型（2~3户一个庭院）的可采用厌氧—生物滤塔—人工湿地处理工艺，针对居住相对集中的片区，可通过污水管网集中收集后，采用厌氧—生物滤塔—人工湿地处理后灌溉农田。

一、技术原理

技术的核心内容为将生活污水和养殖废水进入厌氧池混合均化后厌氧发酵一段时间，通过管网将污水引入污水处理系统，经过处理过的污水在人工湿地停留一段时间被植物吸收，然后灌溉到农田再循环利用。

二、技术内容

（一）厌氧—土壤渗滤池污水处理与循环再利用技术

该污水处理技术主要解决的是单户日常生活污水以及少量的畜禽养殖废水。每天人平均污水排放量为145.5L，来源主要为洗涤用水，农户家常住人口3人，三峡库区人均用水量50L/d，总污水排放量150L/d。污水处理设施24小时自运行，基本不需要人工管理，最终确定设计处理量为$Qd=0.5m^3/d$。

针对生活区的具体污水水质的特点，本方案采用常规的"厌氧＋土壤渗滤"工艺，该处理工艺成熟实用，操作运行方便，日常费用低廉，出水稳定，上部覆土，不影响农村耕作，并且进一步美化环境（图8-8）。

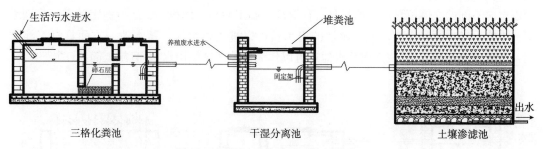

图8-8　厌氧—土壤渗滤系统工艺流程

1. 技术要点　本工艺中，粪便污水进入三格化粪池（2m×1m×1m），中间格底部铺有过滤作用的垫料，可以拦截去除生活污水中较大的悬浮物固体、粪便，并且可以为后续的粪便回田使用提供条件，保护后续管路系统不被堵塞，水力停留时间为30~60d；多余污水进入干湿分离池（1.2m×1.2m×1.0m）底部与畜禽废水混合，初步降低畜禽污水污染物浓度，另一方面干湿分离池使生猪的干粪和尿液等液体分开处理，在厌氧的生物的代谢作用和分解作用降解高浓度的有机污染物；污水然后通过小块农田改造的土壤渗滤池（2m×1m×1m），池中有不同的填料，分别是 30cm 土壤，10cm 碎石布水层，100 尼龙网，40cm 粉煤灰混合土壤，20cm 碎石承托层。这些填料具有价格低、管理方便、体积小、运行稳定可靠、施工简易、维修更换方便等优点。

2. 工程参数

（1）三格化粪池　三格化粪池设计规格为：第一格：1m×1m×1m；第二和第三格均为 0.5m（长）×1m（宽）×1m（高）。化粪池顶部上设置有活动水泥盖板，方便农户将粪便回田。在化粪池底部设置防渗层，防止渗入地下，污染地下水。

（2）干湿分离池　干湿分离池的设计既方便了农户对生猪干粪的收集，又对猪圈中产生的污水进行了收集，有利于降低运行成本以及防止了农村养殖污水乱排乱放的现象。在干湿分离池顶部设置孔径 10mm 过滤网，防止其他杂物进入厌氧池。设计水力停留时间 3～5d，长 1.2m，宽 1.2m，高 1m，有效容积 1.44m³。

（3）土壤渗滤池　设计参数为：日处理量 0.5m³，地下渗滤池面积为 2m²。进水出水采用双管布水和集水，每根 PVC 管长 1.8m，管直径 50mm。孔直径 5mm，布水间距取 30～40cm，侧池宽为 1m。具体填料布置从上往下依次为 30cm 原土种植层，10cm 砾石布水层，30cm 粉煤灰混合土层，10cm 腐熟猪粪，10cm 粉煤灰混合土层，10cm 砾石汇水层。根据最佳水力负荷 12.5cm/d，设计大小为 2m×1m×1m。

（二）厌氧—人工湿地污水处理与循环再利用技术

该技术能够解决常住人口 3～6 人，三峡库区人均用水量 50L/d，总污水排放量 150L/d。污水处理设施 24 小时自运行，基本不需要人工管理，最终确定设计处理量为 $Qd = 0.5m³/d$。

1. 技术要点　本工艺首先通过干湿分离池，一方面可以使畜禽粪便经过干湿分离，将生猪的干粪和尿液等液体分开；另一方面将生活污水和畜禽废水混合，初步降低畜禽污水污染物浓度。然后进入中间池，厌氧的生物代谢作用和分解作用降解高浓度的有机污染物，厌氧的过程既去除有机物，又释放了大量的生物质磷。然后进入以小块农田改造的人工湿地，配以层次不同的立体填料，该填料具有负荷高、施工简易、体积小、运行稳定可靠、管理方便、维修更换方便等优点；人工湿地的出水就可以进入蓄水池，蓄水池一方面具有沉淀作用，固液分离效果好，另一方面蓄水池还可以作为该地区抗旱用水，并且施工简易（图 8-9）。

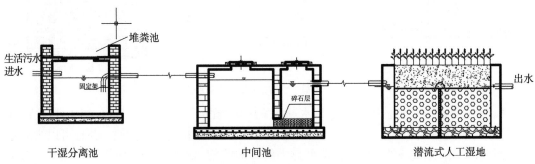

图 8-9　厌氧—人工湿地系统流程

2. 工程参数

人工湿地设计：通过人工湿地生态处理，进一步去除污水中的氮、磷。

设计负荷：$q=0.2m^3/(m^2 \cdot d)$

人工湿地平面面积为：$A=1.0/0.2=5m^2$，平面尺寸为 $1.2m \times 4.2m$，长宽比为 $3.5:1$。

污水处理池结构设计：采用砖混结构。墙体采用红砖砌筑，并用水泥砂浆抹面 1.5cm 厚，基底采用 C20 混凝土作防渗处理。人工湿地填料为鹅卵石、碎石、泥沙和当地种植泥土，布水区和集水区分别填充直径 2～5cm 的鹅卵石，填料厚度为 25cm；中层为 40cm 的矿渣、蛭石和黄沙混合物，表层为 5cm 泥土。植物可选择美人蕉、黑麦草、芦苇、茭白、空心菜、水芹菜等，可根据不同季节进行确定。

（三）厌氧—生物滤塔—人工湿地污水处理与循环再利用技术

1. 技术要点 本工艺首先通过干湿分离池，一方面可以使生猪的干粪和尿液等液体分开，另一方面将生活污水和畜禽废水混合，初步降低畜禽污水污染物浓度。然后进入中间池，在厌氧的生物的代谢作用和分解作用降解高浓度的有机污染物，厌氧的过程既去除有机物，又释放了大量的生物质磷。污水通过污水泵提升，储存在滤池顶部的蓄水池，蓄水池一方面可以调节污水在滤池中的流速，另一方面可以套上管件进行污水的农田灌溉；滤池在好氧状态下对污水中的污染物进行"吸附—降解"，并且对污水中的氨氮进行硝化。然后通过小块农田改造的人工湿地，配以层次不同的立体填料，该填料具有负荷高、施工简易、体积小、运行稳定可靠、管理方便、维修更换方便等优点。

能够处理 2～3 户联户庭院的生活污水和养殖污水，处理后的污水浓度达到地表水排放一级 A 标准，并且回灌到农田（图 8-10）。

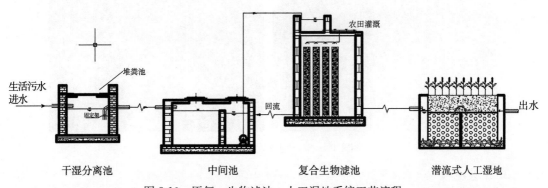

干湿分离池　　　中间池　　　复合生物滤池　　　潜流式人工湿地

图 8-10　厌氧—生物滤池—人工湿地系统工艺流程

2. 工艺参数 复合滤池在好氧条件下对污水中的 NH_4^+-N 进行硝化，使之转变为硝态氮。人工湿地内环境以缺（厌）氧为主，硝态氮在此经微生物反硝化作用以气态形式排出系统。系统部分出水回流至集水池，进行二次处理，增强了系统的脱氮能力。考虑到实际应用与理论计算的差距，建议每 15 年对工程所使用的填料进行一次再生或更新。基本工艺参数见表 8-1。

表8-1 基本工艺参数

参数	复合生物滤池	潜流人工湿地
结构	8层（2m）	70cm填料、30cm土壤
填料、滤料	火山岩	砾石
水力负荷	$4m^3/(m^3 \cdot d)$	$300 \sim 500L/(m^2 \cdot d)$
水力停留时间	可调节	1.5d
通风条件	自然通风	植物、土壤传递

3. 运行管理

①采用全过程自动无动力运行，实现无人值守，因此，系统运行无需专人管理。

②定期对污水处理池内的污泥进行清理，清理出的污泥经过混合堆肥或晾晒等无害化处理后再使用。定期检查出水口的盖板是否盖好，池体有无损坏，出水管阀门、溢流管是否有堵塞并及时做好维修工作。

③搞好植物管理，包括种植、管理、收割（每年一次）、病虫害防治等。

三、典型案例分析

案例一、单户型庭院污水一体化处理利用模式

1. 实施地点 湖北省宜昌市兴山县长坪小流域。

2. 基本情况 农户家常住人口5人，养殖2头猪。所排放污水主要为日常生活污水以及少量的畜禽养殖废水。人均用水量50L/d，总污水排放量250L/d，设置该户生活污水最高排放量为0.5m³/d。污水水质、水量变化小（图8-11）。

图8-11 单户型庭院污水处理现状

3. 工艺流程

①总体思路采用化粪池厌氧工艺，以及土壤渗滤技术为处理工艺，同时辅以碎石拦截、植物净化等物化处理手段。

②工艺过程设计：在住房里汇集后的洗浴生活污水经过管道，排放到室外的卫生旱厕，在改良的三格化粪池中去除水中较大的悬浮物、漂浮物和带状物，在三格化粪池后，多余的污水自流进入畜禽废水处理单元，在猪圈旁设置干湿分离池，目的是将生猪的粪便和尿液等液体分开处理，为防止其他物质进入厌氧池，厌氧池全封闭，只在

池顶预留安全排气管。厌氧池出水因为高程差进入后续的土壤渗滤进行农作物的植物净化处理。

③工艺平面布置图：参见图 8-12。

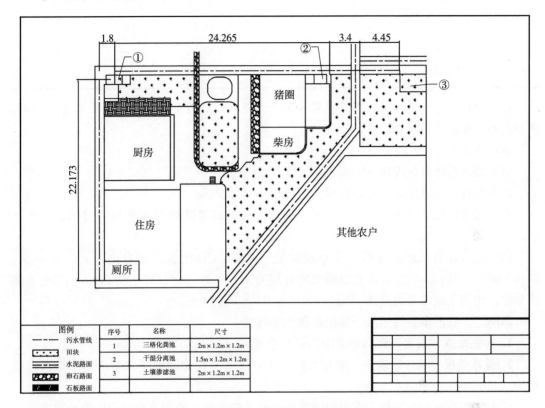

图 8-12　厌氧—土壤渗滤系统平面布置

④土壤渗滤污水处理系统植物的选用。在农村生活污染重，可生化性高，毒性极低，所以考虑在小块的农田底部建立土壤渗滤池，底部为层次不同的各种填料，填料顶部是一定厚度的土壤，并在土壤耕作农作物，利用农作物对土壤渗滤里厌氧池出水进行处理。农村污水毒性低，可生化性好，所以，厌氧池污水在通过土壤渗滤后，可以直接在土壤中扩散后被植物吸收。农作物也以选取根系稍微粗大的作物为主，如空心菜、大白菜、油菜等。

4. 成本和效益分析

（1）建筑成本　参见表 8-2。

表 8-2　厌氧—土壤渗滤处理系统建筑成本

序号	名称	型号	规格	数量	单价（元）	总价（元）
1	三格化粪池	$2 \times 1 \times 1$	m^3	1		600
2	干湿分离池	$1.2 \times 1.2 \times 1$	m^3	1		700
3	土壤渗滤池	$2 \times 1 \times 0.7$	m^3	1		1 400

（续）

序号	名称	型号	规格	数量	单价（元）	总价（元）
4	管道	Φ110×4m	m	10	40	400
5	管道	Φ50×4m	m	10	25	250
6	人工成本		d	5	500	2 500
7	小计					5 850

（2）运行费用　该污水处理系统采用无动力设计，故整个污水处理系统不需要动力，而清淤的工作也基本由农户自己完成。

运行成本＝0元。

污水处理系统日处理量＝0.5m³。

污水处理系统稳定运行年处理量＝0.5×365＝182.5m³。

设计污水处理系统稳定运行15年，则此污水处理系统处理成本为：5850÷（15×182.5）＝2.13元/t。

（3）运行效果和效益分析　该系统对氮、磷和COD的去除率分别为85%～90%、75%～95%、45%～52%，出水氮磷浓度分别为15、0.1～0.8、150～220mg/L。出水灌溉菜地，相当于施入菜地氮素78kg/（hm²·a），15kg/（hm²·a）。

案例二、联户型庭院污水一体化处理利用模式

1. 实施地点　湖北省宜昌市兴山县长坪小流域。

2. 基本情况　共3户农户，常住人口6人，养殖4头猪。设置该生活污水最高排放量为0.5m³/d。

污水处理设施24h运行，在中间池水深达到一定深度，通过全自动自吸泵抽水进入下一环节，基本不需要人工管理，最终确定设计处理量为 Q_d＝0.5m³/d。

3. 工艺流程

①总体思路采用化粪池厌氧工艺，以及生物滤池技术和人工湿地技术为处理工艺，同时辅以碎石拦截、植物净化等物化处理手段。

②工艺过程设计：在住房里汇集后的洗浴生活污水经过管道，排放到室外的卫生旱厕，在化粪池中去除水中较大的悬浮物、漂浮物和带状物，多余的污水与畜禽废水处理单元的溢出部分在中间池进行混合厌氧处理，厌氧池出水进入生物滤池，进行氮磷等有机物的吸附和好氧微生物处理，后续的污水进入人工湿地进行农作物的植物净化处理。

③工艺平面布置图：参见图8-13。

④人工湿地污水处理系统植物的选用。在农村生活污染重，可生化性高，毒极低，所以考虑在小块的农田底部建立人工潜流式湿地，底部为层次不同的各种填料，填料顶部是一定厚度的土壤，并在土壤耕作农作物，利用农作物对人工湿地里厌氧池出水进行处理。

4. 成本和效益分析

（1）建筑成本　参见表8-3。

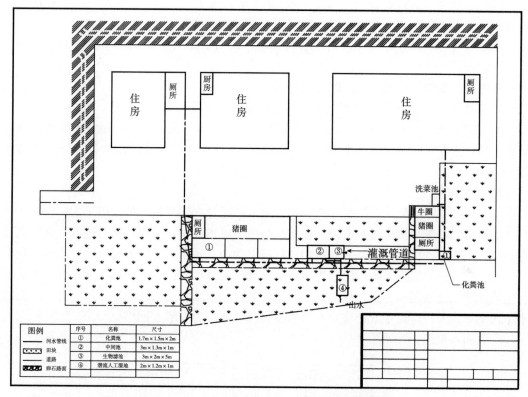

图 8-13 厌氧—生物滤塔—人工湿地系统平面布置

表 8-3 厌氧—生物滤池—人工湿地处理系统建筑成本

序号	名 称	型号	规格	数量	单价（元）	总价（元）
1	中间池	2×1.2×1	m³	1		1 100
2	生物滤池	2×3×5	m³	1		3 200
3	人工湿地	2×1×0.7	m³	1		900
4	管道	Φ110×4	m	14	40	640
5	管道	Φ50×4	m	5	25	125
6	人工成本		d	7	500	3 500
7	小计					9 465

（2）运行成本 该污水处理系统采用无动力设计，故整个污水处理系统不需要动力，而清淤的工作也基本由农户自己完成。

运行成本＝0元。

污水处理系统日处理量＝0.5m³。

污水处理系统稳定运行年处理量＝0.5×365＝182.5m³。

设计污水处理系统稳定运行 15 年，则此污水处理系统处理成本为：9465÷（15×182.5）＝3.45 元/t。

（3）运行效果和效益分析　该系统处理水量为每天 1 200L，污染物去除率分别为总氮 90.3％，总磷 88.7％，COD 82.2％，出水水质分别为总氮 23.8mg/L，总磷 2.55mg/L，COD 304.5mg/L。出水灌溉菜地，相当于施入菜地氮素 78kg/（hm² · a），8.3kg/（hm² · a）。

案例三、集中连片式污水处理利用模式

1. 实施地点　湖北省宜昌市兴山县长坪小流域。

2. 基本情况　共涉及居民 58 户，约 214 人，生猪 160 头。采用一座污水处理站对区域内居住集中农户的生活污水和养殖废水进行统一处理，污水处理站的设计处理能力为 20m³/d。

3. 工艺流程

①采用"复合厌氧＋新型组合式生物滤池＋高通量人工湿地"的处理工艺。

②污水经收集系统进入集水池，在集水池中设置提升泵，将污水提升进入复合厌氧处理系统，利用多种厌氧微生物对有机物进行厌氧处理，污水自流进入复合生物滤池处理系统，出水一部分回流进入集水池，再次进行处理，其余部分则进入中间水池，沉淀去除复合生物滤池系统脱落的生物膜后经分配井分配后进入水平潜流人工湿地系统，进一步去除水中污染物。人工湿地系统处理出水可直接排放，或作为农灌水回用。

③平面布置图：参见图 8-14。

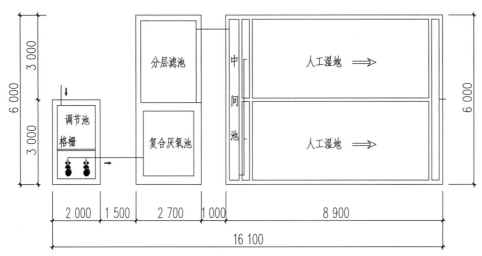

图 8-14　集中连片式污水处理利用模式平面（mm）

4. 成本和效益分析

（1）建筑成本　参见表 8-4。

表 8-4　厌氧—生物滤塔—人工湿地处理系统建筑成本

一	集中式污水处理站	座	1	188 571.45	188 571.45
（一）	场坪工程	处	1	18 397.19	18 397.19
1	1 号挡土墙	m	20	433.72	8 674.33
2	2 号挡土墙	m	20	373.36	7 467.15

（续）

3	临时占地还田	亩	1	4 101.29	2 255.71
（二）	集水池	座	1	14 364.02	14 364.02
（三）	厌氧池滤池	座	1	37 811.94	37 811.94
（四）	人工湿地	座	1	40 846.42	40 846.42
（五）	污水站处理设备				63 300.00
（六）	污水站施工措施费				12 100.00
（七）	污水站运行费	a	1		1 751.88

（2）运行成本　采用全过程自动控制系统，故障自动报警，实现无人值守，因此，系统运行无需专人管理，只需设兼职人员1名，定期对系统进行检查和维护。

人工费用＝1 200元/a。

电费＝1.51元/d×365d＝551.88元/a。

运行成本＝1751.88元。

污水处理系统日处理量＝20m³。

污水处理系统稳定运行年处理量＝20×365＝7 300m³。

设计污水处理系统稳定运行15年，则此污水处理系统处理成本为：188 571÷（15×7 300）＝1.72元/t。

（3）运行效果和效益分析　该系统处理水量为每天8 170L，污染物去除率分别为总氮93.4%，总磷98.9%，COD 91.2%，出水水质分别为总氮11.1mg/L，总磷0.24mg/L，COD 245.1mg/L。出水灌溉菜地，相当于施入农田氮素33kg/（hm²·a），0.72kg/（hm²·a）。

第四节　分散式畜禽粪污就地就近消纳技术模式

湖北省是我国畜牧业大省，畜牧业产值位居全国前列，2017年全省生猪出栏量为4 082.2万头、奶牛存栏量23 647头、肉牛出栏量141.0万头、蛋鸡存栏量12 924.0万只、肉鸡出栏22 570.1万只。农户分散式畜禽养殖数量不容小觑，生猪占全省养殖总量的27.6%，肉牛占57.0%，蛋鸡占19.6%，肉鸡占20.4%。畜禽养殖业源总氮排放总量合计43 045t，占全省农业源总氮流失量的40.2%；总磷排放量9 210t，占全省农业源总磷流失量的56.5%。畜禽养殖业特别是分散式畜禽养殖氮磷流失控制仍是今后农业部门工作的重点和难点。

对于规模化养殖来说，大量的畜禽粪便经过多重处理后，通过多种方式施入农田，从而减少畜禽粪便中氮、磷对环境的污染。而对于农户分散养殖，主要是通过堆沤直接还田，由于以下几个方面的原因，导致分散式粪污中的氮磷流失风险较大：一是在收集环节没有干湿分离和污水源头减量措施，农户一般采用水冲粪工艺，虽然粪便清理出圈舍，但是尿液和污水直接排放；二是在存放环节没有采取避雨堆沤措施，畜禽粪便的产生时间与利用时间错位，导致大量畜禽粪便堆放在养殖场旁边，特别雨季 4～10 月是非施肥季节，在雨水的冲刷下，畜禽粪便中大量的氮、磷营养元素伴随着雨水进入水体并对环境造成影响；三是在处理环节缺乏污水处理设施；四是在利用环节缺乏考虑养殖容量与农田承载力匹配问题，存在着畜禽粪污还田过量造成环境污染的风险。要彻底解决分散式畜禽养殖粪污造成的氮磷流失问题，必需从根本上转变农业生产方式和畜禽养殖方式，大力推进以沼气为纽带的庭院式生态农业模式，将种植业、养殖业与沼气使用相结合，如猪沼果（茶、菜）模式；因地制宜地将庭院有机废弃物堆沤成有机肥施于农田，无害化处理后的污水灌溉农田，实现粪污资源就地消纳利用，促进农业可持续发展。

一、技术模式原理

本技术模式针对农户分散式粪污在收集、存放、处理和利用环节中的氮磷流失风险，提出了干湿分离、雨污分离、避雨存放、庭院有机废弃物一体化堆沤、养殖污水处理、粪污就地就近消纳等，从源头减量、过程减排和末端循环利用等环节控制分散式畜禽粪污氮磷流失。

二、技术模式流程

参见图 8-15。

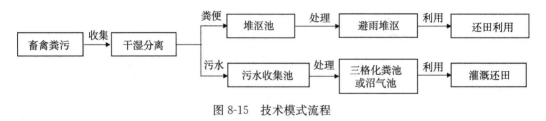

图 8-15　技术模式流程

三、适用范围

适用于丘陵山区分散式养殖，庭院周边有土地的人畜混居类型，其中，分散式养殖数量为生猪年出栏数＜50 头，奶牛年存栏数＜5 头，肉牛年出栏数＜10 头，蛋鸡年存栏数＜500只，肉鸡年出栏数＜2 000 只。

四、技术模式内容

主要包括雨污分流、干湿分离、避雨堆沤、无害化处理、还田利用。具体技术内容如下：

（一）收集

1. 清粪工艺　宜采用干清粪工艺，可较好减少沼液和废水处理，从源头减少污水处理量和处理成本。可采用干清粪设备或人工清粪。

2. 雨污分流　通过在粪污贮存和处理设施周围建设雨水收集管道（沟）和污水收集管道（沟），将雨水和污水分开收集，防止雨水进入干粪和液粪收集设施。收集的雨水直接排到农田或河塘，收集的污水集中处理，在雨季时可大大减少污水处理量。污水收集沟可采用砖砌明沟或铺设管道。

3. 干湿分离　圈舍内有漏缝地板的，污水可通过漏缝地板进入废水收集池。圈舍中无漏缝地板的，将畜禽粪污清出到干湿分离池。干湿分离池包括堆沤池、过滤栅格板、污水收集池、污水输送管。

4. 堆沤池容积　堆沤池的容积根据养殖种类、数量和贮存时间设计，存贮时间不小于畜禽粪便使用周期，计算方法参照 GB/T 27622 执行。其容积大小 S（m²）按下列公式计算：

$$S = \frac{N \cdot Q \cdot D}{\rho_M}$$

式中：N 为畜禽单位的数量；Q 为每畜禽单位的畜禽每日产生的粪便量，其值参见下表，单位为千克每日（kg/d）；D 为贮存时间，具体贮存天数根据粪便后续处理工艺确定，单位为日（d）；ρ_M 为粪便密度，其值参见表（8-5），单位为千克每立方米（kg/m³）。

表 8-5　每畜禽单位的畜禽日产粪便量及粪便密度

参数	单位	畜禽种类						
		奶牛	肉牛	猪	山羊	蛋鸡	肉鸡	鸭
鲜粪	kg	86	58	84	41	64	85	110
粪便密度	kg/m³	990	1 000	990	1 000	970	1 000	—

注：— 表示未测。

5. 堆沤池建设　堆沤池选址宜紧邻圈舍，结构为箱体式结构，应采取防渗措施。建设材料可为砖混结构或玻璃钢、塑钢等防腐蚀、防渗材料，结构可参考图 8-16。

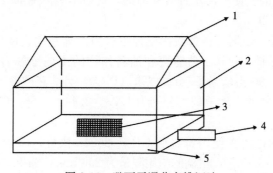

图 8-16　避雨干湿分离堆沤池
1. 伸缩雨棚　2. 堆沤池本体　3. 过滤栅隔板　4. 污水排放管　5. 中间池

6. 过滤栅格板　过滤栅格板宜采用 PVC、钢筋等防腐蚀材料，栅格间距宜为 1～3cm。

7. 污水收集池　污水可利用有三格化粪池、沼气池收集，没有三格化粪池、沼气池的可新建污水收集池，污水收集池的，尿液和污水可直接进入三格化粪池，污水停留时间宜不少于 72h。

8. 污水排放管　连接废水收集池和外部污水处理设施，污水输送管材质应耐腐蚀、耐老化，直径不小于 50mm。

（二）贮存堆沤

1. 避雨存放 粪便堆沤池应建设避雨措施。有条件的地方宜建设避雨棚；无条件的可将粪便堆成锥型，并用覆盖秸秆或土壤覆盖。其中秸秆粉碎成 5～10cm，覆盖厚度 10～20cm；土壤覆盖厚度为 10～20cm。

2. 避雨棚 避雨棚可由若干块彩钢瓦拼装，可折叠，遮雨棚连接在伸缩杆上，雨棚下玄与设施地面净高不低于 3.5m，在粪便堆沤时完全遮盖在堆沤池上方堆沤。

3. 堆沤 粪便可与秸秆、人粪尿、有机厨余垃圾等有机物料联合自然堆沤，C/N 宜为 20∶1～40∶1，含水率宜为 45%～65%。可添加适量普通过磷酸钙调节 pH。

（三）无害化处理

1. 三格化粪池 污水处理宜采用三格式化粪池，畜禽粪便和污水由进粪管进入第一池，固化物在池底分解，上层的水化物体，依次进入第二池和第三池，给固化物体充足的时间水解。污水贮存设施设计要求参照 GB/T 26624 执行，基本结构可参照 GB/T 38836 执行。根据最大养殖量、污水产生量和贮存时间设计三格化粪池容积，污水产生量生猪 5kg/（d·头）。三格化粪池应满足"防雨、防渗、防漏"要求。在第三池应安装出水控制阀门和污水输送管道。

2. 户用沼气池 户用沼气池的设计和相关参数可参照 GB/T 4750 和 NY/T 1702 执行。沼气池应尽量背风向阳。根据畜禽最大养殖量、污水产生量和贮存时间设计户用沼气池的容积。按照 GB 7959 的要求，沼气发酵达到无害化标准的处理时间不低于 30d。作沼液肥时，沼液和沼渣的卫生学要求应符 GB 7959 的规定。沼渣出池后应进一步堆制，充分腐熟后才能使用。

（四）还田利用

经过无害化处理后的粪便和污水宜就地消纳，就地不能消纳部分可在庭院附近农田消纳，运输半径宜不大于 2km。

1. 土地承载力匹配 依据《畜禽粪污土地承载力测算技术指南》，以氮（N）计，三峡库区小麦、水稻、玉米、大豆、马铃薯和油料作物的土地承载力分别为 0.67、1.21、0.91、0.52、0.71 和 1.06 头猪当量/亩。以磷（P_2O_5）计，三峡库区小麦、水稻、玉米、大豆、马铃薯和油料作物的土地承载力分别为 1.23、2.44、0.66、0.30、0.69 和 0.73 头猪当量/亩。

2. 施用量 腐熟的畜禽粪便用量参照 GB/T 25246 执行，以地定产、以产定肥，小麦、玉米的使用限量为 16t/hm^2，柑橘的施用限量为 29t/hm^2，茄果类施用限量为 30t/hm^2，叶菜类施用限量为 16t/hm^2。污水或沼液宜少量多次灌溉，单次灌溉量不宜产生地表径流。

3. 施用方法 沼渣和腐熟的粪便宜作为基肥施用，深施覆土。沼液作为追肥施用，沼液和清水的比例宜不低于 1∶1～1∶2，开沟施肥，覆土。具体的施用方法可参照 GB/T 25246 的规定。

4. 施用时间 施用前应关注天气预报，不宜暴雨前施肥。

五、典型案例

1. 实施地点 湖北省宜昌市兴山县长坪小流域。

2. 基本情况 每家农户平均养殖生猪 2~4 头，采用人工干清粪工艺，畜禽粪便露天堆置，粪便虽然施入农田，但是在堆放过程中遇雨流失风险大；养殖废水随意排放（图 8-17）。

图 8-17 畜禽粪污处理现状

3. 技术对策 在圈舍外建设干湿分离避雨堆沤池，粪便避雨堆贮无害化处理后还田，污水进入三格化粪池厌氧处理后灌溉农田。

4. 技术模式流程图 参见图 8-18。

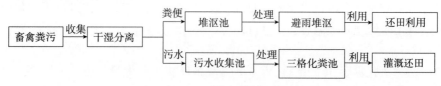

图 8-18 技术模式流程

5. 效果（效益）分析 通过干湿分离工艺，从源头减少污水产生量 80%，粪便避雨堆贮率达到 100%，化肥施用量减少 20%，实现畜禽粪污就地消纳。

第五节 养殖专业户（场）粪污
果茶园消纳技术模式

养殖专业户为养殖数量未达到规模化养殖标准的个体养殖单元。生猪年出栏数 50~499 头，奶牛年存栏数 5~99 头，肉牛年出栏数 10~99 头，蛋鸡年存栏数 500~9 999 只，肉鸡年出栏数 2 000~49 999 只。其养殖规模介于规模化养殖和分散养殖，是近年来丘陵山区普遍存在的一种养殖类型，又是农民脱贫攻坚的主要经济支柱。该种养殖类型的畜禽粪污是农业面源污染治理的难点，存在着种养脱节、种养不平衡的问题，部分处理和贮存设施存在建设不规范，处理能力与养殖规模不匹配，既缺乏规模化养殖场被强制规定的粪污处理设施，又缺乏有效的监管。

由于丘陵山区地块分散，交通不便，养殖场周边土地不充足，利用区域内的果园和茶园进行土地就地就近消纳氮磷污染物，是比较经济可行的土地消纳方式。

一、技术模式原理

本技术模式针对养殖专业户畜禽粪污在庭院周边的土地消纳能力不足时，粪污在收集、存放、处理和利用环节中的氮磷流失风险，从源头减量、过程减排和末端循环利用和管理机制等环节促进养殖专业户粪污资源化利用。

二、技术模式内容

（一）规模化养殖场/专业户源头减排技术

①养殖场应雨污分流，配套建设污水收集系统及固体粪便、污水贮（暂）存设施。固体粪便贮存设施建设要求按照 GB/T 27622 执行，污水贮存设施建设要求按照 GB/T 26624 执行。

②养殖场应根据养殖品种和养殖阶段，进行饲料合理配置、精准饲喂，约束营养素上限水平，提高饲料利用率，减少饲料过量供给和污染物的排出量。

③养殖场应采取节水饲养工艺及工程配套措施，实现污染源头减量。

④应选择节水型饮水设备和清洗消毒设备，控制用水量。

⑤宜采用自动降温系统控制用水，根据舍内温度及畜禽生理需求适时启动。

⑥清粪宜采用干清粪，在确需冲洗时，宜用高压水枪进行冲洗，减少用水量。

（二）规模化养殖场/专业户污水/粪污无害化处理技术

①养殖污水或全量粪污宜采用氧化塘、厌氧发酵、发酵床等工艺进行无害化处理。

②采用氧化塘处理时，塘容积 V_1 可按公式（8-1）计算，并应满足防渗要求。

$$V_1 > Y \times T \times N \tag{8-1}$$

式中，V_1 为氧化塘容积（m^3）；Y 为单位畜禽日粪污产生量 $[m^3/(d \cdot 头)]$；T 为贮存周期（d）；N 为设计存栏数（头）。

③采用厌氧发酵处理时，宜采用完全混合式厌氧反应器（CSTR）、上流式厌氧污泥床反应器（UASB）等工艺，配套调节池、厌氧发酵罐、贮气设施、沼渣沼液储存池等设施设备。沼气工程相关建设要求应符合 NY/T 1222 的规定，并防火防爆。沼液应采用防渗、密封设施贮存，防止泄露流失，减少氨挥发、甲烷排放；沼液贮存设施应符合 NY/T 1220.1 的规定，沼液贮存设施容积应充分考虑沼液产生、利用规律和安全施用贮存时间。

④猪场发酵床技术可参照 NY/T 3048 执行。采用异位发酵床处理时，每头存栏生猪粪污暂存池容积不小于 $0.2m^3$，发酵床建设面积不小于 $0.2m^2$，并有防渗防雨功能，配套搅拌设施。冬季温度较低时，异位发酵床宜增加保温措施。

（三）畜禽粪便无害化处理技术

①规模养殖场干清粪或固液分离后的固体粪便宜采用堆肥、沤肥等方式进行处理。畜禽粪便堆肥应符合 NY/T 3442 的规定。

②应配套足够种植土地面积进行粪污消纳，宜根据施用规律在消纳区域建设防渗、安全的贮存设施。分散养殖宜利用庭院周边的土地就地消纳，规模化养殖场或养殖专业户可利用流域内的土地就近就地消纳。

③无害化处理后的堆肥、沤肥、沼肥、肥水等进行还田利用时，依据《畜禽养殖粪污土地承载力测算技术指南》合理确定配套农田面积，并按 GB/T 25246 执行。

④沼液肥的技术指标和限量指标应符合 NY/T 2596 的规定，沼液可通过吸污车、施肥罐车或管道输送至用肥地点。沼液还田可采用基肥或追肥形式施用，基肥宜采用农田灌溉，追肥宜采用喷施、农田灌溉、水肥一体化等。沼液用于灌溉、生产水溶肥和浓缩肥可参照 NY/T 2374 执行。

三、典型案例

1. 实施地点 湖北省宜昌市秭归县茅坪河流域。

2. 基本情况 茅坪河流域共有 77 户养殖专业户数量，20 632 头生猪，每户养殖 150~300 头生猪；茶园 32 000 亩，果园 12 053 亩，生态茶园和柑橘园基地 11 个。

3. 畜禽污染问题 种养循环链条不完整，养殖废水排入茅坪河，养殖场周边果茶园面积不配套，种养分离。

4. 技术对策 以"水、肥循环利用"为主线，土地就近消纳为核心，构建第三方运行服务机制，解决种养分离问题。

5. 技术模式流程图 主要包括 3 个种养结合环节，第一个环节是畜禽粪污的收集处理，第二个环节是连接养殖和种植的第三方运行，第三个环节是畜禽粪污在果茶园的消纳利用与氮磷减排。

按畜禽粪污清粪工艺不同，其处理工艺也不同，可分为干清粪和水泡粪 2 种，其中：

①在干清粪工艺中，畜禽粪污经过干湿分离后，粪便避雨贮存在堆沤池中，通过第三方收集到有机肥中心统一堆肥制成商品有机肥，在养分总量控制和以地定养的原则下，将有机肥还田部分替代化肥；养殖废水经过沼气池无害化处理后，通过沼液抽排车将沼液输入田间沼液贮存池，通过沼液水肥一体化喷灌或沟灌果茶园。

②在水泡粪工艺中，畜禽粪污进入沼气池或三格化粪池：进入沼气池或三格化粪池厌氧发酵后，养殖场周边有充足果茶园消纳的，可铺设管网，达到农田灌溉标准的，由沼气池直接灌溉果茶园；养殖场周边没有充足果茶园消纳的，在稍远距离的果茶园建设沼液贮存池，沼液通过第三方沼液抽排车送入田间沼液贮存池，通过沼液水肥一体化喷灌或沟灌果茶园。沼渣或粪便通过后腐熟过程后，施入果茶园（图 8-19）。

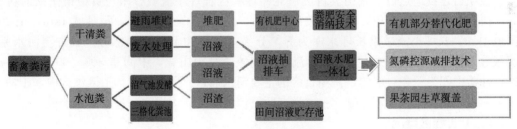

图 8-19 技术模式流程

6. 效果（效益）分析

①采用干清粪工艺时，通过避雨堆贮和养殖废水厌氧发酵，从源头减少污水产生量 80% 以上，粪便露天堆置率降低 95% 以上；采用水泡粪工艺时，粪污无害化处理率提高了 85% 以上，解决了养殖废水直接排入茅坪河的问题。

②基于第三方运行的有机肥中心、沼液抽排车、田间沼液贮存池，采用粪肥安全消纳技术和沼液水肥一体化技术，实现了粪污高效收集，解决了种养分离问题，提高养殖户和种植户对粪污还田的积极性。

③通过有机肥还田，部分替代化肥，实现化肥用量减少 25%，果茶园生草覆盖技术氮磷流失负荷分别减 41% 和 55%。茅坪河流域内畜禽养殖粪污氮磷污染贡献减少 82% 以上。

第九章 流域农业面源污染综合
防控应用案例

第一节 丘陵库区农业面源污染综合防控
技术模式——兴山模式

2013年公益性行业（农业）专项"典型流域主要农业源污染物入湖负荷及防控技术研究与示范"（201303089），在三峡库区、太湖流域及洱海地区建设典型流域农业面源污染综合防控技术试验示范区。同时农业农村部也启动了典型流域农业面源污染综合防控技术工程示范区，并投入资金进行建设。三峡库区选择兴山县古夫镇长坪小流域作为示范区，将监测、技术研究与工程示范结合在一起。经过3年建设，构建了丘陵库区农业面源污染综合防控技术模式——兴山模式，该模式作为流域农业面源污染综合防控技术模版，在全国进行推广应用。

一、示范工程背景

（一）工程地点和范围

该项目建设地点位于兴山县古夫镇北斗坪社区长坪小流域，东与黄粮镇张家河村交界，西与麦仓村隔河相望，南与深渡河村接壤，北与夫子社区相接，距县城4km，距209国道1km。长坪小流域以长坪水库为界，分为上长坪和下长坪两部分。属香溪河水系，流域总面积4km²，为一典型的扇形流域。流域两侧为山脊，中间是300～500m宽的冲槽，冲槽中间为一条自然沟，是项目区的主要消水通道，所有水系均汇入该沟内，于柚子树汇入古夫河，称古夫河流域。古夫河在昭君镇响滩汇入香溪河，称香溪河流域。

（二）工程区概况

项目区地处亚热带，属季风气候，四季分明，雨量适中，光照充足。年平均气温13.3℃，年均降雨量约1 100mm。全年降雨集中在4～10月，降雨总量约占全年的89%。具有夏季多暴雨，强度大，历时短的降雨特点。多年平均相对湿度73%左右，总降雨量较丰富，气候湿润。

项目区所在北斗坪社区的国土面积为19.74km²，占香溪河流域兴山县的0.94%。农业人口3 470人，占兴山县农业人口的2.5%。耕地面积3 567亩，占兴山县耕地面积的1.47%。主要种植作物有马铃薯、玉米、油菜、水稻、茶树、柑橘等作物，作物布局具有分散性，从高到低为林地、园地、旱坡地、水田，畜禽养殖以生猪和肉鸡为主，农户分散式养殖。

（三）工程区污染负荷

生活污水：核心示范区下长坪农户有151户、532人。全年人均生活污水排放量为

106.3L/（d·人），洗涤污水排放量占总生活污水排放量的比重最大，为 60.8%。经监测，厕所粪污 TN 为 1094.5mg/L、TP 为 54.9mg/L，洗涤污水中 TN 为 54.9mg/L、TP 为 2.5mg/L，全年厕所粪污 TN 产生量为 242.8kg，TP 产生量为 12.2kg，洗涤污水 TN 产生量为 18.9，TP 产生量为 0.86kg，根据生活污水排污系数 TN 为 0.26g/（d·人），TP 为 0.03g/（d·人）计算，示范区 TN 排放量为 68.0kg/a，TP 排放量为 0.39kg/a。

畜禽养殖：示范区全年出栏生猪 332 头、鸡出笼 897 只。调查发现当地的分散饲养方式主要以圈养为主，在养殖过程中，大多农户会将生猪产生的粪便随意露天堆放在养殖场所外，作为农田肥料使用，但在降雨时，猪粪受雨水冲刷随地表径流流至低洼处或田间排水渠道中，最后汇入附近的香溪河。清粪方式基本为干清，养殖户大部分堆粪时进行了干湿分离，但是对养殖排放的污水进行收集的仅有 31.3%，另外 68.7% 的养殖户直接将尿液排放。根据第一次全国农业污染源普查系数，育成期生猪总氮产生系数为 44.73g/（头·d），总磷产生系数为 5.99g/（头·d），生猪养殖氮磷产生量分别为 4 455.1kg/a 和 596.6kg/a，其中，猪粪氮磷产生量分别为 2 481.0kg/a 和 333.5kg/a，尿液氮磷产生量为 1 974.1kg/a 和 263.1kg/a。经监测，猪粪堆放 4 个月后流失率为 22.7%，猪尿液的流失率为 68.7%，因此，猪粪的氮磷流失量分别为 563.2kg/a 和 75.7kg/a，尿液的氮磷流失量分别为 1 356.2kg/a 和 180.7kg/a。肉鸡氮磷产生系数分别为 0.71g/（只·d）、0.06g/（只·d），氮磷排放系数分别为 0.11g/（只·d）、0.02g/（只·d），据此计算，肉鸡氮磷产生量分别为 232.5kg/a、19.6kg/a，氮磷排放量分别为 26.2kg/a、16.4kg/a。因此，示范区畜禽养殖业源氮磷排放量分别为 1 945.6kg/a、272.8kg/a。

种植业源：示范区耕地面积 888.7 亩，玉米—油菜种植制面积占总面积的 81.3%，每年该种植制氮磷流失强度分别为 0.94kg/亩、0.025kg/亩，因此示范区种植业源氮磷流失量分别为 679.2kg/a、18.1kg/a。

通过产排污系数法测算示范区内 3 个污染源的污染负荷，可以看出，畜禽养殖业是该区域内的重点污染源，畜禽养殖业源氮磷负荷分别占区域内总负荷的 72.3% 和 93.6%，因此，控制畜禽养殖粪污中的氮磷流失是该区域内面源污染防控的关键（表 9-1）。

表 9-1 示范区氮磷污染负荷量

项目	种植业（kg/a）	畜禽养殖业（kg/a）	生活污水（kg/a）	总计（kg/a）
N	679.2	1 945.6	68.0	2 692.8
P	18.1	272.8	0.39	291.3

二、示范工程设计

（一）工程建设目标

从农业生产和农村生活入手，通过开展农业面源污染综合防治技术示范工程建设，核心示范区长坪小流域实现畜禽养殖粪便综合处理率达到 95% 以上，实现农田氮磷流失率下降 30% 以上，实现生产生活垃圾及废水处理率达到 90% 以上，形成适合三峡丘陵库区农业面源污染综合防治技术模式。

（二）设计思路和技术路线

1. 设计思路 从三峡库区社会经济和生态环境可持续发展的全局意识出发，抓住三峡库区农业面源污染的区域特色（山高坡陡、农户居住分散、畜禽养殖量小且以散户养殖为主），把庭院经济、种养一体化、人居环境改善、美丽乡村建设和乡村振兴战略有机结合起来，强化库区人民的环境保护意识，以典型小流域为单元，综合整治农业面源污染。

①以水为主线，以"多源共治、就近消纳、循环利用、区域自净"为理念，统筹"林—田—人—畜"系统治理和"拦—蓄—灌—排"综合治理，通过农田耕地来消纳所有污水中的氮、磷，使原来的多个污染排放口变为只有农田一个出水口，通过小流域面源污染防控的技术模式的应用和示范，达到丘陵库区分散式种养一体源减排的目的。

②抓住丘陵库区面源污染的分散式特征，以将污染物就近处理与利用为原则，达到对污染物控源减排的目的。

ⓐ种植业。在"源头治理、过程拦截、末端净化"防控思路的基础上，提出了"因地制宜、土地消纳、区域自净、循环利用"的新理念，集成了以避雨优化施肥、横坡垄作、秸秆覆盖、径流拦截利用、尾水净化利用为核心的坡耕地氮磷减排技术体系，其中，通过拦截池将地表径流拦截收集和调蓄减排，通过水塘/水田调蓄减排；通过农艺措施减少农田尾水的排放量和农田尾水中的氮磷浓度，达到控源减排的目的。

ⓑ农村生活污水。建设农村生活污水排放渠系和管道，根据因地制宜原则，建设单户和联户分散式无动力、联片集中式污水高效处理循环利用系统，通过人工湿地达到调蓄灌溉的作用。

ⓒ畜禽养殖。采取养殖粪污资源化利用原则，根据分散式养殖特色，建设单户干湿分离池，将粪便避雨堆放还田，养殖污水无害化处理后灌溉农田，实现种养一体化。

③将面源污染防控工程措施与植物措施、农业耕作措施相结合，有效防控氮磷输出。其中：

ⓐ坡耕地地表径流氮磷截流减排技术模式。利用避雨优化施肥技术、植物篱、秸秆覆盖还田、横坡垄作等农艺措施从源头减少氮磷输入；利用径流导引、汇集、集蓄和再利用为一体的坡耕地尾水拦截、净化与再利用技术，从过程拦截和末端净化防控氮磷输出。

ⓑ分散式农村污水高效处理与灌溉减排技术模式。利用分散式无动力和联片式污水高效处理循环利用系统工程，将生活污水和养殖污水循环进农田，最大程度地降低污水中氮磷的排放。

ⓒ分散式养殖粪污干湿分离池截流控源循环利用技术模式。利用干湿分离池和避雨措施与粪污资源化利用等农艺措施相结合，采用土地消纳原则，使各个环节的氮磷在整个区域内达到自净，有效防控氮磷向流域外输出。

2. 技术路线 参见图 9-1。

（三）工程建设内容及规模

1. 建设内容 主要包括生活源、养殖源、种植源污染系统处理，主要建设内容为农村生活污水处理示范工程、养殖废弃物资源化利用示范工程、农田尾水处理示范工程、联片污水处理—循环利用示范工程以及坡耕地拦截示范工程，各工程间紧密衔接，相互关联，形成有机的整体，且各工程最后都是通过农田耕地来消纳所有污水中的氮、磷，只有

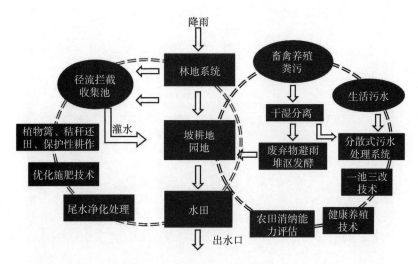

图 9-1 流域面源污染防控技术路线

一个出水口。

　　将降水和上部坡耕地地表径流拦截到径流池中回灌农田，既解决了农田季节性干旱，又能利用拦截池进行调蓄减排；将生活污水和养殖废水通过管网引入污水处理系统，通过人工湿地进行调蓄减排，最后回灌农田；将原来的 3 个排污口变为只有农田一个排污口，达到养殖粪污和生活污水的零排放，实现污染物区域自净。

2. 工程规模

　　①坡耕地径流水拦截、积蓄与循环利用示范，完成径流拦截池建设 2 处，可拦截坡耕地面积 40 亩，拦截池容积 60m³、配套管网 430m、沟渠 216m，完成 1 770m 植物篱拦截示范，有效拦截面积 15 亩，购置微耕机 1 台、秸秆粉碎机 1 台，完成保护性耕作和秸秆还田示范各 60 亩，安装太阳能杀虫灯 35 盏。

　　②农田尾水减排与生态净化示范，完成工程建设 2 处，建成径流拦截沟渠 338m、挡水隔离板 287m，租用农户藕塘和水塘各 1 个，可以拦截坡耕地 15 亩。

　　③完成农业废弃物收集利用示范工程，为核心区农户配备户用垃圾桶 202 个，在集中场所配置无机垃圾收集箱 2 口，田间废弃物收集池 6 口。

　　④农村污水处理与循环利用示范工程建设。建成污水集中处理设施 2 处，配套污水管网 5 955m、化粪池 35 口、生活污水收集池 18 口、养殖污水收集池 6 口、污水收集沟渠 98m，可以处理 85 个农户的生产生活污水，建成单户人工湿地 7 处，联户人工湿地 5 处，可以处理 22 个农户的生产生活污水。

　　⑤完成分散型养殖畜禽粪便干湿分离堆沤技术示范，共计建成畜禽堆沤池技术示范 69 处，核心区养殖户做到全覆盖。

　　⑥完成清洁生产、农业面源污染防控技术培训工作 1 500 人次以上，共计发放技术资料 1 500 本，核心示范区农户和全县科技示范区做到每户 1 本。

（四）工程平面布置

　　参见图 9-2。

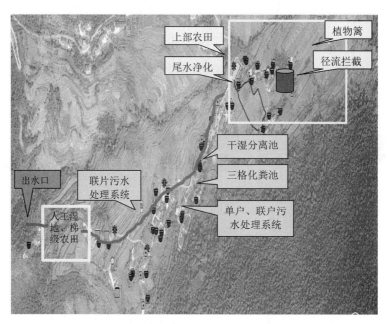

图 9-2　长坪小流域核心示范区面源污染防控工程布置

三、示范工程建设及效果

（一）示范工程

1. 坡耕地地表径流水拦截、净化、集蓄与再利用示范工程

（1）植物篱拦截与净化地表径流示范　植物篱布设径流拦截池的上游农田内，采取沿等高线进行水平整地，选择具有拦截效果和一定经济价值的作物；高矮搭配，合理部署。形成等高植物篱带，对坡面径流的滞洪、减速，逐渐形成阶梯状的地埂，既不破坏坡地土壤结构，又营造了埂坎小环境，改善坡地作物的生长环境，同时起到了拦截地表径流的功能，减少了对河流水体的污染。该项目共种植植物篱 1 000m。

（2）坡耕地径流拦截沟、积水池及配套灌水网管示范　参见图 9-3。

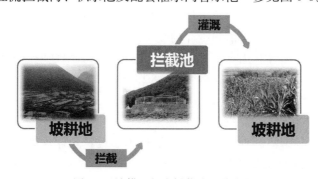

图 9-3　坡耕地径流拦截池工艺流程

拦截沟渠布置在拦截池上方，该项目共布设径流拦截沟渠 2 条，120m。径流拦截池位置选在田块面积较大，10°～20°具有代表性的坡耕地下方，拦截池进水口与沉砂池的出水口连接，根据项目区的实际情况，该项目区共布设径流拦截池 1 座，30m³。为保证泥沙不淤积拦截池，在径流拦截池进水口处设沉砂池 1 座，沉砂池布置在径流拦截沟末端与蓄水池交汇处。沉砂池设计为长窄式，结构采用开敞式，沉沙容积为 1.02m³，长 1.7m，宽 0.6m，高 1.0m，全部采用 C20 混凝土浇筑。出水口与池底板间距为 0.8m，并在池底设排污管和闸阀室。为体现循环利用的理念，径流拦截池下布设田间灌溉管网，以便农田灌溉，该项目共布设田间灌溉管网 300m，配套给水井 4 个。

（3）秸秆还田和保护性耕作示范工程　作物秸秆是重要的有机肥源，秸秆还田可缓解有机肥料短缺、改良土壤、培肥地力、保水抗旱，同时还可减少化肥用量。秸秆还田一般选择在作物收获后进行，首先清除田间杂草，在田间利用秸秆粉碎机将秸秆切碎，每 500kg 秸秆配置秸秆腐熟剂 2kg、尿素 7kg，拌均匀后堆成堆，上面用塑料盖严密封，促进作物秸秆充分腐熟，秸秆变成褐色或黑褐色，湿时用手握之柔软有弹性，干时很脆容易破碎。腐熟堆肥料可直接施入田块，提高土壤有机质含量、培肥地力。保护性耕作是对农田实行免耕或少耕，改变传统的土壤深耕做法，减轻耕地翻挖程度，减少土壤风蚀、水蚀，从而减少施入田间肥料的养分流失。秸秆还田和保护性耕作主要是购买秸秆腐熟剂、配套购置秸秆粉碎机和微耕机，组织农民在适宜田块进行示范。

秸秆还田和保护性耕作工程主要设计在交通条件较好，在流域内有代表性的耕地进行，充分考虑农民的意愿和项目研究的便利。

（4）农药防控　为减少农药施用造成的水体污染，在项目区农作物病虫害防治方面采用太阳能杀虫灯防虫和粘虫板防治技术，分片区进行农作物病虫害防治，减少农药施用量。2013—2014 年防治面积为 443 亩，根据项目区农田、作物种类，分两个片区进行布局：一是水田农作物种类以水稻、油菜为主的矮秆植物区布设粘虫板（黄板纸），每亩 25 张；二是旱地农作物种类为玉米为主的高秆作物区布设太阳能杀虫灯，每 30 亩布设 1 盏，该项目共布设粘虫板 3 575 张，太阳能杀虫灯 10 盏。

2. 农田尾水减排与生态净化工程　农田尾水减排与生态净化示范工程布置在刘祖超和李红军房屋之间的农田内，农田面积 10 亩，利用刘祖超门前已建藕塘，将上部 10 亩耕地的径流经拦截沟引入藕塘，在藕塘内种植莲藕，通过作物吸收达到净化、消减上部农田流失的氮磷，经净化后的水用于下游农田灌溉。农田尾水减排与生态净化工程由挡水板、拦截沟和藕塘组成，共布设挡水板 195m，径流拦截沟渠 2 条，160m，租用藕塘 1 个，面积 150m²。

挡水板：挡水板的作用主要是将农田尾水减排与生态净化拦截径流的范围与外界隔离，避免外界的径流进入径流拦截区影响试验效果。挡水板布设在选用 10 亩农田四周，将实验区与外界地表径流隔离，挡水板设计为拼装式，每块宽 0.5m，高 0.7m，厚 0.06m，采用 C20 混凝土预制，现场拼装，接缝采用 C20 混凝土灌缝，挡水板地面以上 0.3m，地面以下 0.4m。

径流拦截沟：拦截沟渠布置在选用的 10 亩农田下方，主要是将试验示范区的径流引至藕塘，经藕塘净化处理后直接排放到藕塘下面的灌溉渠内，用于农田灌溉，该项目共布设径流拦截沟渠 2 条，160m。

净化塘：净化塘租用刘祖超门前已建藕塘，将上部 10 亩耕地的径流经拦截沟进入藕塘，在藕塘内种植莲藕，通过作物吸收达到净化、消减上部农田流失的氮磷，经净化后的尾水用于下游农田灌溉。净化塘来水由两部分组成,一是上部 10 亩耕地的径流;二是原已建的引水渠,当农田径流能够满足净化塘水量时,将引水渠的水隔离,当农田径流不能满足净化塘植物生长时,利用已建引水渠引用溪沟水(图 9-4)。

图 9-4　农田尾水净化工程工艺流程

3. 分散型养殖畜禽粪便干湿分离堆沤技术示范

采取雨污分离、干湿分离、二次厌氧发酵处理,对项目区的粪污进行综合治理,实现粪污的"零排放"。

项目区畜禽养殖主要类型是分散型养殖,每户平均养殖规模小(年出栏生猪 2～5 头),养殖场所与居住场所同在一个院落,猪舍多为半开放式,且与厕所相邻。本工程以修建干粪堆沤池,干粪直接进入堆沤池,实行干湿分离,污水进入化粪池。按照每户的猪栏布设一个堆沤池设计,该项目共涉及农户 46 户,新建干粪堆沤池 46 口。

畜禽粪便干湿分离堆沤池:"干池"在上方,用于对畜禽粪便进行堆沤,"湿池"在下方,用于处理"干池"流出的液体,进行一定时间的厌氧发酵,达到排放标准后施入农田。本项目只新建干粪堆沤池,湿池利用各户的化粪池,共布设畜禽粪便干湿分离堆沤池 46 座。"干池"容积 2.3m³,设计为长方形,结合农户猪圈进行,设计断面为 1.8m×1.3m×1.0m,采用 180mm 厚水泥砖,墙体砂浆为 M10 的水泥砂浆抹平,设置粪便清运出口。干池顶部采用镀锌铁皮加盖,避免粪便被雨水淋湿后增加污水量和粪便臭气污染环境,盖板采用角铁焊接骨架,镀锌铁皮封面,池底正中设排水沟,沟顶设计钢筋栏栅,以便粪水收集,池底均向排水沟方向倾斜。为避免干湿分离池内集中的畜禽粪便产生臭气污染环境,畜禽养殖户在每次清理粪便入池后在粪便中添加 HM 发酵基,降解粪便产生的臭气,同时也将畜禽粪便合理有效综合利用。用量按发酵料的万分之五加入 HM 发酵基,冬季和低温情况下应适当加大用量(图 9-5、图 9-6)。

4. 农业废弃物收集处理与循环利用工程

垃圾随处乱丢是现阶段农村比较突出的问题,开展农户庭院和农田废弃物收集处理,是改善农村环境卫生的有效措施。

(1)农户庭院废弃物收集处理　将农户庭院固体垃圾集中收集、分类处理,有机垃圾(蔬菜废弃枝叶、果皮等)入畜禽粪便堆沤池,无机垃圾(瓶子、杯子、塑料袋等)入垃圾池。

无机垃圾收集池:垃圾收集池设计为高 2.2m 的单层式砖混结构,池顶采用水泥瓦防雨面,面积 4.00m²(2.0m×2.0m),可存放 6.4m³ 左右的垃圾。墙体采用免烧砖砌筑,外墙面为 10mm 厚 1∶3 水泥沙浆底层,橘黄色乳胶漆墙面;内墙面为 10mm 厚 1∶3 水泥沙浆面;池顶设计为 25°的角,设计为木质框架结构,池顶为水泥瓦防雨面;

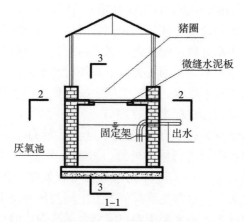

图 9-5　干湿分离池示意

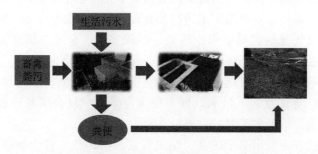

图 9-6　分散式养殖粪污避雨干湿分离循环再利用技术工艺流程

墙正面设垃圾清理门；侧面设垃圾投放口，投放口高出地面 1.6m，投放口下设 0.8m 高台阶。

入户垃圾桶：为防止农户垃圾随意倾倒，污染环境，按照每户配套 2 个户用垃圾桶，由农户自行将生活垃圾分类装袋，有机垃圾（蔬菜废弃枝叶、果皮等）入畜禽粪便堆沤池，无机垃圾（瓶子、杯子、塑料袋等）送至垃圾收集池。选用四川德阳市旌阳区永高塑料模具厂生产的 11.3L 脚踏式户用垃圾桶，共购置户用垃圾桶 134 个。

（2）农田废弃物收集处理　农田废弃物主要包括种子袋、肥料袋、农药瓶（袋）、残留农膜等。本工程采用垃圾收集池集中收集，再清运至垃圾收集池，按照每 50 亩农田布设垃圾收集池 1 口，该项目共布设农田垃圾收集池 4 座，2m³/座，设计断面为长 1.3m×宽 1.3m×高 1.3m，地面以上 0.8m，地面以下 0.5m，池壁厚 0.12m，采用砖砌结构，砂浆抹面，池底为 0.15m 厚 C20 混凝土和 0.15m 厚块石垫层。

（3）固体无机垃圾清运处理　居民生活垃圾由居民自行分类装袋，有机垃圾直接进入堆沤池，无极垃圾由各户送至垃圾收集池，农田垃圾池垃圾由受益农户自行清运至垃圾收集池，示范区内所有农户轮流清运垃圾收集池内无机垃圾，送至新县城垃圾场集中处理。每周清运一次，示范期间，每次补贴清运垃圾运输费 200 元。

5. 农村污水处理与循环利用工程　农村污水主要是生活污水（包括洗衣水、洗碗水、洗澡水、厕所）和畜禽养殖废水，以农户院落为单位，通过建设、完善收集管网，分别示范分散式无动力单户污水处理利用设施、联户污水处理利用设施、集中式污染处理利用设施。

出水水质达城镇污水一级 B 排放标准，同时配套相应管网，对达标后的污水进行农田利用。

该项目新建集中式污水处理站 1 座，占地面积 96m²，新建分散式生活污水处理设施示范工程 6 处，其中单户污水处理设施 3 处，联户污水处理设施 3 处。

（1）集中式污水处理站　本工程为古夫镇下长坪村污水能够自流至污水处理站范围内的居民所排放的生活污水和养殖废水，通过管网系统收集至污水处理站，经生态化处理后达到《城镇污水处理厂污染物排放标准》（GB/T18918—2002）一级 B 标准，可作为农田灌溉水使用。此次项目共涉及居民 58 户，服务 214 人，牲畜 160 头。采用一座污水处理站对区域内生活污水和养殖废水进行统一处理。该项目考虑 10％ 的发展空间，下长坪村污水处理站的设计处理能力为 20m³/d。本污水处理工程处理对象以生活污水和少量养殖废水为主，生活污水主要来源于日常生活排放的卫生间粪便冲洗水、淋浴水、厨房污水以及日常清洗废水等，养殖废水主要来源于农户家猪舍干清粪后的排水。

由于村内有一定量的养殖量，所排放的养殖废水污染物浓度高，为减轻和确保生物滤池与人工湿地的正常运转，对养殖废水进行预处理，利用多种厌氧微生物的生理生态作用特性和协调作用，可实现对养殖废水中污染物的无害化。合理的厌氧池结构、污水回流比，优质的填料增强了系统的微生物截留能力，保障了系统良好的水力混合条件，从而使复合厌氧池具有高效的污水处理能力。具有工艺简单、能耗低、产泥量小、营养需求少、对水源的适应范围广等优点。本污水处理工程确定采用"复合厌氧＋新型组合式生物滤池＋高通量人工湿地"的处理工艺。

目前，该技术已在上海市多个区县、湖北省宜昌市、江苏省无锡市、浙江省湖州市、福建省厦门市、广东省佛山市、安徽省南陵县、云南省洱源县等地进行了较大规模的推广应用，已建和在建的生活污水净化工程 500 余座，单座工程处理规模 15～1 000m³/d 不等，工程总处理规模约 16 000m³/d，服务农户 50 000 余户。工程的建设解决了工程所在地的污水出路问题，改善了区域水环境质量，受到当地群众的好评，取得了很好的社会效益和环境效益。

典型的工程实例有：

①上海市青浦区金泽镇西湾村生活污水处理工程：该工程为世界银行资助项目，占地 250m²，处理能力为 60m³/d，该工程收集处理西湾村约 230 户居民的生活污水，工程于 2008 年 5 月投入运行，无人值守。COD、TN、TP 的去除率为 75％、65％、70％；出水浓度分别在 60mg/L、15mg/L 和 0.8mg/L 以下。村内河水发黑发臭的现象得到了很好的缓解，居民的环保意识也明显得到提高（图 9-7）。

②上海市崇明县绿华镇污水处理站工程：上海市崇明县绿华镇污水站处理规模 200m³/d，采用"组合生物滤池＋高通量人工湿地"工艺，服务范围为整个镇区，占地面积 700m²，电耗 0.1kWh/m³。工程于 2008 年 8 月建成并投入运行。污水经管网收集进入集水池，由泵自动提升至组合式复合生物滤池，与其中的生物膜进行充分接触，污染物被微生物吸附并降解；滤池出水经沉淀后进入人工湿地系统，在填料—土壤—植物共同作用下进一步去除有机物、氮和磷后排放，最终出水达到国家《城镇污水处理厂污染物排放标准》（GB18918—2002）一级 B 标准。工程运行完全自动化，管理十分简单（图 9-8）。

图 9-7　西湾村污水处理工程图（世行项目）

图 9-8　崇明县绿华镇生活污水处理工程

③上海市崇明县港沿镇污水处理站工程：上海市崇明县港沿镇污水站处理规模 500m³/d，采用"组合生物滤池＋高通量人工湿地"工艺，服务人口约 4 380 人，收集处理约 1 400 户居民的生活污水，占地面积 1 500m²，工程于 2009 年 9 月建成并投入运行。工程运行完全自动化，管理十分简单，不需要专人值守，只需定期检查。运行费用以电费为主，＜0.15 元/t 水，最终出水达到国家《城镇污水处理厂污染物排入标准》（GB 18918—2002）一级 B 标准（图 9-9）。

图 9-9　崇明县港沿镇生活污水处理工程

④湖北省宜昌市官庄村污水处理站工程：湖北省宜昌市官庄村污水站处理规模 80m³/d，采用"新型复合生物滤池反应器＋活性生物滤床"工艺，服务村民 500 余人，工厂 1 座，猪 80 余头。村落生活污水、厂区生活污水和养猪废水一同排入污水管道中，污水经管网全部集中至居民点简易化粪池处理后接入官庄村污水处理站。工程占地面积 300m²，工程于 2012 年 1 月建成并投入运行。工程运行完全自动化，管理十分简单，不需要专人值守。运行费用以电费为主，<0.15 元/t 水，最终出水达到国家《城镇污 56 水处理厂污染物排入标准》（GB18918—2002）一级 B 标准（图 9-10）。

图 9-10　湖北省宜昌市官庄村污水处理工程

本示范项目污水处理工艺流程如下：

污水经收集系统进入集水池，集水池的主要功能是均衡水量和水质，同时在其前端设置格栅一道，拦截水中粗大的悬浮物和漂浮物，保护提升泵和后续工艺的正常运行。在集水池中设置提升泵，将污水提升进入复合厌氧处理系统，利用多种厌氧微生物对有机物进行厌氧处理，同时改变污水中氮的存在形态并提高污水的可生化性后，自流进入复合生物滤池处理系统，该系统主要由滤床、布水装置和排水系统等部分组成，当污水由上而下流经长有丰富生物膜的复合滤料时，其中的污染物被微生物吸附、降解，从而使污水得以净化，大部分有机污染物、氨氮、部分磷在这里得到去除。复合生物滤池系统处理出水一部分回流进入集水池，再次进行处理，其余部分则进入中间水池，沉淀去除复合生物滤池系统脱落的生物膜后经分配井分配后进入水平潜流人工湿地系统，进一步去除水中污染物。人工湿地系统可减少许多污染物，包括有机物（BOD$_5$、COD）、悬浮物、氮、磷、微量金属和病原体等。其净化机理不是依靠湿地某一子系统，而是在人为调控的前提下，由基质—植物—微生物复合生态系统的物理、化学和生物的综合作用使污水得以净化。在该系统中，污水由人工湿地的一端引入，经过配水系统均匀进入基质层。基质层由特殊填料构成，表层土壤上栽种耐水植物。这些植物有发达的根系，可以深入到表土以下的填料层中，其根系交织成网，与填料一起构成一个透水的系统。同时这些根系具有输氧功能，在根的周围水中溶解氧浓度较高，适宜于好氧微生物的活动。通过附着在填料和植物地下部分（即根和根茎）上的好氧微生物的作用分解废水中的有机物，矿化后的一部分有机物（如氮和磷）可被植物利用，在缺氧区还可以发生反硝化作用而脱氮，使污水得到净化。在预处理系统中没有去除的可沉降和悬浮固体通过过滤和沉降被有效去除，沉降在任何水平潜流式人工湿地的静止区域均会发生。人工湿地系统处理出水可直接排放，或作为农灌水回用（图9-11）。

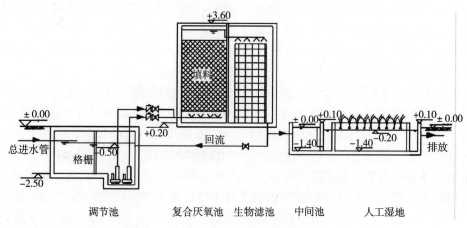

图9-11　污水处理工程工艺流程（m）

本污水处理站平面布置方案见图9-12。集水池占地面积为6m²，厌氧池和复合滤池房合建，占地面积为16.2m²。中间池与人工湿地合建，占地面积为53.4m²（人工湿地形状可据实际可用地块进行调整），人工湿地为2组单格湿地并联运行。污水处理站总占地面积约为96.6m²。

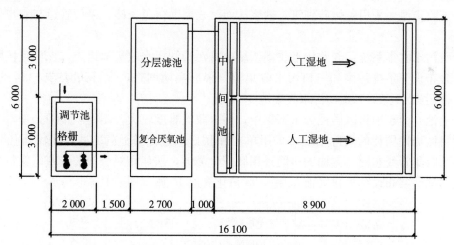

图9-12　下长坪污水处理站平面布置（mm）

（2）联户与单户污水处理设计　单户与联户生活污水及畜禽养殖污水处理采用分散处理模式，建设单户或联户处理设施。即在农户庭院旁新建1个污水收集池，再采用管道引至污水处理池进行处理。污水处理工程采用"三格式化粪池＋人工湿地"的工艺流程。污水经收集管道进入污水处理池，经过沉淀后流入人工湿地，进一步除去水中污染物。人工湿地系统可减少许多污染物，包括有机物（BOD₅、COD）、悬浮物、氮、磷、微量金属和病原体等。其净化机理是在人为调控的前提下，由基质—植物—微生物复合生态系统的物理、化学和生物的综合作用使污水得以净化。在该系统中，污水由人工湿地的一端引入，经过配水系统均匀进入根区基质层。基质层由特殊填料构成，表层土壤上栽种耐水植物。这些植物的根系深入到表土以下的填料层中，其根系交织成网，与填料一起构成一个透水的系统。同时这些根系具有输氧功能，在根的周围水中溶解氧浓度较高，适宜于好氧微生物的活动。通过附着在填料和植物地下部分的好氧微生物的作用分解废水中的有机物，一部分有机物（如氮和磷）被植物利用，在缺氧区还可以发生反硝化作用而脱氮，使污水得到净化。人工湿地系统处理出水作为农田灌溉用水。

（3）农村污水集中收集管网改造　小流域大多农户的生活污水为混合污水，其中包含了养殖污水和生活污水，为了保证污水处理设施的正常运转，需对长坪2组（龙泉片区）所有农户（67户）户内污水收集管网进行改造，保证户内所有的污水，尤其是养殖污水在进入主管网前，能先进入户内标准化粪池，并滞留24h以上。

农村污水集中收集管网改造工程由生活污水收集池、养殖污水收集池、化粪池和污水收集管网四部分组成，共新建生活污水收集池1口；粪尿收集沟19条，72m，养殖污水收集池19口；化粪池23座（其中单户化粪池13座，联户化粪池10座），污水收集管网3 900m。

生活污水收集池：根据现场勘查，项目区大部分农户自建有生活污水收集池，并与化粪池连通，本次设计为没有污水收集池农户每户修建1口污水收集池，已建有污水收集池农户进行管网改造，该项目共新建生活污水收集池1口，布设在张友强操场边。生活污水池设计为长窄式，长1.4m，宽0.7m，高1.22m，共分两层式，第一层为洗衣池；第二层为污水收集池，采用免烧砖砌筑，砂浆抹面，表层贴白色瓷砖，采用管道与农户化粪池连接。

养殖污水收集系统：养殖污水收集系统由排污沟和污水收集池组成，该项目按照每户农户猪舍布设一条排污沟和一口污水收集池，根据实地调查，项目共有19户居民养猪，共布设排污沟19条，72m，污水收集池19口。

化粪池：由于项目区居民分布不集中，污水收集难度较大，不便于集中处理，本工程根据项目区居民居住的实际情况，采用单户和联户修建化粪池的方式，居民居住相对集中，污水收集管线在同一方向的居民采用联户化粪池，居住相对分散的按照每家每户分散修建化粪池。共布设单户化粪池13座，联户化粪池10座（图9-13）。

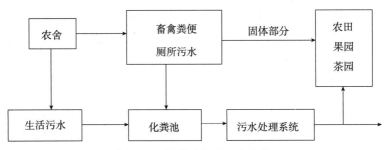

图9-13　化粪池处理工艺流程

污水管网：排污管网主要是收集各家各户的生活污水，污水管道由支管和干管组成。由各排污户至干管部分为支管，干管沿居民区下游布置，以最短距离，最省的投资，发挥最大的效益为原则，最终将生活污水输送到污水处理系统。该项目共布设污管道总长

3 900m。

（二）示范区氮磷削减效果

1. 种植业氮磷削减效果　坡耕地径流水进入拦截池后灌溉进农田回用，削减率为100%，拦截池削减氮磷量分别为 37.5kg 和 0.99kg；坡耕地径流水通过沟渠进入藕池，氮磷削减率为 100%，氮磷削减量分别为 14.1kg 和 0.37kg；根据免耕秸秆覆盖处理和植物篱处理对氮磷的削减率和覆盖面积得出，免耕秸秆覆盖技术削减氮磷量分别为 23.6kg/a 和 0.18kg/a，植物篱技术削减氮磷量分别为 3.7kg/a 和 0.13kg/a（表9-2）。

表 9-2　种植业工程氮磷削减情况

工程名称	数量	覆盖面积（亩）	覆盖比例（%）	总氮削减率（%）	总氮削减量（kg）	总磷削减率（%）	总磷削减量（kg）
坡耕地径流拦截池	2座	40	4.5	100	37.5	100	0.99
坡耕地尾水净化再利用	2个	15	1.7	100	14.1	100	0.37
免耕秸秆还田	1项	60	6.8	33.8	23.6	7.5	0.18
植物篱	1 770m	15	1.7	21.2	3.7	21.6	0.13
合计		130	14.7		78.9		1.67

2. 农业废弃物收集利用示范工程效果　参见表9-3。

表 9-3　农业废弃物收集利用示范工程效果

工程名称	数量	覆盖比例（%）	垃圾减排率（%）
垃圾桶	202	100	100
田间废弃物收集池	6	100	100
集中场所配置无机垃圾收集箱	2	100	100

3. 畜禽养殖业氮磷削减效果　通过干湿分离池将粪污固液分离后，粪便被加盖后避免了被雨水冲刷，粪便中的氮磷削减率达到了 100%（氨挥发不计），因此，通过干湿分离池处理后，粪便中氮磷削减量分别为 563.2kg/a 和 75.7kg/a。由于尿液进入化粪池后，其中 85 户进入联片污水处理利用系统，经过初步处理后灌溉农田被利用，22 户通过单户污水处理利用系统，经过处理后灌溉农田被利用，基本被 100% 利用，因此，尿液中氮磷削减量在污水处理系统中计算（表9-4）。

表 9-4　干湿分离池削减氮磷效果

名称	覆盖率（%）	粪便处理率（%）	粪便总氮削减量（kg/a）	粪便总磷削减量（kg/a）
干湿分离池	100	100	563.2	75.7

4. 畜禽污水和生活污水氮磷削减效果　该示范区共 151 户，但是常住 107 户，污水处理系统做到 100% 覆盖，另有 44 户外出务工，没有建设污水处理系统。通过管网和沟渠将生活污水和养殖污水，根据当地居住类型，汇集到不同的污水处理系统中。其中，有3 户土壤渗滤池污水处理利用系统，包含 9 人、6 头猪；4 户厌氧—人工湿地处理系统，

包含 12 人，8 头猪；15 户厌氧—生物滤池—人工湿地处理系统，包含 45 人，30 头猪；85 户联片污水处理—循环利用系统，包含 320 人，288 头猪。

根据示范区人均排放氮磷量和每头猪排放氮磷量，计算每种污水处理系统中人和猪排放氮磷量，再根据每种污水处理系统的氮磷削减率计算氮磷削减量。结果表明，土壤渗滤池污水处理利用系统削减氮磷量分别为 20.67、2.61kg/a，厌氧—人工湿地处理系统削减氮磷量分别为 29.05、3.31kg/a，厌氧—生物滤池—人工湿地处理系统削减氮磷量分别为 118.55、14.86kg/a，联片污水处理—循环利用系统削减氮磷量分别为 1 000.77、155.03kg/a（表 9-5）。

表 9-5　生活污水和畜禽污水氮磷削减效果

工程名称	数量	覆盖面积	氮排放量 (kg/a)	磷排放量 (kg/a)	总氮削减率 (%)	总氮削减量 (kg/a)	总磷削减率 (%)	总磷削减量 (kg/a)
土壤渗滤池污水处理利用系统	3	3 户，9 人，6 头猪	25.63	3.27	79.1	20.27	79.8	2.61
厌氧—人工湿地处理系统	4	4 户，12 人，8 头猪	34.18	4.36	85	29.05	76	3.31
厌氧—生物滤池—人工湿地处理系统	5	15 户，45 人，30 头猪	128.16	16.35	92.5	118.55	90.9	14.86
联片污水处理—循环利用系统	2	85 户，320 人，288 头猪	1 216.0	156.91	82.3	1 000.77	98.8	155.03
合计			1 403.97	180.89		1 168.64		175.81

5. 示范区氮磷削减量　综合各个污染源示范工程氮磷削减效果，核心示范区内种植业氮磷削减率分别为 11.6% 和 9.2%，畜禽养殖业和农村生活源示范工程对氮磷的削减率分别为 86.0% 和 92.1%，因此，核心示范区氮磷分别削减了 67.2% 和 86.9%，超过了预期目标（表 9-6）。

表 9-6　示范区氮磷削减量

污染源	氮			磷		
	排放量 (kg/a)	削减量 (kg/a)	削减率 (%)	排放量 (kg/a)	削减量 (kg/a)	削减率 (%)
种植业	679.2	78.9	11.6	18.1	1.67	9.2
畜禽养殖业+农村生活源	1 945.6+68.0	563.2+1 168.64	86.0	272.8+0.39	75.7+1 75.81	92.1
合计	2 692.8	1 810.74	67.2	291.29	253.18	86.9

6. 示范区出水水质情况评估　从图 9-14 可以看出，2016 年示范区出水口水质情况：总的来说，总磷全年均优于地表水 V 类标准（TP=0.4mg/L），总氮在 1 月、3 月、4 月这 3 个月均优于地表水 V 类标准（TN=2.0mg/L），其余各月总氮均高于地表水 V 类标准。

从图 9-15 可以看出，2017 年示范区出水口水质情况：总的来说，总磷全年均优于地表水 V 类标准（TP=0.4mg/L），但各月总氮均高于地表水 V 类标准（TN=2.0mg/L）。

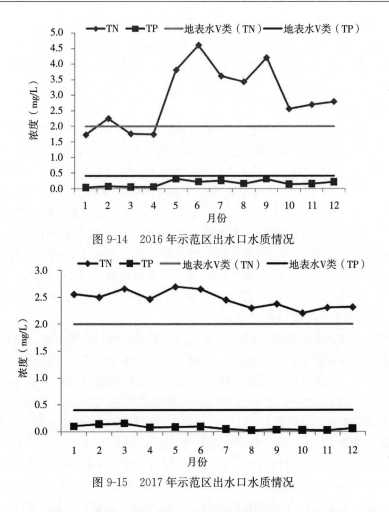

图 9-14 2016 年示范区出水口水质情况

图 9-15 2017 年示范区出水口水质情况

第二节 秭归县长江经济带农业面源污染综合治理示范项目

长江经济带是我国重要的粮油、畜禽和水产品等主产区，也是经济和人口相对集中、河流水系比较发达的区域。由于资源开发强度大、生产经营方式不合理、历史欠账多等原因，农业农村面源污染仍是长江水体污染的重要来源之一。为加快推进长江经济带农业农村面源污染治理，持续改善长江水质，修复长江生态环境，推动农业农村绿色发展和长江经济带高质量发展，2018 年开始，国家发展改革委及农业农村部，启动了长江经济带农业面源污染综合治理示范项目。秭归县长江经济带农业面源污染综合治理示范项目，分 2019、2020 两年实施，其中 2019 年实施的区域为茅坪河流域。

一、示范工程背景

（一）2012 年项目区地点和范围

茅坪河流域位于秭归县县城周边，核心区长岭村、中坝子村、松树坳村、建东村距离秭归县城约 5km。示范流域包括茅坪河流域上游的庙河村、兰陵溪村、中坝子村、松树坳村、银杏沱村、金缸城村，下游的长岭村、陈家冲村、九里村、杨贵店村、月亮包村、花果园村、罗家村、陈家坝村、溪口坪村、建东村、四溪村、乔家坪、滨湖居委会、丹阳居委会、橘颂居委会、西楚居委会，流域内涉及 18 个村 4 个居委会。

（二）项目区概况

本项目重点实施范围位于茅坪镇，该镇隶属于湖北省宜昌市秭归县，坐落于长江西陵峡南岸，与举世瞩目的三峡大坝枢纽工程毗邻，是秭归县城所在地，版图面积 206km²，全镇辖 18 个村 4 个社区居委会，110 个村民小组，120 000 人（2017 年）。湖北省宜昌市秭归县茅坪镇总人口 89 777 人，其中城镇人口 64 476 人，乡村人口 25 301 人。

秭归为大巴山、巫山余脉和八面山坳合地带。长江经巴东县破水峡入境，横贯县境中部，流长 64km，于茅坪河口出境，把秭归分为南北两部，构成独特的长江三峡山地地貌。境内地形起伏，层峦叠嶂，地势为四面高，中间低，江北北高南低，江南南高北低，呈盆地形。东段为黄陵背斜，西段为秭归向斜。全县平均海拔 800m，素有"八山半水一分半田"之称。东部边境扇子山海拔 1 920m；南部边境云台荒海拔 2 057m（县境最高峰），茅坪河口海拔 40m（县境最低点）。

气候资源：工程区属亚热带大陆性季风气候，温暖湿润，光照充足，雨量充沛，四季分明，春暖多变，初夏多雨，伏秋多旱，冬暖少雨。年有效积温 3 791.3℃，年平均温度 13℃，无霜期 240～270d，年均日照时数为 1 286h。太阳辐射量 365.4kJ/cm²，多年平均降水量 1 016mm，年最大降水量 1 865.2mm，最小降水量 733mm，降水多集中在 7～9 月。10 年一遇 3h 最大降雨量为 75.3mm，10 年一遇 6h 最大降雨量为 105.8mm，10 年一遇 24h 最大降雨量为 174.4mm，多年平均大风天数 1.9d。

茅坪河流域位于秭归县县城周边，核心区长岭村、中坝子村、松树坳村、建东村距离秭归县城约 5km。示范流域包括茅坪河流域上游的庙河村、兰陵溪村、中坝子村、松树坳村、银杏沱村、金缸城村，下游的长岭村、陈家冲村、九里村、杨贵店村、月亮包村、花果园村、罗家村、陈家坝村、溪口坪村、建东村、四溪村、乔家坪、滨湖居委会、橘颂居委会、西楚居委会、丹阳居委会，流域内涉及 18 个村 4 个居委会，覆盖作物种植面积 4.66 万亩，人口 4.23 万人。以农业生产用地为主，旱地粮油作物 13 987 亩，园地茶叶面积 32 614 亩。畜禽养殖折合猪当量 48 717 头。

（三）项目区污染负荷

畜禽养殖业：规模化生猪养殖中 COD、总氮、总磷排污系数分别为 181.22g/（头·d）、17.92g/（头·d）、3.13g/（头·d）。秭归县茅坪镇属于山区，分散养殖户、专业户相对较多。2018 年全镇生猪出栏 49 624 头，家禽 125 000 羽，目前在畜禽粪污资源化利用方面主要存在以下问题：一是多数规模化养殖场没有采用污水减量、雨污分离、厌氧发酵、粪便堆肥技术手段对粪便进行综合治理，缺少粪污收集设施，任意堆放对周边环境污染严重。二是畜禽养殖场养殖废弃物处理设施建设相对滞后，多数粪污处理设施与养殖规模不匹配；三是缺少粪污农田利用设施设备，大量的畜禽粪便不能及时处理，随意堆放，极易产生流失进入水体，畜禽养殖和农户种植造成种养脱节，使粪肥不能及时转移使用到农田，造成养分浪费，又污染周边环境，给示范区水源及人们正常生活造成污染和影响。

种植业：种植业排污系数参照南方丘陵山区—缓坡地—非梯田—旱地—园地模式系数，总氮、总磷模式系数分别为 0.605kg/亩、0.059kg/亩，以及南方丘陵山区—缓坡地—旱地—大田两熟模式系数，总氮、总磷流失系数分别为 0.378kg/亩、0.007kg/亩。秭归县茅坪镇国土总面积 28.99 万亩，作物种植面积 4.66 万亩，其中旱地粮油作物 13 987 亩，园地茶叶面积 32 614 亩。存在的问题是：一是化肥施量过大。2019 年茅坪镇化肥使用量为 1 404.3t（折纯），化肥平均每公顷地用量 362.9kg（折纯），氮肥当季利用率为 30%～45%、磷肥只有 20%～30%、钾肥最高，也只有 50%左右。在化肥使用过程中，普遍存在不管土壤肥力状况，不管农作物对养分的需求，不管施肥时间与方式，按照传统习惯来施用，有的农民甚至错误地认为化肥施用量与产量成正比关系，导致大量化肥没有被作物吸收而造成污染。二是农药施用不合理。示范区流域范围内蔬菜、柑橘等种植过程中，农药投入量逐年呈现上升趋势。2019 年全镇农药使用量 24.24t（折纯），农药用量平均每亩每次 130g 以上，显著高于我国平均用量，由于采用粗放喷雾方式，不能做到"精准喷雾"，喷施的农药若是粉剂，仅有 10%左右的药剂附着在植物体上，5%～30%的药剂飘游于空中。由于农药没有得到合理的使用，大部分被浪费，这部分农药通过各种渠道流入水体和土壤，导致水体和土壤的污染。研究表明，过量使用农药，对大气、水环境、动物会造成不同程度的污染和影响，最终对人类健康构成威胁，严重制约社会经济可持续发展。

流域示范区范围内整体规划存在问题，现代规模化的农业生产割裂了传统农业中种植与养殖业间的天然有机联系。种植业依靠大量农药、化肥的投入获得高产，养殖业产生的废物不再被种植业及时有效的消纳。种植业大量化肥的投入及养殖业不能及时消纳的废弃物成为农业面源的主要来源。应从宏观层面加强畜禽养殖发展规划与种植业规划的协调，以种植业发展特点及耕地粪便承载力为依据，综合考虑畜禽养殖发展的种类、规模，使耕地能够充分消纳畜禽粪便产生量，实现"以种定养"，从而提高农业生产的环境效益。加强畜禽粪便的无害化处理，合理选择畜禽粪便资源化利用方式，有效控制农业面源污染的发生。

二、示范工程设计

（一）工程建设目标

从流域农业面源污染防治出发，以"一控两减三基本"和"一保两治三减四提升"为基本目标，在示范区域内坚持"源头减量、过程控制、末端治理"为总体思路，通过试点项目实施，将农田面源污染治理与田间生态循环建设工程相结合，将畜禽养殖与废弃物资源化利用相结合，将污染治理工程与农田生态景观建设相结合进行生态化改造，通过农田面源污染防治工程、畜禽养殖污染治理工程、实施效果在线监测工程等，最终形成切实可行和经济高效的长江经济带典型流域农业面源污染防治工程技术和应用模式，为在长江流域全面实施农业面源污染治理，推动当地进行资源节约、环境友好、生态保育可持续农业等发展提供示范样板和经验。

(二)设计思路和技术路线

1. 项目总体思路 强化顶层设计,优化调整农业结构和布局,坚持"以地定养、种养结合、资源节约、循环利用、生态净化、协调发展"的基本原则。

源头预防与过程防治相结合、工程措施与生态补偿相结合、工程建设与技术集成相结合、重点治理与综合防治相结合的方式。

转变农业发展方式,促进农业面源污染减排,探索高效治理模式,推动资源节约型、环境友好型、生态保育型可持续农业发展。

要坚持转变发展方式、推进科技进步、创新体制机制的发展思路。要把转变农业发展方式作为防治农业面源污染的根本出路,促进农业发展由主要依靠资源消耗向资源节约型、环境友好型转变,走产出高效、产品安全、资源节约、环境友好的现代农业发展道路。针对示范流域农业面源污染治理试点的具体情况,以种养结合、资源节约、循环利用、生态净化、协调发展为指导思想,建设流域面源污染综合防控措施,大幅度削减农业面源污染负荷。工程技术总体思路为:高效生态、区域循环、资源利用。在示范流域内系统集成畜禽养殖污染综合治理技术、种养结合循环农业技术、农田面源污染治理技术、农田面源污染拦截技术等。实现从源头控制、过程削减、末端治理及循环利用全过程农业面源污染综合控制。

2. 项目技术路线 流域内进行工程系统集成建设,实现畜禽养殖污染综合治理工程,农田径流拦截净化、减肥减药、生态农业等农田面源污染防治工程以及实施在线监测工程之间有机衔接,相互关联,形成有机的整体,以达到流域内农业面源污染物最少限度地向区域外排放的目的。具体技术路线如下:

畜禽养殖污染:项目区畜禽养殖污染治理主要通过猪—沼—茶、猪—沼—果模式进行利用,畜禽养殖场粪污经干清粪后,湿粪进入沼气池、化粪池进行发酵,沼气池产生的沼渣、化粪池产生粪渣以及干粪进入干粪棚堆沤还田,产生的沼液则通过沼液抽排车或管网进行还田。

农田面源污染:项目区农田面源污染主要通过源头减量—过程阻断—末端净化模式进行处理,通过养分投入限量控制、有机肥替代化肥、沼液灌溉水肥一体化技术、绿色防控技术等措施进行源头减量,通过建设雨水导流渠、生态沉砂池、坡耕地集水池、植物篱进行过程阻断,最后通过透水坝及生态堰塘进行末端净化后进入河道(图9-16)。

(三)工程建设内容及规模

1. 农田面源污染治理工程

(1)农田径流拦截净化工程 共新建坡耕地集水池600m³,改建1 300m³,新建生态沉砂池13座,堰塘生态化改造5 657.8m³,农田生态廊道5 955.59延米,新建坡耕地雨水导流渠1 975.15延米,改建坡耕地雨水导流渠1 624.15延米,植物篱4 333.8延米。

(2)减肥减药工程 开展土壤养分样品分析468个,土壤重金属检测样品22个,购置太阳能杀虫灯609台,购置杀虫黄板47.02万张,性引诱剂7 500套,背负式茶树吸虫机20台,有毒有害包装回收箱225个。

(3)生态农业示范基地 建设1个水肥一体化茶园,覆盖茶园面积95亩,建设1处茶园综合监测控制系统。

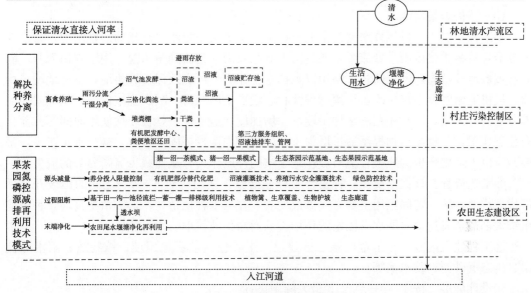

以"分区分类、因地制宜、生态适用、循环利用"为原则，以"水、肥循环利用"为主线，以污染物就近就地消纳为核心，构建第三方运行服务机制，解决种养分离问题，集成猪沼茶、猪沼果粪污循环利用模式、果茶园氮磷控源减排再利用技术模式等丘陵山区农业面源污染综合防控技术。

图 9-16 项目技术路线

2. 畜禽养殖污染治理工程 购置沼液抽排车 3 辆；建设三格式化粪池 22 座，共 1 450m³；建设小型沼气工程 25 座，共 2 600m³；建设沼液储存池 39 座，共 5 050m³；建设异位生物发酵床 1 座，共 675m²；建设农田沼液输送管网 34 317.6m；沼液动力泵 6 台；建设畜禽粪便处理中心 1 座。

三、示范工程建设及效果

(一) 示范工程

1. 农田径流拦截净化工程

(1) 坡耕地雨水导流渠

①布设原则：截水沟布设在侵蚀沟头、坡耕地上方，起到排导坡面径流，减轻沟道或坡面冲刷。排水沟按坡面地势布置，一般与等高线正交，也可斜交，下端连接天然沟道。梯田的排水沟，在布设时应与人行踏步一致，也可采用路带沟的形式，过公路部位需埋设涵管，过陡峻路段时应设置多级跌水或陡坡。

②设计标准：按照防御 10 年一遇 24h 最大降雨量设计。

(2) 生态沉砂池

②设计原则及标准：沉砂池的大小由来水量决定，进入蓄水工程前的沉砂池，一般比沟渠宽 1～2 倍，比沟渠深 0.8m 以上，本次设计考虑实际地形要求及需要，均设计为 2.0m×1.0m×1.0m 净尺寸，对于较大断面排水沟，其沉砂池根据现场地形可作调整。沉砂池一是布设于坡耕地集水池入口处用以沉积泥沙，二是布设于排水沟中，与排水沟配合使用。

②沉砂池设计：沉砂池设计为矩形，断面长 2.0m，宽 1.0m，深 1.0m，采用 M7.5 浆砌石砌筑，沉沙池根据选定的位置和设计尺寸开挖，以开挖为主，底有裂缝需清基夯实，及时处理。

（3）坡耕地集水池

①工程功能：坡耕地集水池是指在坡耕地地埂上按一定距离修建圆形蓄水池，蓄水池上方沿着植物篱建设雨水导流渠，通过雨水导流渠雨水自流到蓄水池，用于农田灌溉；同时，坡耕地种植物，形成植物篱墙用以阻挡水土流失，可有效保护坡耕地，也称地埂植物篱。坡耕地植物篱不仅对改善土壤物理性状、增加土壤肥力、减少土壤侵蚀以及吸附径流养分等具有作用，同时还在固结梯田埂坎、增加埂坎稳定性、延长埂坎使用时间等方面具有显著作用，生物埂植物根系通过增强土体的抗剪强度发挥固坡效应，减少水土流失，最终减少由于降雨产生的地表径流对坡耕地土壤的冲刷作用，从而减少氮磷养分的流失。

②工艺流程：该技术属工一种复合农林业措施，在山区对 6°～25°之间的山坡开垦后形成坡耕地，按一定间距用土壤夯实做成埂坎，在其上种植植物，形成植物篱墙，种植的植物大都根系发达，对埂坎有固定的作用，从而减少坡耕地的水土流失。

③工程建设内容：在示范区核心区建设，主要包括坡耕地田埂、植物篱、雨水导流渠、生态沉砂池、蓄水池等。

④设计标准：按 10 年一遇 24h 最大降雨设计。

⑤设计原则：项目区内固定水源较少，坡耕地集水池水源设计采用积蓄雨水，坡耕地集水池一般布设在梯田中间或上部，与排水沟相互配套，以蓄积坡面径流，充分利用自然降雨，满足农作物的自流灌溉，解决部分人畜饮水问题。征求当地居民及实际考虑，本次采用开敞式 50m³ 圆形钢筋混凝土结构坡耕地集水池。

⑥坡耕地集水池设计：坡耕地集水池采用开敞式圆形坡耕地集水池，坡耕地集水池容积 50m³，池体半径 2.3m，净深 3.0m，池壁厚 0.2m，池壁、底板采用 C25 钢筋混凝土浇筑，池底砼厚度为 0.2m。沉砂池底板与坡耕地集水池侧墙顶部相平；坡耕地集水池布置四管（进水管、出水管、放空管和溢流管），放空管与水池底板同高，出水管高于底板 0.3m，进水管和溢流管低于池顶 0.1m，详见坡耕地集水池典型设计图。根据项目区主要作物类型及需水定额及当地实际用水现状，综合每亩按 1m³ 需水量考虑并扣除现有坡耕地集水池总量，按 50m³ 坡耕地集水池设计，总共新建 12 座，改建 2 座，改建利用 De90PE 给水管 161.11m 连接现有 500m³、800m³ 坡耕地集水池，以满足项目径流拦截以及农作物灌溉。

（4）植物篱 植物篱布设径流拦截池的上游农田内，采取沿等高线进行土埂工程整地，选择具有拦截效果和一定经济价值的作物，高矮搭配，合理部署，形成等高植物篱带，对坡面径流的滞洪、减速，逐渐形成阶梯状的地埂，既不破坏坡地土壤结构，又营造了埂坎小环境，改善坡地作物的生长环境，同时起到了拦截污染废水的功能，减少了对河流水体的污染。由于项目区农田较少，农民均不愿意在农田中种植植物，本项目拟采取在沟渠内种植水芋头、导流渠边坡种植狗牙根＋紫穗槐的设计，共种植植物篱共计 4 333.8m。

植物篱品种选择：本项目植物篱拟设计两种较适合秭归的本土经济作物，分别是水芋头及狗牙根＋紫穗槐。

（5）渗滤坝 渗滤坝通过在坝体中蓄水，使之水位上升到一定的程度，由于水力停留时间增长，水中污染物在物理沉降、自然降解、水生生物吸收的作用下，得以降低，由此净化了水质。除此之外，透水坝本身就可以净化水质，其本身净化水质的原理在于物理过滤和微生物降解。物理过滤在于堆积坝体的填料之中形成许多空隙，农田尾水在经过透水坝时，水中的污染物被吸附和拦截下来。许多微生物和原生动物生长于滤料中，它们利用农田尾水中的营养物质生存和繁殖，进而净化了水质。

（6）堰塘生态化改造 农田径流流入沟渠随后汇流进入堰塘系统。排水系统包括引流渠和生态堰塘系统。对于大面积连片旱地，在田间可以建设若干地表径流收集系统，收集田间径流水，并输送入生态堰塘系统。径流输送系统可以通过地下暗管，也可地上沟渠输送。生态堰塘系统主要用于收集、滞留沟渠排水。生态塘通常因地制宜，依当地地势、地形、地貌和当地实际情况而建，采取废弃塘改造成本低，泥质和硬质化均可，取决于当地土地和经济发展水平生态塘长、宽、深比例，植物种类、密度、生长和植物配置影响生态堰塘对农田面源污水中污染物拦截效率。生态堰塘长期运行后，应该对其进行清淤，清除的淤泥经过合理处理可回用肥田。

①工程功能：在不占用耕地资源的前提下，整理有废弃池塘及低涝洼地，形成多级串联的植物篱、利用农田区域现生态沟和湿地净化系统，强化其生态功能，有效调控、净化区域面源污水。

②工艺流程：兼性塘一般深 1.0～2.0m，在塘的上层，阳光能够照射透入的部位，为好氧区，其所产生的各项指标的变化和生化反应与好氧塘相同，由好氧异养微生物对有机物进行氧化分解，藻类的光合作用旺盛，释放大量的氧。在塘的底部，由沉淀的污泥、衰死的藻类和菌类形成污泥区，在这层里由于缺氧，所以进行由厌氧微生物起主导作用的厌氧发酵，从而称为厌氧层。好氧层与厌氧层之间，存在着一个兼性层，在这层中溶解氧量很低，而且时有时无，一般在白昼有溶解氧存在，而在夜间又处于厌氧状态，在这层里存活的是兼性微生物，这一类微生物既能够利用水中游离的分子氧，也能够在厌氧条件下，从 NO_3^- 或 CO_3^{2-} 中摄取氧。

兼性塘的主要优点是对水量、水质的冲击负荷有一定的适应能力；在达到同等的处理效果条件下，其建设投资与维护管理费用低于其他生物处理工艺；同时能够比较有效地去除某些较难降解的有机化合物，如木质素、合成洗剂、农药以及氮、磷等植物性营养物质等。为有效发挥兼性塘的功能，其前端设置沉淀段和格栅，以拦截粗大杂质及大颗粒悬浮物，完整的塘调控净化工程。

③工程建设内容：工程主体包括清淤、护岸、填料、水生植物配置、滤食性鱼类配置、水位控制闸门的建设安装等。结合当地生态塘不同特点及功能，主要采用木桩加植草袋建设护岸。工程净化水质的主体部分，主要为耐污型水生植物种植与生态恢复。配置浮水植物、挺水植物和沉水植物，构建多样性水生植物体系，提高对氮、磷的吸收能力，并定期收获，避免植物死亡造成二次污染。在一些污染较重的塘内可建设人工浮岛，大小以边长 2～3m 的四边形为主，总覆盖面积不超过塘总面积的 30%。修复"水下森林"的维护者和垃圾清理工，主要按照一定比例和次序投放鱿鱼、鲥鱼、黑鱼等，优化水生生物的多样性，形成良性循环的水生生态自净系统，全面恢复生态塘系统应用的水生生态系统。

（7）农田生态廊道

①工程功能：生态廊道是具有一定宽度的条带状区域，除具有廊道的一般特点和功能外，还具有很多生态服务功能，能促进廊道内动植物沿廊道迁徙，达到链接破碎生境、防止种群隔离和保护生物多样性的目的。农田生态廊道是在农田之间具有一定宽度的条带状通道，是调节农田生态系统小气候、拦截过滤雨水、河水、湖水等外源输入水和对区域农田排水进行拦截过滤，促进农业稳产、增产的一项有效措施。水和矿质养分的径流起着调节作用，可抵御洪水，减少淤积和土壤肥力损失。

②工艺流程：遇到暴雨等农田排水经过农田生态廊道进入生态沟渠、主沟渠等，然后经过唐系统等进入地表水体；在雨季，田间硬化道路的雨水经过两边的生态廊道进入灌溉沟渠或主沟渠，或在生态廊道的拦截下直接通过田间道路汇入主沟渠等，然后进入地表水体；在这些过程中通过农田生态廊道的拦截作用，去除农田径流水中的悬浮物含量，降低农田排水、灌溉水中的 N、P 含量，避免农田系统受到外力的干扰，从而有利于打造农田小气候。

③工程建设内容：在示范区核心区因地制宜开展农田生态廊道建设，建设内容包括道路改造、单主沟疏浚、生态护坡、护坡植物等不同类型。

④植物配置：选用经济价值较好占地较少的金银花和麦冬栽植。

2. 减肥减药工程

（1）化学肥料减施工程　化学肥料减施包括水肥一体化措施、增施有机肥等。

工程功能：采用水肥一体化技术是现代农业种植业生产的一项综合水肥管理措施，具有显著的节水、节肥、省工、优质、高效、环保等特点。

工艺流程：根据土壤养分含量和作物种类的需肥规律，通过可控管道系统供水、供肥，使水肥相融后，通过管道和滴头形成滴灌、均匀、定时、定量，浸润作物根系发育生长区域，使主要根系土壤始终保持疏松和适宜的含水量，同时根据不同的作物的需肥特点、土壤环境和养分含量状况、作物不同生长期需水、需肥规律情况进行不同生育期的需求设计，把水分、养分定时定量，按比例直接提供给作物。

科学确定施肥时期：针对示范区施肥结构与基追肥比例不当、追肥时期与作物养分吸收高峰期错位所带来的肥料利用率偏低、流失风险加剧等问题，根据不同作物、不同生育期、不同土壤供肥特点，优化施肥时期、方法和用量，实现适期追肥，提高氮、磷肥料利用效率，减少农田氮、磷流失风险。禁止采用"一炮轰"式施肥模式，鼓励分次少量施肥，化学氮肥底施用量不得超过 50%。

增施有机肥（有机肥替代化肥）：针对示范区化肥过量使用问题，收集养殖污染粪便和农作物秸秆进行厌氧发酵后，与沼渣混合经过好氧发酵加工成有机肥进行还田利用，部分替代化肥。同时，养殖粪污发酵后产生的沼渣进行堆肥后还田，沼液稀释后进行灌溉农田，减少化肥投入。

建设内容：一般建设内容包括测水肥一体化施肥机、秸秆粉碎还田机、微耕机等。

（2）化学农药减施工程　主要包括有毒有害包装回收、化学农药农药替代、太阳能杀虫灯等绿色防控。

示范区防治农药污染的根本策略在于，根据病虫草害的种类、特性、发生规律和作物生长特点，做好 3 个环节的工作。一是采用农艺防治、生物防治与物理防治等化学农药替代性防治方法，避免使用化学农药；二是推广应用高效、低毒、环境友好的农药品种；三是按照病虫草害的发生规律和作物的生长特点，精确、高效施用农药，减少农药用量。

化学农药替代性防治：指采用农艺防治、生物防治与物理防治等方法控制病虫草害，避免使用化学农药，可以从根本上防治化学农药使用所造成的污染。农艺防治是指创造有利于农作物生长、不利于病虫发生为害的生态环境条件，从而增强作物抗逆性，减轻病虫发生，主要农艺措施包括选用抗（耐）病虫作物品种、培育脱毒种苗、适时种植错开病虫高发期、合理间套作与轮作等；生物防治指利用丽蚜小蜂、赤眼蜂、瓢虫、草岭、蜘蛛、捕食螨等天敌控制害虫；物理防治则通灯光诱杀、色板诱杀、色膜趋避、超声波干扰、防虫网隔离等方法控制病虫草害。

低毒、高效、环境友好型农药的推广应用：指利用使用新型农药如生物制剂与植物源农药如苏云金杆菌（Bt）制剂、阿维菌素、新植霉素、鱼藤酮、除虫菊、苦参碱、印谏素、苦皮藤素、烟碱等控制作物病虫害。

精确高效施用农药：在对农药及其剂型、药械的特点、防治对象的生物学特性、环境条件全面了解和科学分析的基础上，选用适合的农药品种及其剂型、药械，以最佳且最少的使用剂量，在合适的施药时期，采用合理的施用方法，防治有害生物，达到减少农药用量，保障食品安全，防治环境污染的目标。

主要建设内容：包括太阳能杀虫灯、无人机、打药专用喷雾器和除草机、有毒有害包装废弃物回收箱等。

①太阳能杀虫灯：利用太阳能电池板将太阳光直接转换成电能，提供能源给设备的日常使用，然后利用昆虫天生具有的趋光性、趋波性、趋色性的生理构造，辅以特定的光源和 365±50nm 波长达到诱杀昆虫的效果，本工程拟设计每 25 亩布置 1 台（图 9-17）。

图 9-17　太阳能杀虫灯实拍

②杀虫黄板：黄色粘虫板杀虫技术是利用昆虫的趋黄性诱杀农业害虫的一种物理防治技术，它绿色环保、成本低，全年应用可大大减少用药次数。采用黄色纸（板）上涂粘虫胶的方法诱杀昆虫，可以有效减少虫口密度，不造成农药残留和害虫抗药性，可兼治多种虫害。可防治潜蝇成虫、粉虱、蚜虫、叶蝉、蓟马等小型昆虫（图 9-18）。

图 9-18　杀虫黄板实拍

③背负式茶树吸虫机：背负式茶树吸虫机简单来说就是用负压吸虫的方法防治茶树害虫。背负式茶树吸虫机通过手握吸虫管手把，让吸虫头紧靠茶叶或其他植物叶片，前后左右上下移动，使飞行、爬行的害虫被吸入网袋内；与低地隙茶园管理机配套的双行吸虫机以及与高地隙茶园管理机配套的电动双行自适应吸虫机，通过双行茶棚上方扇形捕虫口气泵后方所产生的压力，有效捕捉扇形捕虫口所在面积内的茶园害虫，具有捕净率高、对茶叶无污染和工作效率高等特点。

样机通过了试验及科技成果现场评价。该吸虫机对假眼小绿叶蝉成若虫、黑刺粉虱成虫均有很强的控制效果（图 9-19）。

图 9-19　背负式茶树吸虫机实拍

3. 生态农业示范基地

（1）水肥一体化茶园　水肥一体化技术是指灌溉与施肥融为一体的农业新技术。水肥一体化是借助压力系统（或地形自然落差），将可溶性固体或液体肥料，按土壤养分含量和作物种类的需肥规律和特点，配兑成的肥液与灌溉水一起，通过管道系统供水供肥，均匀准确地输送至作物区域（图 9-20）。

图 9-20　水肥一体化实拍

（2）茶园综合监测控制系统　传统的灌溉方式通过人为及长期以往的经验来进行灌溉，缺少不确定性。气象站及土壤墒情监测设备能够为农业生产提供更科学数据，方便田间管理。同时，设备所监测的实时数据可与灌溉设备中的物联网设备共享数据，实现智慧灌溉（图 9-21）。

图 9-21　茶园综合监测控制系统实拍

4. 畜禽养殖污染治理工程

（1）项目区域内畜禽养殖现状　茅坪河流域茅坪镇范围内 14 个村共有畜禽养殖场（折生猪存栏量 50 头以上）合计 87 处，据统计 2018 年全镇养殖总规模折生猪存栏量为 46 761 头（含散户），受非洲猪瘟、养殖管控、仔猪价格上涨等多种因素影响，除个别养殖大户外，养殖户数量未发生变化，但散户养殖数量减小，据统计 2019 年底全镇养殖总规模折生猪存栏量为 32 074 头（含散户），总体存栏量呈下降趋势。

茅坪镇 87 处畜禽养殖场中 51 处已建设粪污治理设施，36 处未建设畜禽粪污治理设施。梅家河乡 1 处规模化畜禽养殖场已建设粪污处理设施，现对其配套沼液利用设施。

（2）治理模式　本项目将对畜禽养殖场进行全覆盖治理，未建设畜禽粪污治理设施的将根据养殖户的用地、养殖量、个人意愿等实际情况新建畜禽粪污治理设施，原有粪污治理设施不完善的将进行完善。

项目实施后，通过"以地定养，种养结合"，所有畜禽粪污均实现治理，经腐熟的畜禽粪污全部还田利用。项目区畜禽粪污主要通过三格式化粪池、异位发酵床、沼气池、避雨堆粪棚进行治理，主要形成以下 3 种治理模式：

①异位发酵床—堆肥（避雨堆肥棚）—农田；畜禽粪污通过收集后，提升至异位发酵床，经过避雨堆肥棚堆肥后，作为有机肥还田利用。

②粪污收集池—沼气池—沼渣—堆肥（避雨棚）—还田；沼液—沼液贮存池—还田管网—农田（分散式还田）。畜禽粪污经过收集池收集后，进入沼气池进行处理，沼渣经过避雨棚堆肥后还田进行利用，沼液通过沼液储存池后，利用还田管网，进入养殖场附近农田还田利用。

③粪污收集池—三格化粪池—还田管网—还田；畜禽粪污经过收集池收集后，进入三格化粪池进行处理，沼渣经过避雨棚堆肥后还田进行利用，沼液经过还田管网进入附近农田进行利用。

（3）畜禽养殖粪污收集储存设施

①工程功能：解决当前示范流域内养殖过程中产生的干粪的储存问题，将干湿分离后的干粪堆放在集中收集储存设施里，配套建设配套污水收集储存池，避免粪污随便堆放而引起的污染物随雨水冲刷进入地表径流。

②工艺流程：将粪污集中在收集储存棚中进行初步翻堆腐熟，然后将腐熟后的干粪转移到田间粪污堆沤池中，可做有机肥使用。

③建设内容：建设内容包括养殖场粪污收集储存棚，即干粪棚，液体粪污收集存储池，即污水收集池等。

（4）养殖污水处理工程

①工程功能：解决当前示范流域内养殖主要采用粪污处理方式为水冲粪系统，存在水冲清粪、粪尿不分、雨污混合等现象，污水产生量大、环境负荷和废弃物处理费用高等问题。

②工艺流程：在圈舍内建设粪尿、污水分离等设施。干式清粪、改无限用水为控制用水、改明沟排污为暗道排污，固液分离、雨污分离。通过鸡舍、猪舍和牛舍内的自动刮粪系统把猪粪便集中到指定的粪污渠道，经过固液分离，液体部分首先进入污水收集储存池，再进入厌氧发酵罐，产生沼渣还田利用，产生的沼液清水配施后还田利用。针对地表径流产生的雨污采用植物篱对雨污进行拦截过滤后，经生态沟和湿地等污水净化设施净化，最终用于农田灌溉。

③工程建设内容：建设内容包括污水三格式化粪池、小型沼气工程、养殖污水输送管道等。

a. 三格式化粪池设计：化粪池是处理粪便并加以过滤沉淀的设备，其原理是：固化物在池底分解，上层的水化物体，进入管道流走，防止了管道堵塞，给固化物体（粪便等垃圾）有充足的时间水解。

化粪池是一种利用沉淀和厌氧发酵的原理，去除污水中悬浮性有机物的处理设施。沉淀下来的污泥经过 3 个月以上的厌氧消化，使污泥中的有机物分解成稳定的无机物，易腐败的生污泥转化为稳定的熟污泥，改变了污泥的结构，降低了污泥的含水率。定期将污泥清掏外运，填埋或用作肥料。

三格式化粪池是由 3 个相互连通的密封粪池组成，粪便由进粪管进入第一池依次顺流到第三池。三格化粪池第一池的结构与作用：每天接纳新鲜粪便，厌氧发酵分解分层：上层粪皮中间粪液和底层粪渣，阻留沉淀寄生虫卵。三格化粪池第二池的结构与作用：延续第一池的阻留沉淀寄生虫卵，深度厌氧发酵，游离氨浓度上升，杀菌杀卵。三格化粪池第三池的结构与作用：流入第三池的粪液一般已经腐熟，其中的病菌和虫卵已基本杀灭和除去，可作施肥之用。第三池功能主要起储粪作用。第三池容积大小，基本由施肥次数和每次施肥量来决定。

本项目化粪池按《畜禽养殖污染治理工程技术规范》6.1.2.3，化粪池有效容积根据贮存期确定，一般不得小于 30d 的排放总量，本项目取 30d（表 9-7）。

表 9-7　三格化粪池规模计算

序号	100 头	200 头	300 头	备注
计算容积（m³）	45	90	135	
设计容积（m³）	50	100	150	

结合《钢筋混凝土化粪池图集》（03S702）及当地的施工条件，本项目 50m³ 化粪池，100m³ 化粪池，150m³ 化粪池尺寸分别为：8 400mm×2 600mm×3 450mm，13 200mm×3 400mm×3 300mm 和 15 100mm×3 400mm×4 000mm，采用钢筋混凝土地下式结构，设计均为不过车，无地下水。

b. 小型沼气工程设计：沼气池是有机物质在厌氧环境中，在一定的温度、湿度、酸碱度的条件下，通过微生物发酵作用，分解有机物并产生沼气的装置。

本项目沼气池采用的工艺流程为：畜禽废弃物通过预处理池调配达到所需要的干物质浓度后，进入发酵原料预处理池，在预处理池中将原料中所携带的沙石等物质进行沉淀，进行 pH 调节等，加速原料的酸化，酸化好的发酵原料进入进料池从而进入发酵主池进行发酵，产生沼气。产生的沼气经过净化系统后，接入养殖场及附近农户家作为生活供能，而厌氧发酵池产生的沼液进入配套的沼液储存池，经过沉淀后，通过田间灌溉管网进行灌溉。

本项目沼气池按照按《畜禽养殖污染治理工程技术规范》7.2.3 进水经固液分离的厌氧生物处理。采用常温发酵。水力停留时间取 30d，沼气池池内最大气压≤15 000Pa，最大投料量为沼气池容积的 90%，24h 漏损率小于 3%（表 9-8）。

表 9-8　沼气池主规模计算

序号	100 头	200 头	300 头
计算容积（m³）	45	90	135
设计容积（m³）	50	100	150

（5）污水（沼液）农田利用工程

①工程功能：该工程主要是为了将沼气站产生的沼液或养殖场收集的污水等进行农田利用，同时通过在田间建设沼液（污水）储存池的方式，解决沼液（污水）产生时间与应

用时间不一致的矛盾。

②工艺流程：将沼气站处理粪污产生的沼液，收集纳入站内沼液储存罐。针对养殖场周边区域农田配套安装沼液输送管网，较远区域以及安装管网条件不具备区域采用沼液运输车将沼液配送至田间地头的农田沼液储存池，为了解决沼液产生时间与应用时间不一致的矛盾，在连片农田区域建设沼液储存池，储存池建设满足防雨、防渗条件，同时做好安全防范措施，配备计量及灌排控制装置。

③工程建设内容：建设内容包括农田沼液（污水）存储池、沼液动力泵、农田水沼一体化灌溉系统、田间沼液输送管网等。

沼液储存池设计：本项目沼液储存池主要考虑3个方面，一是建设沼气池的畜禽养殖场，为了保证沼气池的正常运行，在沼气池后配套沼液储存池，畜禽污水经过沼气池处理后，沼液进入沼液储存池，可供养殖场附近农田还田利用，但存在养殖场附近无法完全消纳的问题；二是当地存在规模较大的种植基地，但基本上均离养殖场较远，施肥普遍使用化肥；三是由于农业施肥属于季节性行为，但畜禽养殖是连续性的，解决使用时间不同步的问题迫在眉睫，本项目通过在种植基地配套建设沼液储存池，畜禽养殖场无法消纳的通过沼液抽排车有机地将种植业与养殖业结合起来，形成种养结合，种养互促的良性循环。

（6）异位发酵床设计 异位发酵床，也叫舍外发酵床、场外发酵床，顾名思义就是在养殖栏舍外建一个发酵床，按照发酵床的标准铺入垫料，接上菌种，然后将养殖场的粪污抽送到发酵床上，通过翻耙机进行翻动，达到将养殖场粪污跟垫料充分发酵，用作堆肥或基质的目的。

①工艺流程：采用秸秆、锯末等作为调理剂和膨松剂，辅以腐熟的发酵物料作为接种剂，秸秆、腐熟物料和畜禽粪便经合理配比混合后形成含水率为 55%～60% 左右的混合物料，然后进入一体化好氧发酵设备进行高温发酵处理，物料在一体化设备内进行自动曝气供氧、自动翻堆、自动除臭，物料在一体化设备内自动输送，发酵腐熟的物料自动移出一体化好氧发酵设备，中间处理过程物料不落地。物料在一体化设备内的发酵时间不低于 15d。

②工艺性能要求：整体工艺技术稳定，自动化程度高，运行成本和能耗低，要求技术的完整性和配套性好。所提供的技术方案和设备能够最大程度降低恶臭气体和招引蚊蝇，确保厂区及其周围无环境污染，发酵处理过程中无渗滤液等二次污染产生。

（二）示范区效果

环境效益：环境效益是工程实施后最主要的效益，也是最直接的效益。通过工程的实施，污染物入河入湖量将大幅削减，流域的生态环境将全面改善。其中通过本工程的实施，养殖污水得到有效收集和再利用，农田面源污染负荷也会有较大程度的削减。工程实施后化肥农药减量 20% 以上；规模化畜禽养殖场粪污处理设施配套达到 100%，畜禽废物处理利用率达到 95% 以上；总氮和总磷排放量均减少 60%，COD 减少 70% 以上。

社会效益：该项目的实施实现了示范流域内"一控两减三基本"及"以地定养、种养结合、资源节约、循环利用、生态净化、协调发展"的目标，为秭归县全面推行典型流域农业面源污染综合治理探索出一条可推广、可复制的先进模式，有利于促进湖北省长江经济带典型流域面源污染综合防控工作的开展，为湖北解决流域水环境保护与农业可持续发展制约性强的突出问题提供了示范。通过项目实施，有利于针对区域污染物产生特征，构建区域性综合防治系统工程，发挥区域性综合防治效果，打好农业面源污染防治攻坚战，引导区域农业向生态、循环、绿色、无公害农业转变；有利于转变生产方式，推动当地产业结构升级，促进生产清洁、生活文明、生态良好的和谐社会构建和经济社会的可持续发展；项目的实施有利于延长农业产业链，增强产品品牌效益，提高农产品附加值，增加就业岗位，实现农民增收的目的。

经济效益：通过本工程的实施，畜禽养殖粪便综合处理，变废为宝，扩大了有机肥来源，可减少化肥用量，一方面降低了农业生产成本，另一方面提高了农产品质量安全水平，提高了市场竞争力；修建坡耕地径流拦截池，污水处理系统，拦截的坡面径流和处理后的污水可用于抗旱，循环利用，可为农民节约抗旱的投入成本；坡耕地田边种植经济价值高的植物篱，能为农民增收开辟新途径；初步测算，项目实施后，项目区农民人平每年可增收 300 元以上。

第三节　巴东县东瀼河流域农业面源污染综合防控实施方案

巴东县东瀼河上游农业面源污染防治示范项目是三峡后续规划巴东县示范项目之一，主要开展东瀼河流域种植业、畜禽养殖业、水产养殖业、农村生活等污染防治示范，为三峡库区农业面源污染防治提供经验与防治模式。该项目实施方案 2012 年巴东县农业局委托农业部规划设计研究院、中国农业科学院农业资源与农业区划研究所、湖北省农业科学院植保土肥研究所等单位共同编制。

一、示范工程背景

（一）工程地点和范围

巴东县位于湖北省西部，恩施土家族苗族自治州东北部，地理坐标为东经 $110°04'\sim$ $110°32'$，北纬 $30°13'\sim31°28'$。全县地形狭长，总面积 3 354km²，长江和清江自西向东将全县横截为 3 段，长江以北有大巴山余脉，主脉沿着与神农架林区的交界由西向东延伸，山体雄伟，高峰林立。小神农架海拔 3 005m，是全县最高点，与大神农架毗连，构成"华中屋脊"。全县平均海拔高 1 053m，最高点 3 005m，最低点 66.8m，相对高差为 2 938.2m。多崇山峻岭、峡谷深沟和溶洞伏流。

湖北省巴东县东瀼河上游流域，包括东瀼河上游店子河、板桥河、甘家河以及主要支流史家大沟、简叉沟（店子河段）、紫阳沟、付家河（板桥河段）、清溪湾（甘家河段）等流域。流域范围包括巴东县东瀼口镇的宋家梁子村、白泉寺村、石板村、大坪村、大阳村、羊乳山村、牛洞坪村、张家坪村、金甲山村；溪丘湾乡下庄坡村、瓦屋基村、甘家坪村、高家坡村、鄢家坡村、谭家湾村、溪丘湾村、五宝山村、椰树槽村、曾家岭村。

（二）工程区概况

巴东县属亚热带季风气候区，基本特点是四季分明，雨热同季，暖寒不均，生物气候复杂多样。年太阳辐射总量在 368～414kJ/cm² 之间；年降雨量在 1 100～1 950mm 之间，且集中在 5～9 月。巴东县立体的气候条件和多种多样的土壤类型，适宜多种植物生长。县境内已知各类植物约 160 科、734 属，近 2 000 种。巴东县地域辽阔，山川纵横，水能资源极为丰富。

巴东县现辖 12 个乡镇，共有 479 个村、12 个居委会。总人口 48.84 万人。全县共有土家族、汉族、苗族、回族、侗族、彝族、藏族、畲族、布依族、瑶族、满族、壮族、纳西族、蒙古族、朝鲜族 15 个民族。

巴东县是一个传统农业大县，全县耕地总面积 65.78 万亩，常用耕地面积 53.93 万亩。巴东县东瀼河上游流域的东瀼口镇、溪丘湾乡 2 个乡镇 20 个村农用地总面积为 36 085 亩，其中耕地面积 26 308 亩，园地面积 9 777 亩。

项目区农业用地总面积中，耕地面积占 72.9%，其中主要为 ≥15℃ 以上的旱坡地，占耕地面积的 79.4%。种植的作物主要为烤烟、蔬菜、玉米、马铃薯、油菜、甘薯。粮油作物半山地区一般为一年两熟或三熟，高山地区为一年两熟或一熟，主要种植模式有：小麦（马铃薯）—玉米—红薯、油菜（马铃薯）—玉米（甘薯）、马铃薯—玉米（蔬菜）、玉米—魔芋等，复种指数平均达到 183%。柑橘等果园面积占农业用地面积 10.6%，主要分布在东瀼口镇羊乳山村、大阳村、大坪村等村。

（三）工程区污染负荷

种植业：项目区主要作物氮肥平均亩用量 26.94kg（N），其中化肥氮平均亩用量 21.76kg（N）；磷肥平均亩用量 10.00kg（P_2O_5），其中化肥磷平均亩用量 7.20kg（P_2O_5）。项目区农田 TN 流失总负荷为 26.7t，TP 流失总负荷为 1.8t。项目区施用的农药主要为毒死蜱、2，4-D 丁酯、丁草胺、乙草胺、氟虫腈、克百威、吡虫啉等 9 种，农药的施用强度为每亩 31.70g。

农村生活：项目区包括 2 个乡镇，20 个村，169 个村民小组，6 009 户，22 856 人。项目区人均生活污水产生量 20L/d，日产生活污水量 457m³，年排放 COD66.7t，年排放氮、磷分别为 5.8t、0.5t。项目区农村基本无生活污水处理设施，大多数生活污水直接排放，严重影响了人居环境，同时对地表和地下水体构成了严重威胁。

畜禽养殖业：项目区年出栏生猪量 29 475 头。其中：散养年出栏量为 24 955 头，占 84.7%；专业户养殖年出栏量为 3 870 头，占 13.12%。项目区生猪养殖年产生粪尿 2.15 万 t，其中 COD 898.1t，TN 55.4t，TP 6.9t。项目区已建户用沼气池 3 459 口，对家庭散养的粪污处理利用率达 50% 左右，养殖专业户和规模化养殖场基本无粪污处理设施，环境污染问题亟待解决。

二、示范工程设计

（一）工程建设目标

通过在巴东东瀼河上游流域实施生态补偿、肥料农药污染控制源工程、坡耕地径流拦截与再利用工程、农村生活污水生态处理工程、"一池三改"等农业面源污染防治措施与工程，有效防治农业面源污染，保护和改善三峡水库水质。到 2015 年，东瀼河上游流域农业面源氮、磷、COD 污染负荷分别削减至规划基准年（2008）的 40%、40% 和 50%。其中：农田氮、磷污染负荷分别削减至规划基准年（2008）的 50% 和 40%；分散农户生

活污水处理率达到 90％以上，生活污水氮、磷、COD 污染负荷分别削减至规划基准年
（2008）的 60％、50％和 60％；规模化畜禽养殖、农户家庭散养畜禽粪便无害化处理与资
源化利用率达到 90％以上，氮、磷、COD 污染负荷分别削减至基准年（2008）的 30％、
30％和 40％。

（二）设计思路和技术路线

1. 项目总体思路　农业面源污染是威胁三峡库区水环境质量安全的重要原因。本实
施方案以科学发展观为统领，针对东瀼河流域内化肥农药不合理施用、农田沟渠生态功能
缺失、坡耕地耕作频繁、顺坡种植普遍、水土流失严重，规模化养殖布局不合理、粪污处
理设施不健全，农村污水、生活垃圾未经处理、无序排放等带来的面源污染问题，以"资
源节约、循环利用、生态净化、协调发展"为指导思想，以"控源、减排、拦截、净化"
为总体技术路线，开展农田氮磷控源减排、坡耕地径流污染综合控制、农业和农村固体废
物循环利用、农村污水生态处理等综合防治工程建设，彻底转变三峡生态屏障区农业生产
生活方式，全面推行农业清洁生产，促进农业生产与农村生活废弃物的无害化处理与资源
化利用，健全农业面源污染防治科技支撑体系，全面提升农业面源污染综合防治能力，从
根本上解决农业生产和农村生活所带来的农业面源污染问题，实现农村生态良性循环，为
三峡水库水环境安全提供保障。

2. 项目技术路线　参见图 9-22。

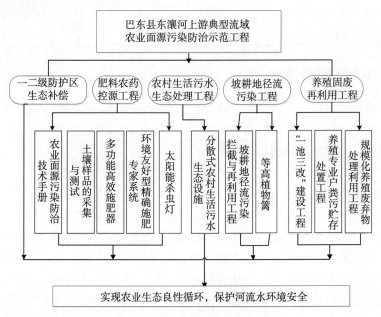

图 9-22　项目技术路线

（三）工程建设内容及规模

实施生态补偿，一级防护区面积 224hm²，二级防护区面积 742hm²；发放农业面源污
染防治技术手册 6 009 册，配置多功能高效施肥器 6 009 个、环境友好型精确施肥专家系
统 20 套，采集与分析土壤样品 587 个，配置杀虫灯 587 套；建设坡耕地径流拦截与再利
用设施 2 230 套，等高植物篱 13 910km；建设分散式农村生活污水生态设施 3 998 套，服

务农户 3 398 户；建设沼气池 2 521 户；建设养殖专业户粪污贮存处理工程 27 处，服务生猪养殖存栏量 1 935 头；建设规模化养殖废弃物处理利用工程 1 处，服务生猪养殖存栏量 325 头（表 9-9）。

表 9-9 项目实施规模汇总

序号	建设内容	数量	单位	备注
1	一级区生态补偿	1 952	hm²	按 8 年计，每年为 244hm²
2	二级区生态补偿	5 934.08	hm²	按 8 年计，每年为 741.8hm²
3	农业面源污染防治技术手册	6 009	册	
4	多功能高效施肥器	6 009	台	
5	环境友好型精确施肥专家系统	20	套	
6	土壤采样与分析测试	587	个	
7	太阳能杀虫灯	587	套	
8	径流拦截与利用工程	2 230	套	
9	等高植物篱	1 390.5	km	
10	农村生活污水生态处理工程	3 998	套	
11	一池三改	2 521	套	
12	养殖专业户粪污贮存处置工程	1 935	头	存栏量
13	规模化养殖污染防治工程	325	头	存栏量

三、示范工程建设及效果

东瀼河上游流域农业面源污染防治包括：一二级防护区生态补偿、农田肥料农药污染控源工程、坡地型农田径流污染拦截与再利用工程、农村污水生态净化工程、"一池三改"户用沼气，规模化养殖场废弃物处理利用工程等。

（一）示范工程

1. 一二级防护区的生态补偿 生态补偿主要通过对损害（或保护）资源环境的行为进行收费（或补偿），提高该行为的成本（或收益），从而激励损害（或保护）行为的主体减少（或增加）因其行为带来的负外部性（或正外部性），达到保护环境的目的。

生态补偿确定原则：①界定补偿主体。农业面源污染具有典型的负外部性，所带来的社会成本大于农户的私人成本，农户从自身利益出发，不会自愿减少污染物的排放，从而导致农业面源污染形势日益严峻，资源配置效率低下。从"受益者补偿"原则出发，社会公众为了享有良好的生态环境，就必须给排污者（即农户）一定的补偿，以使其减少污染物的排放，保护生态环境。②确定合理的补偿标准。为了使农户自愿参与到农业面源污染控制中来，需要对采用农业面源污染控制措施的农户给予合理的补偿，激励其参与进来。合理的补偿既要保障农户的私人收益不低于未采纳控制措施时的私人收益，也不能高于补偿主体可承受的补偿支付能力。③明确补偿方式。目前常用的生态补偿方式主要有：资金补偿，即给采用农业面源污染控制措施的农户一定的补偿资金，保障其收益不减少；实物补偿，指补偿主体利用物质形态的物品，如生产要素等对客体进行的补偿；技术补偿，指补偿主体利用生态补偿技术手段对面源污染易发生地区进行生态补偿，如农村生活污水绿地暗渠和土壤生态滤床处理等技术降低面源污染量。

在东瀼河流域范围内生态补偿只考虑耕地补偿，坡度大于 25°的陡坡地已纳入退耕还林范畴，不在此规划范围内考虑。东瀼河流域生态补偿原则：主要针对一级、二级防护区的不同污染风险程度，分别设置不同生态补偿标准。具体生态补偿技术方案如下：

（1）一级防护区生态补偿　主要考虑该区域禁止使用肥料、化学农药，作物生产潜力受到很大制约，以产量损失 50% 进行测算，对农户进行补偿。

（2）二级防护区生态补偿　主要考虑该区域严格限制肥料、化学农药的使用，作物生产潜力受到一定制约，以产量损失 20%，并结合考虑由于使用替代肥料、替代农药等病虫草害防治成本、施肥成本增加进行测算，对农户进行补偿。

2. 肥料农药控源工程

（1）农业面源污染防治技术手册　针对三峡生态屏障区普遍存在的环境意识薄弱、不合理农业生产生活方式普遍以及由此带来的农业面源污染问题，由国务院三峡办统一组织编制《农业面源污染防治技术手册》，并由农业局负责将其发放至生态屏障区每个农户，并利用广播、电视、网络、报纸等各种形式，开展技术宣传与培训，提高广大农民环境保护意识，促进农业生产与农村生活方式的转变。

（2）土壤样品的采集与测试　针对因土壤养分状况不清造成的生态屏障区施肥过量问题，采用 GPS 网格采样方法采集项目区内耕地、园地土壤样品，分析测试土壤有机质、全氮、硝态氮、铵态氮、速效磷、速效钾、pH 以及 Ca、Mg、Fe、Mn、Cu、Zn、B 14 项指标。每 $3hm^2$ 农田采集 1 个土样。

（3）多功能高效施肥器　为有效降低施肥量，提高肥料利用率，控制氮磷流失，在规划中明确提出：以农户为单位，配发多功能高效施肥器，确保其服务范围覆盖整个生态屏障区。多功能高效施肥器能够快速、精准、高效地将肥料直接施入农作物根区土壤，并可根据需要调节施肥量和施肥深度，从而为精确施肥提供物化产品支撑。据测算，该施肥方法比目前撒施、沟施等常用施肥方法可节约化肥 10%～30%，且施肥速度远高于穴施。同时，由于肥料施到作物根部周边土壤，能被作物充分吸收利用，减少土壤氮磷养分残留，降低了地表径流风险。此外，多功能高效施肥器还具有如下优点：

①省力省工：不用弯腰，不用刨土，就能将化肥施到根区土壤，一天可施肥 3～5 亩。

②施肥量及施肥深度可调，均匀一致。

③对地膜损伤小：铺地膜后，刨坑施肥最少破坏 $10cm^2$ 以上的地膜，而施肥器只损伤 $2cm^2$ 地膜。

④对作物根系损伤小（图 9-23）。

目前，常见的多功能高效施肥器主要有两种：一种为手动式多功能高效施肥器，价格相对较低，可以户均配发 1 台；另一种为机械式多功能高效施肥器，价格较高，可每 8～10 户配备 1 台。多功能施肥器适合施用尿素、复合肥、磷酸二铵等固体颗粒肥，适用于玉米、棉花、高粱、葵花、青椒、豆角、番茄、茄子、黄瓜、西瓜、南瓜、甜瓜、柑橘、茶树等单株稀植类作物。

（4）环境友好型精确施肥专家系统　在三峡后续工作规划中提出：为便于土壤养分测试数据的整理与加工利用，提高农田养分管理效率，便于各级农技人员与农民应用，需研发生态屏障区环境友好型精确施肥专家系统。

经调查，湖北省、重庆市以及其他省（直辖市、自治区）近年来均开发了一些测土配方施肥专家系统。但从设计理念来看，现有施肥专家系统多偏重于施肥的经济效益，而忽视了施肥的环境效益；从功能来看，多为单目标推荐施肥，缺乏用户信息处理与汇总评价功能；从终端类型来看，大多为电脑或触摸屏类，难以适应三峡生态屏障区农民居住分散的特点；

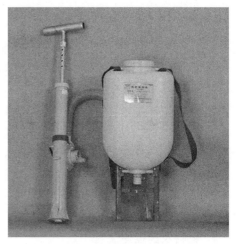

图9-23　多功能高效施肥器示意图

从数据传输来看，基本为单机版，难以实现网络传输与数据共享。总体来看，现有的测土配方施肥专家系统难以满足三峡生态屏障区环境保护要求。因此，建议抓紧研制开发"三峡生态屏障区环境友好型精确施肥专家系统"，该系统除了具备操作简便、准确可靠等基本功能外，还应具备如下特点和功能：

①终端多样性：既可在计算机上使用，也可在手机上使用；

②用户多样性：既可用于指导农民施肥，又可满足管理决策或好评估部门快速掌握肥料污染控源工程的实施进度、实施效果；

③目标多样性：即可用于科学指导施肥，又可用于环境风险评价；

④数据库开放性：土壤数据库、气象数据库、作物数据库等主要数据库均在一定程度上开放，便于农技人员根据实际情况调整更新土壤、作物、气象等关键技术参数，特别是可以实时更新土壤养分测试数据，确保肥料污染控源工程的系统性、完整性，确保专家系统输出结果准确可靠。

（5）太阳能杀虫灯　过分依赖、过量使用化学农药不仅带来了农产品农药残留问题，也使农业生态环境受到了污染。降低化学农药用量是控制农药污染的根本策略，可通过以下措施实现：一是采用农艺防治、生物防治与物理防治等方法，全部或部分替代化学农药；二是推广应用高效、低毒、环境友好的农药品种；三是按照病虫草害的发生规律和作物的生长特点，精确、高效施用农药，减少农药用量。

利用杀虫灯诱杀害虫是一种十分有效的物理防治技术，不仅能控制虫害和虫媒病害，而且可大幅减少化学农药用量。按电源类型分，杀虫灯可以分为3种：一是交流电杀虫灯，是传统的杀虫灯供能方式，适用于有交流电源的使用场地（如邻近居民区），可人工控制，也可实行全自动控制；二是蓄电池杀虫灯，配有蓄电池和充电器，适用于有交流电供电条件的区域；三是太阳能杀虫灯，配有太阳能电池、蓄电池和控制器等太阳能供电系统与自动控制系统，白天太阳能电池对蓄电池充电，夜晚蓄电池对杀虫灯供电，是安全、节能、环保、高效的新能源杀虫灯，尤其适合光照充足、远离居民区的山地丘陵地区使用（图9-24）。

太阳能杀虫灯可广泛应用于蔬菜、茶叶、烟草、果园，可诱杀：

①蔬菜类害虫：甜菜夜蛾、斜纹夜蛾、小菜蛾、菜螟、白飞虱、黄曲条跳甲、马铃薯块茎蛾、加螟、蝼蛄。

②水稻害虫：稻螟、叶蝉、稻二化螟、稻三化螟、稻飞螟、稻纵卷叶螟。

③棉花害虫：棉铃虫、烟青虫、红铃虫、造桥虫、盲蝽。

④果树害虫：突背斑红蝽、食心虫、尺蛾、吸果夜蛾、桃蛀螟。

⑤森林害虫：美国白蛾、灯蛾、柳毒蛾、松毛虫、松天牛、柄天牛、光肩星天牛、桦尺蠖、卷叶蛾、春尺蠖、杨树白蛾。

⑥麦类害虫：麦蛾、黏虫。

⑦杂粮类害虫：高粱条螟、玉米螟、大豆食心虫、豆天蛾、谷子钻心虫、苹果桔时蛾。

图 9-24　太阳能杀虫灯示意图

⑧地下害虫：地老虎、烟青虫、金龟子、龟纹瓢虫、七星瓢虫、蝼蛄。

3. 坡耕地径流污染拦截与再利用工程　雨水集蓄技术指在雨季，利用天然或人工修筑的汇流面将降水形成的地表径流通过导流渠（管）、引水渠、沉砂池、滤网等配套设施引入水窖、塘坝、涝池、蓄水池和水泥罐等蓄水设施贮存的过程；集蓄雨水再利用技术是指在旱季通过滴灌管带、小白龙等形式无动力地将蓄水设施中贮存的雨水输送到指定区域，对作物进行补充灌溉。

该工程是指利用三峡屏障区坡地的自然坡面作为天然集流场，在雨季将坡地径流通过导流渠（管）、引水渠、沉砂池、滤网等配套设施引入蓄水设施，在旱季借助重力作用通过灌溉管带将蓄水设施中的径流雨水输送到特定区域灌农田。三峡生态屏障区年有效降雨为 1 000mm，年集雨效率 K 为 0.3，蓄水设施有效容积为 50m³，汇流面积 5 000m²。

蓄水设施为直径 4m，深 4m 的开敞式圆柱体，墙体及底板均采用厚 200mm 的浆砌毛石结构。M7.5 砂浆砌筑，内壁采用 C20 砂浆抹面，池内设检修梯，采用 φ16 钢筋，内镶于池壁，利于集雨窖检修；进水口、溢流管、出水管、排水管均采用 φ100PVC 管预埋；为了防止泥沙淤积集水窖，在集水沟进入窖体之间建设一个沉砂池，并在集雨窖上方 3m 处设置拦污栅，规格为长 400mm，宽 800mm，Φ10mm 钢筋网；在末级集雨窖沉沙池污栅前方设置泄洪沟，宽 1m，深 0.8m，复土夯实。为考虑安全问题在窖周围设置上高 600mm，地基 200mm 的圆形通透墙，直径为 5 000mm，外径为 5 480mm、墙体为通透空心花墙，用 M10 实心黏土统一砖，M5 砂浆砌筑，围栏处设铁栅栏门一道，规格为角铁和钢筋焊接（图 9-25）。

4. 等高植物篱　植物篱为无间断式或接近连续的狭窄带状植物群，由木本植物或一些茎干坚挺、直立的草本植物组成。它具有一定的密集度，在地面或接近地面处是密闭的。一般是在土埂或坡地上种植多年生且有一定经济效益的木本或草本植物，从而控制水

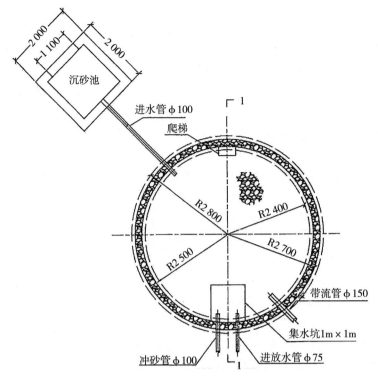

图 9-25　坡地径流蓄存设施截面

土流失和增加经济效益。等高植物篱是拦截、净化坡地径流污染的重要措施，也是建造生物梯田的基本途径。

设计原则：

在实践中设计上强调对面源污染的控制，合理地设置等高植物篱的位置是其有效拦截雨水径流，发挥作用的先决条件。根据实际地形确定，一般设置在坡地的下坡位置，与径流流向垂直布置。在坡地长度允许的情况下，一般沿等高线设置多条等高植物篱，以削减水流的能量。如果选址不合理，大部分径流会绕过等高固氮植物篱，直接进入受纳水体，其拦截面源污染物的作用就会大幅降低。水体周边等高固氮植物篱一般沿河道、湖泊水库周边设置，利用植物或植物与土木工程相结合，对河道坡面进行防护，为水体与陆地交错区域的生态系统形成一个过渡缓冲，强调对水质的保护功能，达到控制水土流失，有效过滤、吸收泥沙及化学污染，降低水温，保证水生生物生存，稳定岸坡的作用。

植物篱要根据坡面坡度、坡形、土壤物理学性质等具体情况，在坡耕地上每隔 3～7m，沿等高线高密度种植单行、双行或多行生长快，耐平茬，萌芽力强，根系发达，固土能力强的木本植物或草本植物。草本或小灌木株距 5～10cm，行距 20～60cm，其他树种株行距根据实际情况来确定。生态效益好、经济效益佳的木本或草本植物（包括农作物、经济树种或目标用木材树种）种植在两层植物篱之间。在此种植物篱的建设中，尤其要注重有固氮能力，可以培肥土壤的树种或草种的应用。

5. 农村生活污水生态处理工程　依据处理规模，农村污水处理有集中式、纳管式、分散式等多种模式。其中，集中式、纳管式适用于居民点集中的村庄，已纳入农村居民点环境优化规划。在东灉河流域主要针对分散农村居民点，开展 20 户以下小型农村污水处理设施建设，可采用稳定塘、土壤渗滤处理系统、分散式处理设备等工艺技术。该系统可处理水量在 $1\sim10\mathrm{m}^3/\mathrm{d}$。

以土壤渗滤处理工艺为例来介绍小型分散式污水处理系统的构建。土壤渗滤处理系统是一种人工强化的污水生态工程处理技术，它充分利用在地表下面的土壤中栖息的土壤动物、土壤微生物、植物根系以及土壤所具有的物理、化学特性将污水净化。典型土壤渗滤系统结构见图 9-26。

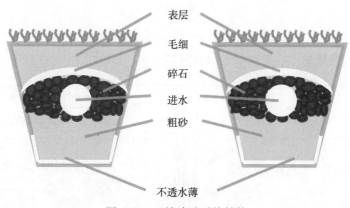

表层
毛细
碎石
进水
粗砂

不透水薄

图 9-26　土壤渗滤系统结构

污水经格栅与均化池预处理后，进入布水管中，其周围铺有多层碎石、砂砾、复合人工地及填料。通过砂砾的毛细管虹吸作用，污水缓慢上升并向四周浸润、扩散进入周围土壤，在地表土壤层内发生非饱和渗透，通过其中好氧和厌氧微生物的作用，使污水中有机污染物被吸附、降解，达到净化目的。土壤渗滤系统工艺流程如图 9-27 所示。

生活污水 → 格栅 → 初沉池 → 土壤渗滤池 → 农田灌溉或排放

图 9-27　土壤渗滤工艺流程

整个系统运行维护方便，无动力消耗，运行费用相对较低，仅需对滤池上的植物进行定期养护，运行费用一般为 0.08 元/m^3。

6. "一池三改"建设工程　"一池三改"主要针对农户养殖废弃物资源化利用的需要，进行沼气池建设、厨房、厕所、圈舍改造，同步规划、同步施工。沼气池的建设容积为 $8\sim10\mathrm{m}^3$，重点建设"常规水压"、"曲流布料"、"强回流"、"旋流布料"等国家标准规定的池型，实现自动进料，并应配备自动或半自动的出料装置。圈舍要做到冬暖夏凉，通风、干燥、明亮。改造的卫生厕所面积不小于 $1.2\mathrm{m}^2$，厕所紧靠沼气池进料口，蹲位地面高于圈舍地面 20cm 以上，安装蹲便器、沼液冲厕所装置，条件好的农户可安装排气设备、照明设备。厨房应通风明亮，灶台、橱柜等须布置合理；厨房内应设固定灶台，灶台砖垒，水泥抹面，台面贴瓷砖，地面要硬化，厨房内墙贴不低于 1.5m 的瓷砖；灶台长度大于 1m，宽度大于 50cm，高度 65cm 左右，沼气灯距离顶棚高度以 75cm 为宜，距室内地面为 2m 以上，距电线、烟囱要超过 1m。沼气输配系统，室内、外管网设计合理，横平竖直，尽量缩短输气距离，保证灶前压力；导气管室外采用内径 8mm 的铝塑料管，室内选用铝塑管软管外套硬管；导气管浇筑在池体顶外侧 20cm 处探出，室外管路埋在地下，以百分之五的坡度向最低点，在最低点处安装集水装置，在室外安装集水装置要考虑冬季防冻。沼气池建设必须由持"沼气生产工"职业资格证书的施工人员按 GB/T4752 规程建设，避免发生漏气事故（图 9-28）。

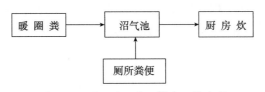

图 9-28 "一池三改"模式工艺流程

"一池三改"典型设计的平面布置示意图如图 9-29 所示。

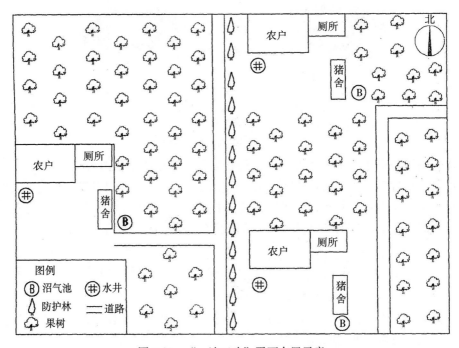

图 9-29 "一池三改"平面布置示意

7. 养殖专业户粪污贮存处置工程 东瀼河流域养殖专业户养殖量较大、分散，随意堆放的畜禽粪便在雨季随地表径流直接进入地表水体，造成严重的水体污染。为避免畜禽粪污在贮存期间被雨水冲刷流失，建设有防雨功能的粪污收集贮存设施是防止畜禽粪便流失造成环境污染的最为基础的必备设施。畜禽粪污在储存池中储存一定的周期，经过厌氧、好氧、兼氧等微生物处理过程后，将其还田，可增加土壤中有机质含量，有助于改善土壤结构、渗透性和可耕性，控制土壤侵蚀，使之持水能力增加，粪液作为灌溉用水，提供植物生长所需水分、养分水资源。畜禽粪污在经过一定周期的贮存后直接还田，是专业户养殖粪污处理最为经济、有效的处理方式。

根据畜禽的粪污产生量，以及贮存周期，计算需要建设的贮存池的最小容积，同时在最小容积的前提下将深度或高度增加 0.5m 以上。按项目区养殖户平均饲养数量（存栏）猪 75 头、猪日产粪尿量 3.0kg，粪污贮存周期为 90d 计算，需要建设 1 个 35m³ 防雨贮存池。不同养殖规模需要的粪污贮存池容积依此计算。粪污贮存设施必须距离地表水体 400m 以上。粪污贮存设施必须进行防渗处理，防治污染地下水。如果土体渗透性较高，可以将其挖出一定深度，然后用黏土、塑料等一些具有较高防渗性能的材料回填、压实。若对于防渗要求极高的地区，可以设置一层水泥砂浆防水层。粪便贮存设施施工完成后，还要根据有关规定进行渗透性测试，以确保其渗透性满足要求。池壁材料还应具有一定的抗风化腐蚀能力。要避免周围因素对粪便贮存设施的影响，比如应距灌木丛等植物一定距离，以免树根伸入池内，破坏设施的整体稳定性。贮存设施顶部应设置防雨顶盖，防治降雨时雨水进入贮存设施（图 9-30）。

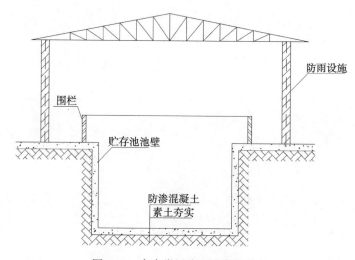

图 9-30　畜禽粪污防雨贮存池示意

8. 规模化养殖废弃物处理利用工程　东瀍河上游流域有规模化养殖场 1 处，无粪污处理设施，粪污直接排放污染严重。在选择规模化养殖废弃物处理工艺过程中，应坚持"减量化、无害化、资源化"原则，与当地的种植业、林业生产有机结合，实现畜禽养殖业与种植业协调发展。工艺流程如图 9-31。

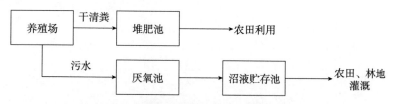

图 9-31　规模化养殖废弃物处理利用工艺

养殖污水处理利用工程包括污水厌氧处理设施、沼液贮存设施以及污水沼液收集输送管道。固体粪便堆肥工程包括简易堆肥池及其配套的设备。该生猪规模化养殖场年出栏 650 头，养殖污水厌氧处理按水力停留时间 10d、沼液贮存按 60d（当地最长农闲时间）、粪便堆肥周期按 30d 设计，需建设厌氧处理池 35m³、沼液贮存池 210m³、堆肥场 30m²，配套污水泵、泥浆泵、手推车和小型铲车等设备。

(二）示范区效果

通过农业面源污染防治项目的实施，东瀼河流域上游农业面源氮、磷、COD 污染负荷分别较基准年削减 60%、60% 和 50%。其中：高毒、高残留农药全面禁用，适合东瀼河流域小农经济特点的安全、高效、精确施药技术得到推广，农药利用率大幅度提高，2020 年化肥农药用量较基准年削减 30%；农田氮、磷污染负荷分别削减 11.2t 和 0.6t；分散农户生活污水污染氮、磷、COD 污染负荷分别削减 2.3t、0.25t 和 26.7t；规模化畜禽养殖和农户家庭散养氮、磷、COD 污染负荷分别削减 38.8t、4.8t 和 538.9t。

图书在版编目（CIP）数据

丘陵山区流域农业面源污染综合防控技术：以三峡库区香溪河流域为例/范先鹏等著．—北京：中国农业出版社，2021.3
ISBN 978-7-109-27964-3

Ⅰ．①丘…　Ⅱ．①范…　Ⅲ．①丘陵地－农业污染源－面源污染－污染防治－研究－湖北　Ⅳ．①X501

中国版本图书馆CIP数据核字（2021）第035352号

中国农业出版社出版

地址：北京市朝阳区麦子店街18号楼
邮编：100125
责任编辑：贺志清　王琦瑢　史佳丽
版式设计：王　晨　责任校对：吴丽婷
印刷：中农印务有限公司
版次：2021年3月第1版
印次：2021年3月北京第1次印刷
发行：新华书店北京发行所
开本：787mm×1092mm　1/16
印张：15
字数：335千字
定价：78.00元